中国科协新一代信息技术系列丛书

云计算导论

主　　编　李伯虎

执行主编　李　兵

参　　编　孙少陵　冯　丹　王树良

　　　　　李静远　俞能海　侯宝存　等

　　　　　何　清

中国电子学会　组编

机 械 工 业 出 版 社

本书是中国科协新一代信息技术系列丛书之一。

本书分为基础篇、技术篇、应用篇和发展篇四个部分。基础篇从身边的云计算出发，介绍在新技术革命推动下及产业变革的需求牵引下，云计算产生的时代背景、发展历程及云计算系统的系统架构；技术篇介绍了云计算系统的使能技术、云计算系统的管理与服务、云计算安全三个方面；应用篇针对工业、农业、政务、金融、商贸、智慧城市、医疗等不同行业的应用问题，通过真实案例，引出云计算技术与应用领域技术深度融合的解决方案；发展篇从“云计算 + 大数据 + 人工智能”三位一体的发展战略，论述了云计算在技术、产业与应用方面的未来展望。

本书主要面向大学非计算机类的工科专业的高年级学生与研究生，帮助学生了解云计算发展过程与云计算基本知识，熟悉云计算产业发展现状与市场需求，培养云计算应用能力。同时，对于计算机相关专业的学生，本书也可作为云计算专业课程的教材。

本书配有免费电子课件，欢迎选用本书作教材的教师登录 www. cmpedu. com 注册下载。

图书在版编目（CIP）数据

云计算导论/李伯虎主编. —北京：机械工业出版社，2018. 8
(2020. 12 重印)
（中国科协新一代信息技术系列丛书）
ISBN 978-7-111-60768-7

Ⅰ. ①云…　Ⅱ. ①李…　Ⅲ. ①云计算　Ⅳ. ①TP393. 027

中国版本图书馆 CIP 数据核字（2018）第 195551 号

机械工业出版社（北京市百万庄大街 22 号　邮政编码 100037）
策划编辑：王　康　　　责任编辑：王　康　吉　玲
责任校对：黄兴伟　王明欣　封面设计：张　静
责任印制：常天培
固安县铭成印刷有限公司印刷
2020 年 12 月第 1 版第 4 次印刷
184mm × 260mm · 15. 5 印张 · 373 千字
标准书号：ISBN 978-7-111-60768-7
定价：39. 80 元

凡购本书，如有缺页、倒页、脱页，由本社发行部调换

电话服务	网络服务
服务咨询热线：010-88379833	机 工 官 网：www. cmpbook. com
读者购书热线：010-88379649	机 工 官 博：weibo. com/cmp1952
	教育服务网：www. cmpedu. com
封面无防伪标均为盗版	金 书 网：www. golden-book. com

前　言

当前，一场新技术革命和新产业变革正在全球进行，在“创新、协调、绿色、开放、共享”的时代新需求牵引下，特别是在以飞速发展的新互联网、云计算、大数据和人工智能等技术为标志的新信息技术的推动下，国民经济、国计民生和国家安全等领域正在进入以信息技术、产业和应用为主导的新发展时期，人类文明正进入全新的信息时代。

云计算作为一种基于泛在互联网，大众可按需、随时随地获取计算资源与计算能力进行计算的新计算模式、手段和业态，正成为产业革命、经济发展和社会进步的重要基础能力，持续发展中的云计算技术、产业与应用正加速人类社会进入全球化、知识化、智慧化的新时代。

云计算进入我国已逾十年。在政府的正确引导、市场需求驱动和企业的积极经营下，我国云计算技术、产业与应用从无到有，规模快速壮大，创新能力显著增强，服务能力大幅提升，应用范畴不断拓展，并为大数据、新互联网、人工智能等新兴领域的发展提供了重要的基础支撑。与此同时，市场对云计算人才的需求也极为迫切。据国家工信部统计预测，未来3年将是我国云计算产业人才需求相对集中的时期，尤其是能将云技术与应用领域高效融合的跨界型人才极为紧缺。2017年，教育部、人社部、工信部联合印发《制造业人才发展规划指南》，对制造业十大重点领域的人才需求做出预测，排在首位的也是“新一代信息技术产业”人才。教育部正在实施的新工科计划也倡导打破旧有学科、专业与课程的边界，在机械、电气、土木、建筑等各类工程专业的课程设计中融入新一代信息技术内容。在此形势下，为加速新一代信息技术人才培养，满足数字经济发展的人才需求，为实现经济高质量发展提供人才支撑，中国科协策划并组织编写以云计算、大数据、人工智能等为代表的新一代信息技术系列丛书，成立了新一代信息技术系列丛书编制委员会，聘请梅宏院士为编委会主任，李培根院士、李德毅院士、李伯虎院士、张尧学院士、李骏院士、谭铁牛院士、赵春江院士为编委会委员，统筹丛书编制工作。本书是该系列丛书之一。

本书分为四个部分。基础篇从身边的云计算出发，介绍在新技术革命推动下及产业变革的需求牵引下，云计算产生的时代背景和发展历程，分析了云计算的模式、手段、业态及其目标、任务与价值。进而从系统的视角剖析了云计算系统的体系架构并增加突出了“数据为服务（DaaS）”业务模型。技术篇介绍了云计算的技术基础，结合应用案例深入浅出地阐述了虚拟化、分布式、服务计算、多租户、容器等云计算系统的核心使能技术；从内外不同视角分析了云计算系统的管理、运维、服务质量与评价等内容；从云计算安全的基本问题出发，全面介绍了云计算安全的技术、标准、法律法规等问题。应用篇针对工业、农业、政务、金融、商贸、智慧城市、医疗等不同行业的应用问题，通过真实案例，引出云计算技术与应用领域技术深度融合的解决方案，总结其模式、手段、业态和应用的创新、作用、价值与能力等。发展篇从“云计算＋大数据＋人工智能”三位一体的发展战略，论述了云计算技术、产业与应用的未来展望。

本书主要面向大学非计算机类的工科专业的高年级学生与研究生，帮助学生了解云计算发展过程与云计算基本知识，熟悉云计算产业发展现状与市场需求，培养云计算应用能力。同时，对于计算机相关专业的学生，本书也可作为云计算专业课程的先导学习材料。本书注重知识结构的基础性与完整性，确保技术内容的通用性、普适性与先进性，遵循教育规律，加强能力培养，同时，精选行业真实案例，开阔学生视野，启发创新思维。本书具有较好的可读性，能够为广大云计算用户、IT 企业管理者以及非技术人员提供云计算基础知识与技术的帮助。

本书的编写汇集了多位专家学者的智慧。本书主编李伯虎院士对全书进行了顶层设计，并全程参与撰写与审订工作。本书第 1 章由李兵主要负责编写，第 2 章由孙少陵主要负责编写，第 3 章由冯丹和王树良共同编写，第 4 章由李静远编写，第 5 章由俞能海主要负责编写，第 6 章由侯宝存与李兵共同编写，第 7 章由何清编写。全书由李兵统稿。同时，参加编写的还有吕卫锋、刘军卫、胡燏翀、陆小兵、高真真、冷洪勇、薛开平、林璟锵。李少华、贾东征、盖娜、刘明浩等为本书编写提供了重要的支持与协助。

在编写过程中，整个写作团队克服困难、团结协作、砥砺前行，体现了良好的奉献精神、协作精神和服务精神，付出了辛勤的劳动。本书的写作得到了许多业界精英的大力支持，他们是国家农业信息化工程技术研究中心吴华瑞、阿里云公司何云飞、浪潮公司王功明、华为公司汪盛、百度公司杨俊、小米公司崔宝秋、金山公司安勇龙、东软公司王天舒等，他们为本书提供了大量鲜活真实的成功创新案例，其真知灼见与专业经验保证了本书能够紧扣云计算行业发展脉搏，贴近业务一线实际，在此对他们提供的帮助表示真诚的感谢。

此外，中国科协领导多次协调，确保丛书编制和推广工作顺利进行。中国科协学会学术部对丛书的撰写、出版、推广全过程提供了大力支持与具体指导。中国科协智能制造学会联合体承担了丛书的前期调研、组织协调和推广宣传工作。本书邀请了倪光南院士、李德毅院士、刘韵洁院士、方滨兴院士、王恩东院士、百度公司王海峰博士担任顾问专家，他们对本书的学术观点、技术方向以及内容组织都提出了极具价值的意见和建议。在此对各位领导和专家表示深深的敬意和感谢。

中国电子学会承担了本书编写的全部组织工作，学会副理事长兼秘书长徐晓兰对本书高度重视，布置了相关工作。中国电子学会的林润华副秘书长组织并指导了本书的编撰工作，他的见解和智慧使编写团队获益匪浅。在本书写作过程中，中国电子学会的张玲老师以及团队的王娟副主任、宁慧聪博士和王海涛老师精心安排了每一次的研讨，耐心细致地沟通协调参与编写的单位和作者，他们团队的实干担当精神给予了编写团队莫大的帮助与激励，保证了编写工作的扎实推进。感谢中国电子学会对本书编写工作自始至终的支持与组织。

本书得到了机械工业出版社的全力支持和悉心编校。编写本书期间，武汉大学与武汉市科协对于我们的编写工作都给予了极大的支持和帮助，借此机会一并表示感谢。

云计算仍处在快速发展变化的阶段，我们的认识存在相当的局限性，同时由于写作时间紧迫，难免出现错误与疏漏，欢迎广大读者批评指正，以便于本书的进一步完善。

《云计算导论》主编李伯虎和编写组全体成员

2018 年 8 月

目 录

技 术 篇

发 展 篇

基础篇

第1章 绪 论

导 读

本章首先从日常生活出发，以身边的云计算应用为案例，如网络搜索、网络购物、共享单车等，分析这些应用对于云计算的现实需求，引出云计算的概念。然后介绍在新技术革命的推动下及产业变革的需求牵引下，云计算产生的时代背景，分析云计算的发展过程，通俗易懂地介绍云计算的内涵与特性、发展目标、任务与价值，并简述后续章节的主要内容。

本章知识点

- 身边的云计算
- 云计算的时代背景以及发展过程
- 云计算的内涵与特性
- 云计算的发展目标、任务与价值

1.1 身边的云计算

“一网能知天下事”“外事不决问谷歌，内事不决问度娘”——搜索引擎是互联网网民使用最广泛的服务之一，百度搜索每天的搜索量超过60亿次。在应对海量信息处理和海量用户需求的挑战过程中，**搜索引擎服务提供商在云计算技术及其商业模式方面都积累了大量宝贵的经验，从而成为云计算领域的先行者。**

“滴滴一下，马上出发”“滴滴一下，专车接驾”——基于云计算服务的滴滴出行平台已成为国内最大的一站式出行服务平台，其用户规模超过4.5亿，每日出行规模达2500万次，2017年超过74.3亿次总叫车服务订单量，与此相关的每日路径规划请求超过400亿次，每日处理数据超过4.5PB㊀。

“骑ofo，感受城市微风”“秒开秒走的人生更潇洒”——截至2017年10月，共有1000万辆共享单车投入社会便民服务。以小黄车ofo为例，它目前覆盖全球19个国家和地区、100座城市的2亿用户，累计为用户提供了超过40亿次出行服务，日订单超过3000万单。由于共享单车容易在上下班高峰形成潮汐效应，因此需要基于云计算服务，在后台应用智能调度方案即时计算匹配供需缺口，将车辆供需差降至最低，为更多用户提供完善的出行服务。

“饿了别叫妈，叫饿了么”“好的都要，随叫随到”——2017年我国外卖市场规模达到2046亿元，较2016年增长23.1%。截至2017年12月，“饿了么”在线外卖平台覆盖全国2000个城市，总计加盟餐厅200万家，用户量达2.6亿，员工超过1.5万人，日订单量突破900万，每日增量数据接近100TB。送餐路径规划比驾车出行路径规划难度更高，要考虑“骑士”对地图的熟悉程度、天气状况、拼单效率、送餐顺序、时间对客户满意度的影响、送达写字楼电梯等待时间等各种实际情况，因而需要**通过云计算服务实现优化的送餐路径规划**。

“‘双十一’最应该打折的是什么？你的手！”——2017年11月11日，天猫实现成交额1682亿元，京东商城累计成交额1271亿元。全球消费者通过云计算平台支持下的支付宝完成的支付总笔数达到14.8亿笔，支付峰值高达25.6万笔/秒，数据处理峰值高达4200万次/秒，天量的购物人次以及成交单数对电商的精准营销能力与数据处理能力提出了巨大挑战。

“出门不用带钱包，就带手机”——中国已经成为全球移动支付的引领者，借助蓬勃发展的网购，中国用户普遍接受在线交易，跳过信用卡阶段，直接进入移动支付时代。目前，中国人平均拥有3.6张借记卡，而2016年中国手机支付总额达到5.5万亿美元，中国正跨入“无现金时代”。无论是集消费、理财、结算、信用体系等于一体的第三方支付平台，还是银行为实现支付平台结算业务而开设的大小额支付系统、网银互联系统、票据交换系统、银联公司等，都需要强大的云计算服务做支撑。

“全面备份，轻松分享”，用户的“个人数据库”——每个人都是数据的贡献者。个人电脑、数码相机、智能手机、平板电脑、智能冰箱、智能洗衣机、智能电视、游戏机、音乐播放器、智能手环、智能手表、VR头盔、AR眼镜、无人机……，各种电子设备产生海量的数据，一架无人机只需25min时间，便可以拍摄下容量高达120GB/5.2K分辨率的高清视频数据！这些用户数据需要随时随地的存储获取、实时更新、内容分享、在线浏览、协同工作等，因此必须由一个存储和运算能力超强的云计算服务平台来支撑。例如，百度网盘月活595万人，360云盘月活339万人。小米MIUI全球联网激活用户突破3亿，小米云服务到目前的数据总存储量已突破200PB，这些数据来源于小米手机用户上传的通信录、通话记录、

㊀ 计算机数据单位的量级一般用B，KB，MB，GB，TB，PB，EB，ZB，YB，BB来表示。8个二进制位（bit）为一个字节（B），即1B = 8bit。1KB（Kilobyte，千字节）= 1024B，1MB（Megabyte，兆字节，简称“兆”）= 1024KB，1GB（Gigabyte，吉字节，又称“千兆”）= 1024MB，1TB（Terabyte，万亿字节，太字节）= 1024GB，其中1024 = 2^10（2的10次方），1PB（Petabyte，千万亿字节，拍字节）= 1024TB，1EB（Exabyte，百亿亿字节，艾字节）= 1024PB，1ZB（Zettabyte，十万亿亿字节，泽字节）= 1024EB，1YB（Yottabyte，一亿亿亿字节，尧字节）= 1024ZB，1BB（Brontobyte，一千亿亿亿字节）= 1024YB。

相册、视频数据备份等，同时小米以手机为核心连接一切设备，小米物联网平台联网设备超过8500万台，日活设备超过1000万台，这些数据也都可以通过手机上传到小米云。

“每个人的直播平台”“记录美好生活”“记录世界，记录你”——网络社交早已成为全球最流行的网络活动，社交网络覆盖了全球15岁以上82%的互联网网民，中国有7.2亿人在使用社交网络。近年来，以斗鱼、秒拍、抖音、快手等为代表的视频与直播平台快速发展，让情感沟通更加真实、更加便捷。2017年，中国网络直播用户规模达到4.22亿，年增长率高达22.6%。多功能的网络直播需要在网上构建一个集音频、视频、桌面共享、文档共享、互动环节为一体的云计算服务平台。

“便捷购票，就在12306”——中国铁路客户服务中心网站（www.12306.cn），简称12306，2011年投入使用，是世界上规模最大的实时交易系统。在2018年铁路春运期间12306点击量超过1500亿次，高峰时1秒售出近700张火车票。运行伊始，12306曾因用户规模过大而遇到网站拥堵等问题。当一张火车票销售、改签或退票时，整条路线每个站点的余票量都需要重新计算，这导致12306互联网售票系统的业务逻辑复杂性大大高于传统电商系统。而且火车票是刚性需求，不比购物，用户买不到火车票就会不停地刷新——“今天买不到，明天继续刷!”，余票查询占12306网站近乎九成流量，成为网站拥堵的最主要原因。2014年开始，12306将75%流量的余票查询业务放在阿里云上，通过基于云计算服务的可扩展性与按量付费的计量方式来支持巨量查询业务，整个系统实现了上百倍的服务能力扩展，高峰时段“云查询”能扛住每天多达250亿次的访问。

从搜索引擎到“剁手党”爱恨交加的淘宝、京东等电商平台，从网络打车到网络订餐，从移动支付到网络社交，基本都离不开云计算。“云化生活”正成为生活常态，“云化生产”也如火如荼，企业上云、政务上云蔚然成风，其背后蕴涵的是海量的用户、天量的数据以及支撑这些需求的强大计算能力。因此，**每个人的生活都与云计算紧密相连**，成为“互联网+”时代的“云云众生”。

1.2 云计算的产生与发展

任何划时代的技术本身都有着强烈的时代印记，云计算也不例外。

18世纪中叶，以蒸汽机的发明和广泛应用为标志的第一次技术革命，突破了自然动力的局限性，实现了大生产和机械化，开启了人类工业文明时代；19世纪30年代以电力技术为标志的第二次技术革命，使人类社会进入了电气时代；20世纪40年代以来，以电子、通信、计算机和网络技术为标志的第三次技术革命，又将我们带入了信息时代。

第一台电子计算机的成功研制、个人计算机的诞生以及互联网的出现，都极大地推动了人类社会信息化的进程。现在，数据已成为生产资料，计算则是生产力。而**云计算作为一种将“计算力”变为公用设施的技术手段和实现模式，正成为产业革命、经济发展和社会进步的有力杠杆之一，加速人类社会整体步入全球化、知识化、智慧化的新时代。**

越来越多的企业在原有的产品服务前面或后面加上“云”字：制造云（云制造）、商务云（云商务）、家电云（云家电）、物流云（云物流）、健康云（云健康）等，以云计算为主导的新应用也层出不穷，汹涌澎湃的云计算大潮已成磅礴之势，蔚为壮观。**云计算作为这个时代的主流技术之一，正深刻改变着人类的社会结构，重新塑造我们的生产与生活。**

云计算是信息技术发展和信息社会需求到达一定阶段的必然产物。一方面，微电子技术、图灵计算模式、冯·诺依曼计算机、光通信和移动通信技术，以及网络科学的快速发展，为人类社会迈向信息社会奠定了科学基础；另一方面，无论何时、何地、何人、何物，人类社会期待实现互联互通、知识共享、协同工作的新需求，加速了信息社会的发展进程。在这一进程中，迫切需要普惠、可靠、低成本、高效能的技术手段和实现模式，因而催生了云计算。

1.2.1 社会与经济发展催生云计算

在传统小农经济社会中，人们为了维持生存而进行生产活动。随着工业社会生产力的大大提高，人们一味追求自身物质生活的极大丰富，无节制地消耗物质和能量的经济增长方式导致能源紧张、资源枯竭与环境污染等问题，严重影响了人类社会的可持续发展。因此，“高投入、高消耗、高污染、低效率”的粗放型增长方式亟需向“低投入、低消耗、低污染、高效率”的集约型增长方式转变。**云计算的广泛应用一方面将更好地满足信息社会中人的高层次需求，另一方面也通过技术进步提高各种生产要素的利用率，促进经济持续健康发展。**

1. 互联网的发展刺激了大众对信息的需求

有了信息需求才有信息服务，二者相辅相成。网络技术的进步不断加深着互联网的渗透程度，互联网应用领域不断扩大，应用规模快速增长，影响力持续增强。大众信息需求类型涉及学习、工作、生活与娱乐的方方面面，从最初的电子邮件服务发展到网络新闻、搜索引擎、微博、微信、网上购物、数字图书馆、网络游戏等，互联网已经成为社会系统的一个有机组成部分。

互联网已成为人们精神生活的重要源泉，并改变着人们的生产生活方式。传统的电话、信件逐渐被电子邮件、微信和QQ等即时通信工具所取代。网络视频、网络游戏、网络阅读等新的互联网服务形式为大众生活增添了新的乐趣。数字化期刊、网上图书馆、搜索引擎成为学术研究的重要资料来源，慕课（Massive Open Online Courses，MOOC）、微课（Microlecture）等网络教学成为传统教学的重要补充。据2018年1月31日中国互联网络信息中心发布的第41次《中国互联网络发展状况统计报告》显示，截至2017年12月，我国网民规模达7.72亿，普及率达到55.8%，超过全球平均水平（51.7%）4.1个百分点。我国境内外上市互联网企业数量达到102家，总体市值为8.97万亿人民币。其中腾讯、阿里巴巴和百度公司的市值之和占总体市值的73.9%。上市企业中的网络游戏、电子商务、文化传媒、网络金融和软件工具类企业分别占总数的28.4%、14.7%、10.8%、9.8%和5.9%。我国政务服务线上化速度明显加快，网民线上办事使用率显著提升，大数据、人工智能技术与政务服务不断融合，服务走向智能化、精准化和科学化。互联网使用率排名前三甲分别是即时通信（93.3%）、网络新闻（83.8%）、搜索引擎（82.8%），同时，网络视频、网络音乐、网上支付、网络购物、网络游戏等应用率均超过50%，而一些在线服务增速均超过20%，如网上订外卖（64.6%）、网约专车或快车（40.6%）、互联网理财（30.2%）、网约出租车（27.5%）、旅行预订（25.6%）、网络直播（22.6%）等。作为一种具有交互性、公开性与平等性的“全媒体”和“超媒体”，互联网已经成为人们表达观点和情感的重要途径之一，对满足公民参与社会政治、进行舆论监督的民主需求，发挥着越来越突出的作用。网络论坛、社交网站、博客、播客等能够“一呼百万应”，充分说明这些应用正是由于适应网络受众新需求而得以迅速发展。

2. 信息需求的激增刺激了互联网需要更先进的计算

人的物质需求有一个从简单到复杂、从低级到高级的发展过程。人们在不断追求高层次需求的满足中，不断产生新的动机与行为。互联网为人类提供了信息社会的高速公路，各种各样的网络连接方式和越来越快的连接速度使人们能够很好地享受宽带所带来的便利，分享互联网所带来的价值。以太网的发明人鲍勃·麦特卡夫（Bob Metcalfe）有一个“麦特卡夫定律”：网络价值同网络消费者数量的二次方成正比，即 N 个连接能创造 N^2 的效益。尽管这个论断过于乐观，但也说明在互联网时代，共享程度越高，拥有的消费者群体越大，其价值越可能得到最大程度的体现。

互联网开始阶段，网民是最稀缺资源。即时通信、网络游戏等交互应用吸引了大量的网民。随着网民的增加，人们对信息消费的需求开始提升，互联网上相对匮乏的信息难以满足巨大的需求，内容成为最大的需求。Web2.0 是一种新的网络服务模式，它将网站变成可读写的服务，互联网网民从上网“冲浪”发展到自己“织网”，从信息消费者变成了信息生产者，以博客（Blog）、标签（Tag）、社交网络服务（Social Networking Services，SNS）、网摘（Really Simple Syndication，RSS）为特征的 Web2.0 服务方式从各个角度满足着网民这种“自在自为”的信息需求。当互联网上的资源海量化之后，对信息内容的检索甄别以及对数据处理能力的需求，需要强劲、高效、经济的计算能力，以及通过互联网提供这种计算能力的服务——云计算得以应运而生。亚马逊首席执行官贝索斯提出了“贝索斯定律”，即“每隔 3 年云计算单位计算能力的价格将下降 50%”。随着云计算服务商的不断创新以及包括硬件在内的各种成本的不断降低，云计算的基础设施总体拥有成本将远低于企业自建数据中心的成本，而且这个差距还将不断拉大，最终推动企业全面转向云计算。

3. 信息社会的发展需要更高效的信息处理能力

物质和能量守恒定律，已经成为现代自然科学的基石，但是信息是否守恒并无定论，现实状况是随着计算机的普及，信息以指数级速度爆炸式增长。2008 年全球所创造出的数字信息达到惊人的 22 位数字——3 892 179 868 480 350 000 000，约等于 39 万亿亿比特！图灵奖获得者吉姆·格雷（Jim Gray）认为，“网络环境下每 18 个月产生的数据量等于过去几千年的数据量之和”。2011 年，全球知名分析机构 IDC 发布新的研究报告《Extracting Value from Chaos》显示，全球信息总量每过两年，就会增长一倍。2011 年，全球被创建和被复制的数据总量为 1.8ZB（$1ZB = 10^{21}GB$）。这相当于全球每个人每天都去做 2.15 亿次高分辨率的核磁共振检查所产生的数据总量。随着互联网向物联网、移动互联网的扩展，网络将连接更多的人和物，信息网络-物理网络-社会网络构成的三元世界将进一步融合，信息剧增趋势会进一步加速。2017 年 5 月，国际数据公司（IDC）发布白皮书《数据时代 2025》预测，2025 年全球数据量将达到 163ZB。

尽管人们所处的信息空间在急剧膨胀，但人们真正需要的只是那些与自己的兴趣、工作、专业、学习等相关的个性化信息，人们已从对简单信息的需求转化为对有用信息和知识的需求。但由于互联网信息的分布和构成没有集中统一的组织结构和管理机制，使得网络信息资源处于无序、无规范的分散状态，信息需求服务系统质量和服务水平限制了人们信息需求的满足。**通过云计算，人的感知能力和认知能力得到极大的延伸和增强，一方面挣脱了时**

间和距离的束缚，另一方面在从大数据处理到新知识获取的阶梯上迅速跃升。随着互联网应用向社交空间与物理空间延伸，人与人、人与物、物与物之间的沟通质量和沟通效率得到极大的提升，云计算大大加快了人类社会、信息系统和物理世界走向“人-机-物”三元融合的进程。

4. 信息服务走向社会化、集约化和专业化的新形态

工业时代，社会化大生产通过集约化方式来优化整个社会的生产资源，同时通过专业化的服务来满足个性化需求。例如，制造业的社会化分工协作、软件业的外包与众包等生产方式都是通过集约化、专业化方式实现随需而变的柔性化生产。云计算正在促进信息技术和信息服务实现社会化、集约化和专业化，从而不再需要家家买计算机、人人当软件工程师、各部门都建自己专门的信息系统，而是由专门的信息服务提供商提供专业服务。信息服务成为了全社会的公共基础设施，形成“网络丰富，边缘简单、交互智能”的新形态，实现用信息技术精确调控物质和能量，从而降低全社会经济的总体运维成本，推动社会向“资源节约型”和“环境友好型”发展。

从2006年亚马逊推出亚马逊网络服务（Amazon Web Services，AWS）开始，云计算在十余年的发展过程中，经历了概念探索阶段——从争论到底什么是云计算到探索实践、技术落地阶段——业界形成共识并对云计算进行推广，以及目前的应用繁荣阶段——各个领域各个行业大量搭建云计算平台或应用云计算服务，**云计算正成为互联网创新的引擎以及全社会的主要基础设施。**

各大云厂商利用自身的电商、游戏、社交等技术和运营运维能力，构建云平台提供以基础资源与平台为主的核心服务，借助生态合作伙伴的能力完善应用软件服务，提供从网站、视频等通用方案到游戏、电商、金融、医疗等行业解决方案，从大数据、人工智能到安全支付等各种能力和解决方案。2009年之前的亚马逊AWS只发布了3款产品，此后每年都有数以十计的新产品和服务推出。目前，AWS可提供90多种大类云服务，并拥有数千家第三方合作伙伴，数百万活跃用户。在国内，阿里云上聚集了1200多家独立软件开发商（Independent Software Vendors，ISV）、5000多家生态伙伴，将联合提供6000余款云上应用和服务。根据Gartner研究报告，全球公有云（Public Cloud）市场规模从2010年的683亿美元增长至2016年的2092亿美元，年均复合增速高达20.51%，到2020年全球云计算市场规模将达到4114亿美元。到2019年，我国云计算产业规模将达到4300亿元，突破一批核心关键技术，云计算服务能力达到国际先进水平，对新一代信息产业发展的带动效应显著增强。

1.2.2 从图灵计算到云计算

1. 从图灵计算到网络计算

计算是执行一个算法的过程，简而言之，是实现符号串的转换。在20世纪以前，人们普遍认为所有的问题都是有算法的，计算研究就是找出算法来。但是20世纪初，数学家们发现有许多问题经过长期研究，仍然找不到算法，人们认识到对于计算的本质问题缺乏精确定义。20世纪30～40年代，由于哥德尔（K. Godel）、丘奇（A. Church）、图灵（A. M. Turing）等数学家的工作，人们才弄清楚什么问题是可计算的、什么问题是不可计算的、如何判定一个问题是可计算的等关于计算的根本性问题。

英国数学家、计算机科学家图灵在其1936年的传世论文《论可计算数及其在判定问题中的应用》中，将证明数学题的推导过程转变为在一台自动计算机的理论模型（被称作图灵机）上的运行过程后，证明了有些数学问题是不可解的，但同时也证明了只要与图灵机等价的问题都是可以计算的，从而为通用计算机的产生奠定了理论基础。1966年，美国计算机协会为纪念该文发表30周年，设立了“图灵奖”，专门奖励在计算机科学研究中做出创造性贡献、推动计算机技术发展的杰出科学家。

计算机的发明是20世纪最重大的事件之一，它使得人类文明的进步达到了一个全新的高度。进入21世纪，互联网逐渐成为最重要的社会性基础设施。回顾信息技术跨世纪的发展历程，可以看出云计算实际是在电子、通信、计算机与网络技术的共同作用下，从图灵计算逐渐向网络计算发展的计算模式的技术演变，如图1-1所示。

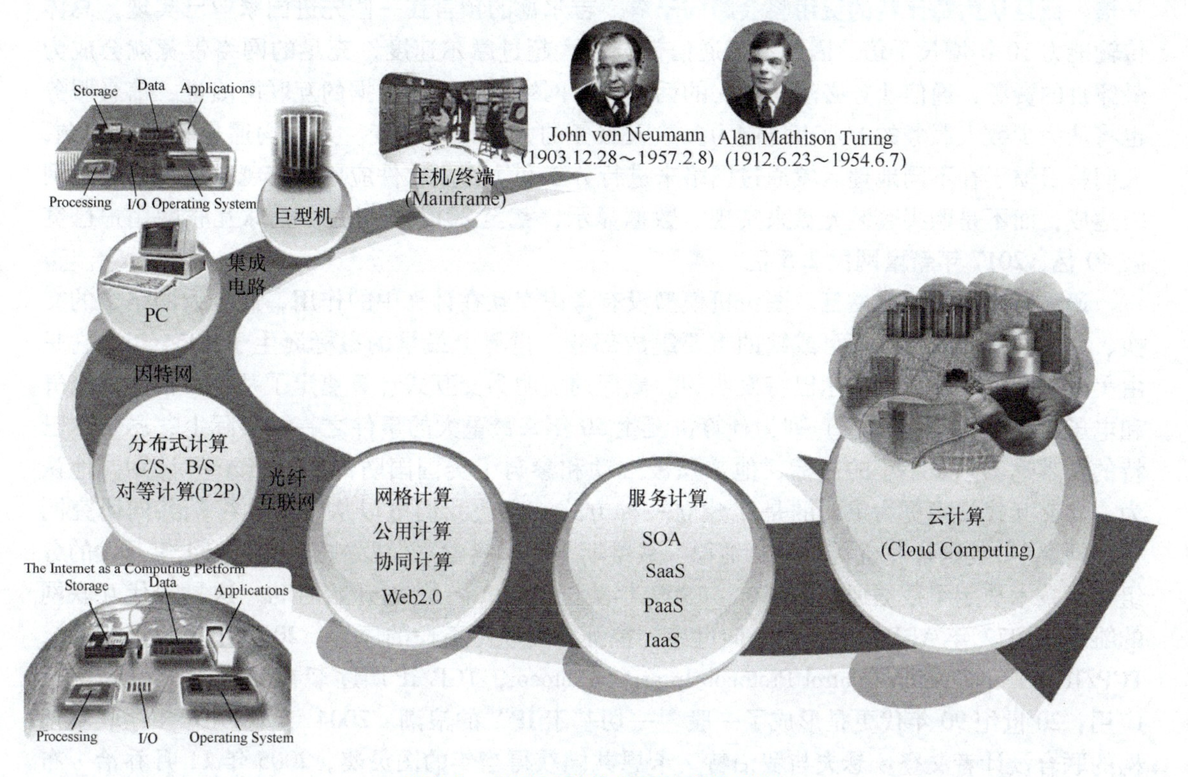

图1-1 从图灵计算到云计算的演化

在图灵奠定的理论基础上，美国计算机科学家冯·诺依曼确立了计算机的基本结构和工作方式。冯·诺依曼结构的最大特点是以中央处理器（Central Processing Unit，CPU）为中心的一维计算模型和一维存储模型。这种本质上的串行性，一方面使它在像数值计算或逻辑运算这类顺序性信息处理中表现出远非人力所能及的运算速度；另一方面，在涉及人类日常的非线性、非数值处理应用领域又成为制约运算性能提高的瓶颈。

微电子技术的进步，使作为“图灵机+冯·诺依曼结构”基础的CPU技术，获得了极大的成功。1965年Intel公司创始人之一戈登·摩尔提出著名的**“摩尔定律”：18~24个月内每单位面积芯片上的晶体管数量会翻倍**。在其后40多年里，摩尔定律一直代表着信息技术进步的速度，也带来了一场个人计算机（Personal Computer，PC）的革命，目前全球个人计算机保有量超过20亿台，2018年第一季度全球PC出货量为6038.3万台。智能手机的数量更多，全球76亿人中，约2/3的人拥有手机，且超过半数为智能型设备，仅2017年全球智能手机出货量就达到14.62亿部。计算机处理速度越来越快、存储器容量越来越大的同时，它们的价格却越来越低。

摩尔速度带来了微电子产业的快速发展，而通信带宽的增长更快。在光纤通信行业，密集波分复用技术（Dense Wavelength Division Multiplexing，DWDM）可在一根光纤内传送多路平行的Gbit/s的光信号，使带宽成本大幅降低，从而让宽带互联网得以普及，目前全球光纤总长可绕地球2.5万圈。据预测，5G时代的基站是4G基站的2~3倍，这些基站之间需要光纤互联，光纤用量将比4G时代多16倍。美国未来学家与经济学家乔治·吉尔德曾在20世纪90年代初提出著名的**吉尔德定律：在未来25年，主干网的带宽将每6个月增加一倍，而且认为每比特的费用将会趋向于零。**吉尔德的预言在一些先进国家业已实现，总体传输能力10年增长千倍。因此，当通信带宽大大超过摩尔速度，充足的网络带宽就会成为最廉价的资源，通信业务必然从单一的话音业务网络向多媒体数据的互联网演进，信息服务也将从为少数人服务的专业市场向为多数人服务的大众市场转变。人际沟通也将不成问题，人们将习惯于在不同地理区域通过网络来进行分工和协作。软件应用也将越来越多地通过网络达成，而不是购买套装光盘来实现。数据显示，截至2017年年底，全球互联网用户已突破40亿，2017年新增网民2.5亿。

通信网络的本质是交互。图灵机模型没有考虑交互在计算中的作用，而今天网络中的交换、路由设备成为计算不可或缺的重要组成部分。世界上最早的鼠标诞生于1964年，它是由美国科学家道格·恩格尔巴特发明的。鼠标的发明为交互式计算奠定了基础，被美国电气和电子工程师协会（IEEE）列为计算机诞生50年来最重大的事件之一。实际上，恩格尔巴特的贡献远不限于小小的鼠标，他曾积极推动和参与了美国国防部的ARPAnet计划。他认为，比交互式技术更为重要的是“建立一种方式，它使我们可以从不同的终端共同研究同一个问题”。英国计算机科学家唐纳德·戴维斯与美国科学家保罗·巴兰在1964年开发的分组交换技术奠定了数据通信的基础。1969年美国ARPAnet计划开始启动，这是现代互联网的雏形。1972年ARPAnet开始走向世界，拉开了互联网革命的序幕。20世纪80年代开始，TCP/IP（Transmission Control Protocol/Internet Protocol，TCP/IP）逐渐在互联网上得到广泛应用，20世纪90年代更是形成了一股“一切基于IP”的浪潮。2004年TCP/IP和互联网架构的联合设计者文登·瑟夫与罗伯特·卡恩共同获得当年的图灵奖，2005年11月乔治·布什总统向他们两位颁发了总统自由勋章，这是美国政府授予其公民的最高民事荣誉。1984年互联网上有1000多台主机运行，目前连接在互联网上的计算机数以亿计，互联网的用户大约每半年翻一倍，而互联网的通信量大约每100天翻一倍。

从20世纪60年代大型机时代到70年代的小型机、80年代的个人计算机，计算机开始从象牙之塔走进千家万户，交互技术的进步使计算机成为大众生活中的寻常事物，而互联网进一步将这些分散的计算能力连结起来。1989年，以超链接、超文本传输协议为代表的万维网，将互联网的应用推广到普通大众用户。1993年，伊利诺斯大学美国国家超级计算机应用中心的学生马克．安德里森（Marc Andreessen）等人开发出了第一款浏览器“Mosaic”，此后互联网开始得以爆炸性普及。人们可以随时从网上了解当天最新的天气信息、新闻动态和旅游信息，可看到当天的报纸和最新杂志，可以足不出户在家里聊天、炒股、购物，享受远程医疗和远程教育等。其后，Web2.0则是信息社会发展的一个历史性阶段，即由单向的信息传递发展成一个多向沟通的社会网络体系，交互、分享、参与、群体智能、分众分类、长尾效应等是这一阶段的特点，代表了互联网的社会化和个性化趋向。2009年9月美国网络科学与工程委员会发表的《网络科学与工程研究纲要》报告中认为：**在过去的40多年里，计算机网络（尤其是互联网）的研究已经发生了改变，科学家越来越关注网络的基础设施。网络不仅改变了我们的生活、工作、娱乐方式，也改变了我们关于政治、教育、医疗、商业等方方面面的思想观念。互联网强大的技术价值与应用价值日益显现，已经成为技术革新和社会发展强有力的推动力。**

在计算机科学发展的历史上，曾经出现过一些里程碑式的技术。这些技术产生的时间或远或近，都对云计算的诞生和发展产生巨大影响。这些技术包括并行计算（也可称作集群计算）、网格计算等。集群计算通常是将一个科学计算问题分解为多个小的计算任务，并将这些小任务在并行计算机上同时执行，利用并行处理的方式达到快速解决复杂运算问题的目的。集群计算一般应用于诸如军事、能源勘探、生物、医疗等对计算性能要求极高的领域，因此也被称为高性能计算（High Performance Computing，HPC）。解决集群计算问题的并行程序往往需要特殊的算法，编写并行程序需要考虑很多问题之外的因素，如各个并发执行的进程之间如何协调运行、任务如何分配到各个进程上运行等。

根据组成集群系统的计算机之间体系结构是否相同，集群计算系统可分为同构与异构两种。集群内的同构处理单元通过通信和协作来更快地解决大规模计算问题。异构的集群系统将一组松散的计算机软件或硬件连接起来协作完成计算工作，如办公室中的桌面工作站、普通PC等。由于这些节点通常白天都会被正常占用，它们的计算能力只能在晚上和周末的时间被共享出来。为了适应这种环境，在提高整个系统计算能力的同时提高节点的使用效率，产生了网格计算（Grid Computing）技术。网格计算是一种分布式计算模式，它将分散在网络中的空闲服务器、存储系统和网络连接在一起，形成一个整合系统，为用户提供功能强大的计算及存储能力来处理特定的任务。对于使用网格的最终用户或应用程序来说，网格看起来就像是一个拥有超强性能的虚拟计算机。网格计算的本质在于以高效的方式来管理各种加入了该分布式系统的异构松耦合资源，并通过任务调度来协调这些资源，合作完成一项特定的计算任务。可见，网格计算着重于管理通过网络连接起来的异构资源，并保证这些资源能够充分为计算任务服务。通常，用户需要基于某个网格的框架来构建自己的网格系统，并对其进行管理，执行计算任务。

2. 从网络计算到云计算

亚当·斯密在其《国富论》中对生产资源的社会化配置曾有过如下定义：在生产资源配置的初期，由于运输能力的限制，资源配置的方式是“沿河流”，随后的工业革命的财富传递则是建立在铁路、公路连接的物流中。而在现在和未来，“计算力”作为最重要的生产力，必然是“沿互联网”进行配置与实现。因此，依托互联网的计算模式将成为计算技术的主流发展方向。从图1-2可以看出，计算环境经历了大型主机的集中模式、个人计算机的分散模式、服务器联网模式、移动互联网随时在线模式、云平台+智能终端/物联网模式，计算变得无处不在。用户从买计算机到买计算、从买服务器到买服务，人机交互方式更加自然、快捷、高效，从人围着计算机转，变为计算机围着人转。同时，软件形态从硬件的附庸变为独立产品，更密切地同网络结合而形成“云化”的网络化与平台化的服务，更易于获得与使用，更好地满足个性化需求，并向生态化与智能化方向发展。这些变迁更有力地支持了机器对人的行为感知与意图理解，帮助人们更好地享受计算力进步的成果。因此，云计算模式意味着用户可以随时随地获得计算力的支持，而且无需自购硬件设施，无需考虑如何配置和维护软件，无需为得到服务做任何预先投资，甚至无需知道是谁提供的服务，只关注自己真正将获得什么样的资源或服务即可。

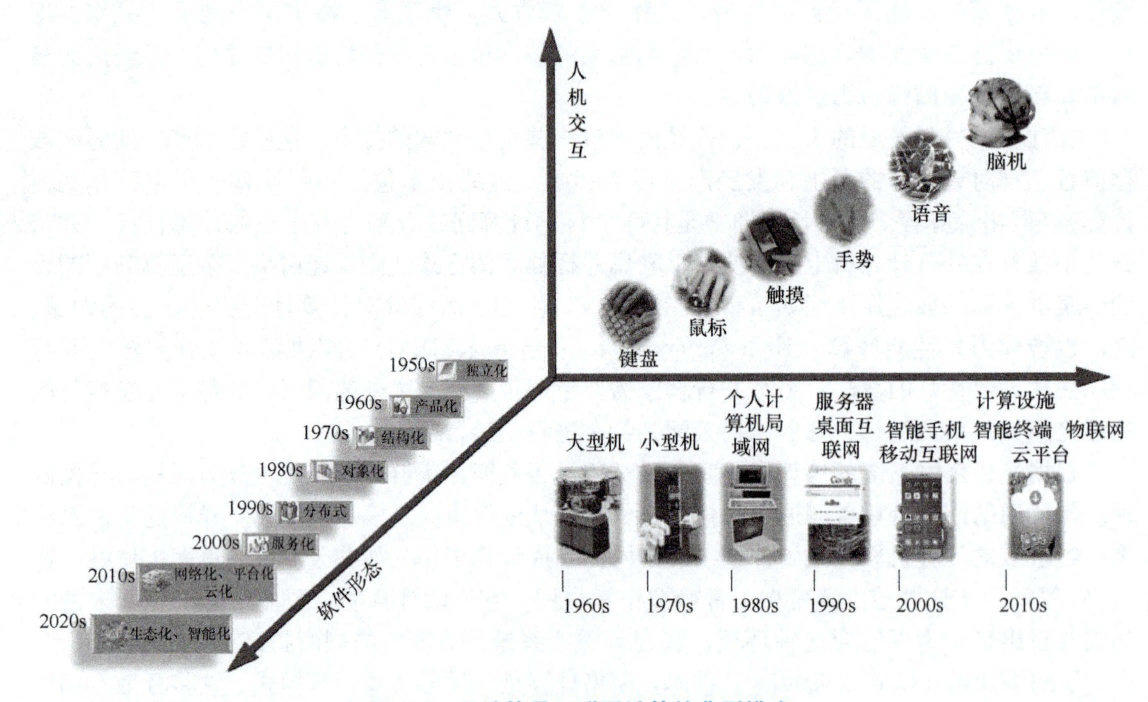

图 1-2　云计算是互联网计算的典型模式

20 世纪 90 年代，太阳微电脑公司（Sun Microsystems）提出“网络是计算机（Network is the Computer)”。Salesforce、亚马逊、IBM 等都是早期进入云计算领域的企业，它们在云计算的发展方向上因各自利益取向而不同，有的强调企业，有的强调终端用户，但综合起来，就是云计算发展到目前最为普遍的几种服务模式。

Salesforce：软件即服务

1977 年，32 岁的埃里森成立了一家软件开发公司——甲骨文（Oracle)，随后在 20 世纪 80 年代快速成长，成为世界上最大的数据库软件公司。尽管微软和甲骨文在纳斯达克挂牌上市的时间只隔了一天，但是甲骨文也一直只是继微软后全球收入第二大的软件公司。1995 年，埃里森宣布个人计算机（PC）已死，取而代之的将是网络计算机（Network Computer，NC)，甲骨文成立了一家名为 Network Computer Inc. 的子公司。这个“互联网电脑”没有硬盘，软件在网络上运行，无需下载软件，不需要安装操作系统，所有数据和程序存储在远端服务器的数据库中，价格也比当时的 PC 便宜 2/3。但是，网络不普及，网速慢，“互联网电脑”根本无法支撑在线操作。同时，云端并没有提供 Microsoft Office 一类的普及应用，加之后来 PC 降价，“互联网电脑”经过两年试验后，最终宣告失败而惨淡收场。1999 年甲骨文公司最年轻的高级副总裁马克·贝尼奥夫正式脱离甲骨文公司，继承埃里森的理念，创办了 Salesforce 公司，宣布将成为传统软件时代的终结者。贝尼奥夫认为，传统的软件概念——购买、安装、使用，都将随着他的“按需应用（On Demand)”的到来而结束，提出软件即服务（Software as a Service，SaaS）的观点，即用户不再需要购买任何软件和硬件，只需要每年支付一定费用，就可以通过互联网随时使用自己所需要的服务。在 2009 年年初，也就是金融危机最严重的时候，美国 Salesforce 公司公布了 2008 财年年度报告，数据显示公司云服务收入超过了 10 亿美元。

亚马逊：从卖书到卖云计算

亚马逊（Amazon）公司最早以网络书店为主营业务，为了处理庞大的商品和用户资料，亚马逊建立了庞大的数据中心。但是，网络销售有旺季和淡季，这就白白浪费了数据中心资源，为此，亚马逊就想到了将多余的空间出租出去，这便是其 2006 年推出的弹性计算云（Elastic Compute Cloud，EC2）。另外，作为电商，亚马逊还为小商家们提供网站代管、线上商店管理等，因此建立了更多数据中心。现在亚马逊已成为全球第五大商业软件提供商，排在前四的商业软件公司分别是微软、IBM、甲骨文和 SAP，但是在云业务上，它们都在追赶 AWS。AWS 也不断提高业务能力。在扩展旧服务的同时，开发了提供企业功能的新服务。亚马逊自 2012 年起，每年都会举办 AWS re：Invent 大会，这个大会已成为云计算行业的盛会，会上 AWS 每次都有一系列的技术创新和应用发布，截至 2017 年已发布了 3951 项新功能和服务。

谷歌：搜索引擎公司转型为线上应用软件提供商

云计算作为一种新理念、新融合技术和网络应用模式，是由谷歌公司于 2006 年首次提出的。最初，谷歌公司将大量的廉价服务器集合起来，开发云计算平台，是为了支撑其庞大的搜索业务。2003 年，微软公司宣布进军网络搜索市场。谷歌公司当然不会拱手相让，开始打造超级数据中心，将 PC 端的软件服务搬到线上，反抢微软的 PC 端市场，开始在网上提供一套办公软件，其中包括电子邮件、文件处理和日历等，与微软 Office 软件相类似的功能，并吸取了甲骨文的“互联网电脑”概念，推出了浏览器软件 Chromebook，以其云端操作系统 Chrome OS 替代本地操作系统。

IBM：计算机制造商转型为企业整体解决方案供应商

IBM 曾是世界上最大的计算机公司，也很早意识到个人计算机的巨大潜在市场，但正如 IBM 的全称——国际商业机器公司所定位的，它卖的只是商业机器，客户以政府部门、军队、大型企业与金融企业为主。早在 1965 年，IBM 就推出了分时共享系统，该系统允许多个远程用户分时共享同一高性能计算设备，这就是其最早的虚拟机技术。随后，IBM 发布了用于创建灵活大型主机的虚拟机技术，其根据用户动态需求来调配资源，使昂贵的大型机资源尽可能得到充分利用。在 20 世纪 80 年代后期开始小机器化趋势后，IBM 失去了 PC 市场，到 1993 年 IBM 连续亏损已高达 168 亿美元，差点面临倒闭的危机。1993 年，IBM 宣布转型，逐渐从硬件制造商转型为企业级的软硬件整体解决方案供应商（Total Solution Provider，TSP）。2007 年，IBM 推出蓝云（Blue Cloud）服务，是 IBM 最早推出，也是当时较为成熟的云计算解决方案。

从上述模式看出，云计算与网格计算的不同之处在于，云计算的用户只需要使用“云”中的资源，不需要关注系统资源的管理和整合。这一切都将由“云”的提供者进行处理，用户看到的是一个逻辑上单一的整体。因此，在资源的所属关系上存在着较大差异，也可以说在网格计算中是多个零散资源为单个任务提供运行环境，而在云计算中是单个整合资源为多个用户提供服务。打个形象的比喻，在集群、网格和云计算三者中间，集群计算类似于集中制，采用的是统一模式化管理；而网格计算的资源可能因过于分散而难以控制和管理，属于无政府状态的完全民主。只有云计算充分兼顾了分布和控制这两个方面，实现了民主集中制，完成了在实用性上的技术革新和跨越。

3. 云计算在中国的发展

中国云计算产业发展可分为起步期、快速发展期和成熟期三个阶段。2007 年至 2010 年为起步阶段，这一阶段云计算概念从云里雾里到逐渐清晰，硬件支撑技术相对完善，各类云计算的解决方案和商业模式尚在尝试和探索阶段，云计算应用的广度和深度不足，主要依靠政府项目推动。中国移动通信研究院于 2007 年启动“大云”云计算技术研究计划，研究大规模分布式计算技术。2008 年底，中国移动进一步建设了 256 台服务器、1000 个 CPU、256TB 存储组成的“大云”试验平台，并在与中国科学院计算技术研究所合作开发的并行数据挖掘系统基础上，结合现网数据挖掘、用户行为分析等需求在上海、江苏等地进行了应用试点，在提高效率、降低成本、节能减排等方面取得了极为显著的效果；2010 年在首届云计算大会上正式发布自主研发的“大云”1.0 云计算和大数据系列产品，同时将自主研发的大云虚拟化等产品用于中国移动 WAP 和彩信双业务云、公有云系统的建设。2008 年 5 月 10 日，IBM 在中国无锡太湖新城科教产业园建立的中国第一个云计算中心投入运营。2008 年 11 月 28 日，广东电子工业研究院与东莞松山湖科技产业园管委会签约，广东电子工业研究院将在东莞松山湖投资 2 亿元建立云计算平台。2008 年 9 月阿里巴巴确定“云计算”和“大数据”战略，决定自主研发大规模分布式计算操作系统“飞天”，并于当年 10 月正式组建飞天团队，2010 年 5 月开始对外公测。2011 年 7 月阿里云官网上线，开始大规模对外提供云计算服务。2013 年，阿里云合并万网域名等业务，并于同年 9 月将余额宝全部核心系统迁移至阿里云。

2010 年至 2015 年为快速发展阶段。2010 年 10 月 18 日，国家发展与改革委员会与工业和信息化部联合下发《关于做好云计算服务创新发展试点示范工作的通知》，确定北京、上海、杭州、深圳、无锡五城市先行开展云计算服务创新发展试点示范工作，以推进我国云计算产业发展和试点应用。2010 年 7 月，北京市经济和信息化委员会公布了北京市“祥云工程”实施方案；2010 年 8 月，上海发布了《上海推进云计算产业发展行动方案（2010-2012 年)》，即“云海计划”；2010 年 11 月，深圳市公布了《关于优化产业结构加快工业经济发展方式转变的若干意见》，首次提出了打造“华南云计算中心”的概念。2015 年国务院发布了《国务院关于促进云计算创新发展培育信息产业新业态的意见》等政策措施。在政府积极引导和企业战略布局等推动下，经过社会各界共同努力，云计算已逐渐被市场认可和接受。“十二五”末期，我国云计算产业规模已达 1500 亿元，产业发展势头迅猛、创新能力显著增强、服务能力大幅提升、应用范畴不断拓展，已成为提升信息化发展水平、打造数字经济新动能的重要支撑。例如，2010 年浪潮集团正式发布了云海“In Cloud”的云计算战略，宣布以云计算方案供应商角色进军云计算产业；2011 年，浪潮发布的云海 OS V1.0 成为中国首款云数据中心操作系统，2013 年浪潮在业内首创“行业云”概念，由浪潮承建的济南政务云在全国范围内率先开创了“政府购买服务”的新模式，2014 年，中国电子检验检疫主干系统采用购买浪潮云服务的模式进行建设运营。

2015 年至现在，云计算市场进入成熟期。国内企业逐渐掌握了云计算核心技术以及超大型云平台的工程化与交付能力，云服务模式快速发展，用户对云计算的接受程度显著提升，云计算产业链基本形成。例如，2015年1月，铁路订票系统12306将车票查询业务部署在阿里云上，春运高峰分流了75%的流量；2016年10月，杭州市政府联手阿里云发布城市大脑，人工智能ET帮助治理交通拥堵。2015年，华为在中国区发布了企业云服务，同时在全球市场与电信运营商合作进入公有云；2017年，华为集中了IT产品线、2012实验室、软件产品线、全球公有云业务部、流程IT等公司内具备公有云能力的组织成立Cloud BU；截至2018年3月，华为云已上线14大类超过100个云服务，以及制造、医疗、电商、车联网、SAP、HPC、IoT等60多个解决方案。2015年，百度正式开放运营其公有云平台“百度云”，2016年百度云计算推出“天算”“天像”“天工”三大智能平台，分别提供智能大数据、智能多媒体、智能物联网服务。

国内云计算的应用正在从游戏、电商、社交等在内的个人消费领域向制造、农业、政务、金融、交通、教育、健康等国民经济重要领域发展，特别是政务和金融领域发展尤为迅速。例如，2014年，中国移动成立全资子公司——中国移动苏州研发中心，主要从事云计算和大数据产品研发和商用，为中国移动内外部单位提供产品和服务。中国移动苏州研发中心2016年成为OpenStack黄金会员以及中国首个Open SuperUser，并于2017年中标中国工商银行企业私有云系统项目。浪潮集团在全球服务器市场上，出货量仅次于戴尔和HPE；浪潮云也位列国内公有云市场前三名，其政务云产品更是位居首位。金山云也推出云服务器、云物理主机、虚拟私有网络、云安全、云解析等在内的完整云产品，以及适用于游戏、视频、政务、医疗、金融等垂直行业的云服务解决方案，并为WPS全线业务提供高效稳定的云服务支撑。在SaaS云服务方面，金蝶云ERP、云之家、精斗云、管易云、车商悦等云服务产品持续保持高速增长。恒生电子通过其恒生云融、交易所云、投资云、经纪云、资管云、财富云和海外云等云服务，全面构建金融云服务平台，打造以交易平台为核心的财富资产管理生态体系，实现大规模金融产品的定制和交易。东软在南京等地市部署了基于健康云的基层医疗卫生机构管理信息云平台，支撑医疗服务、健康管理服务、医疗行为及质量监管的一体化；构建基于云的医院SaaS服务模式，可支持多种医疗卡就诊、分级诊疗服务体系以及医保控费、抗生素分级管理、公共卫生等业务联动，实现医院管理信息系统、医学检验管理系统、医学影像系统、健康档案、体检等系统的业务数据共享。小米云更偏重上层业务，而不是公有云服务提供商。小米云的Mi Cloud为小米手机用户提供个人数据中心服务，用户开启后，小米手机中的联系人、通话记录、便签、照片、视频等信息都可以同步到云端。小米融合云是为其公司内部各个业务团队提供云服务的私有云，支撑着公司的大数据挖掘和分析工作；小米生态云则为众多小米投资的智能硬件生态链企业以及合作伙伴企业提供一站式云服务和解决方案，用云服务的形式打造小米的大数据生态和人工智能生态。

随着应用规模进一步扩大，国内云计算企业开始进入国际市场。2016年3月，阿里云美西数据中心投入试运营，向北美乃至全球用户提供云计算服务；目前阿里云、华为、浪潮、腾讯、Ucloud、小米等均在海外部署数据中心，实现云计算业务全球化，2018年1月阿里云成为奥运会全球指定云服务商，成为国内公有云市场的领跑者。2018年3月，国际权威认证机构英国标准协会（BSI）宣布华为云成为中国唯一全平台、全节点、全服务通过PCI-DSS认证的云服务商。

为跟踪国内外云计算相关技术的最新发展，加强云计算领域的交流与合作，推动国内云计算技术的研究开发与应用，为政府和行业主管部门提供准确及时的决策建议，2008年11月，来自国内产业、高校、研究单位、用户以及行业管理部门的院士、专家、学者，发起倡议成立中国电子学会云计算专家委员会，以达到推动促进国内云计算技术发展与应用之目的。中国电子学会云计算专家委员会成立以来，通过会议、媒体宣传、技术培训与技能大赛等多种活动方式，引导和宣传云计算相关技术知识，培养云计算人才，为相关政府部门提交决策咨询报告，参与制定云计算技术产业规范，组织撰写并出版了《云计算技术发展报告》等多部云计算相关技术著作，促进了国内外云计算领域的交流与合作，有力地推动了我国云计算事业的发展。

1.3 云计算的内涵与特性

云计算是一种基于互联网、大众按需、随时随地获取计算资源与能力进行计算的新计算模式，其计算资源与能力（计算能力、存储能力、交互能力）是动态、可伸缩，且被虚拟化的，以服务的方式提供。这种新型的计算资源与能力的组织、分配和使用模式，有利于合理配置计算资源与能力，提高其利用率，降低成本、减少排放，实现高效、柔性、绿色计算。

1.3.1 云计算服务与云计算平台

云计算既代表着计算技术的不断进步，又孕育出了一种全新的共享经济模式，它既包含了各种通过互联网分享给用户的云盘、云杀毒、云视频、云游戏、云社区等随时随地获取的信息资源服务——云计算服务，也包含了用来支撑这些服务的可靠、高效运营的共享软硬件平台——云计算平台。**通过云计算平台，将一个或多个云计算中心中的软硬件资源整合，形成一种虚拟的计算资源池，并提供可动态调配和平滑扩展的计算、存储和通信能力，用以支撑各种应用创新的云计算服务的实现。**

在“互联网 +”新业态背景下，用户希望通过云计算分享的资源，正从以计算资源为重点，向以领域资源为重点快速演进，如云制造、云商贸、云物流、云健康、云金融、云政务等。例如，云计算助力医疗信息化，需要提供全方位的业务支撑，包括预约挂号、远程医疗、医疗档案、健康咨询、健康管理、医保支付等服务。

云计算涵盖了服务和平台两个方面，这二者既可相互独立，又可紧密结合（见图 1-3）。云服务是以创新服务模式为主要的推动力，底层技术平台的选择可以起到辅助和提升的作用，它仍然可以运行在传统的底层架构（非云计算平台）之上；云计算平台强调的是通过先进的技术手段构建全新的基础平台或是改造旧有的底层架构，它可以为所有的应用或计算服务提供底层支撑而并不局限于云计算服务。

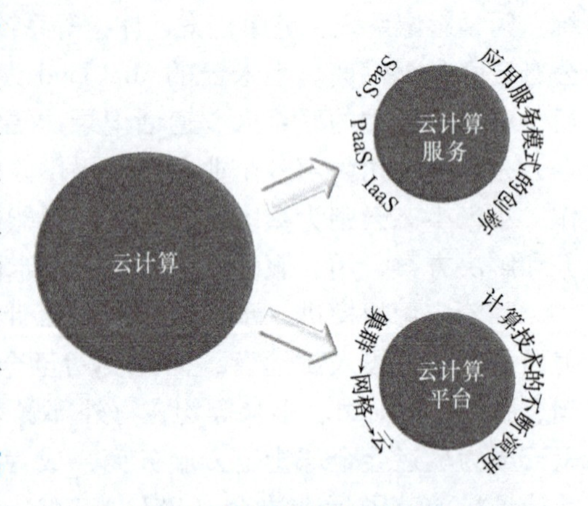

图 1-3　云计算服务与云计算平台

云计算平台支撑的云计算服务不仅可以提高服务的效率，还可以充分发挥平台的能力和优势。只有二者完美结合，才能实现在大规模用户聚集的情况下以较低的服务成本提供高可用性的服务，从而保持业务的持续发展和在商业竞争中的优势。

1.3.2 云计算的基本特性

作为一种新兴的计算模式与商业模式，云计算具有虚拟化、服务化、柔性化、个性化和社会化等基本特性。

1. 虚拟化

1959年，英国计算机科学家克里斯托弗·斯特雷奇（Christopher Strachey）发表了一篇名为“大型高速计算机中的时间共享（Time Sharing in Large Fast Computers）”的学术报告，他在文中首次提出了虚拟化的基本概念，被认为是虚拟化技术的最早论述。云计算运用虚拟化技术将IT（信息技术，Information Technology）系统的不同层面——硬件、软件、数据、网络、存储等解耦，打破数据中心、服务器、存储、网络、数据和应用中的物理设备障碍，将大量的计算资源组成统一的资源池：CPU池、内存池、存储池等，这些物理资源可以通过分解或整合成为用户需要的粒度，以逻辑可管理资源的形式提供用户使用。虚拟化技术实质是实现软件应用与底层硬件相隔离，不同种类的虚拟化技术致力于从不同的角度解决不同的系统性能问题。

通过这种资源和服务的统一管理，极大地方便了用户对系统的感知、查询和使用：首先，用户只需要关心怎么使用这些资源，而不必关心这些资源的实现细节，包括扩展、升级、故障修复等。比如，用户可以将其云盘当成一个文件夹使用，而不必了解这些存储的物理位置。其次，用于提供上述资源的硬件在地理上可以任意分布，用户不需要关心究竟是放在什么位置的服务器提供了服务。系统给用户提供了透明的信息组织和使用形式，而且使得用户从系统软件、中间件和应用软件的层层应用中直接转向定制的服务，不再需要用户基于裸机进行复杂的软、硬件配置。与此同时，虚拟化在提高了系统整体灵活性的同时降低了管理成本和风险。

2. 服务化

人们经常将云计算与电力系统类比，是因为电力行业的组织形态也经历了从小型化与区域化到集约化再到服务化的发展过程，经历了从出售电力系统设备到经营中央电厂、提供电力服务的转变。事实上，银行、城市供水供气等社会服务系统也都有着类似的发展历程。信息资源也可以同其他生产和生活资源一样，采用服务的方式提供。这种服务需要像水、电、气、银行等系统那样实现集约化基础上的公用化，云计算正是实现这一重要变革的核心技术载体。信息基础设施公用化之后产生的将是以“云”为载体集中供给信息资源功能的云服务。云服务与水、电等服务相比，有着更丰富和复杂的内涵，见表1-1。

表1-1 云服务与水、电服务的异同

		云服务	水、电服务
相同点		资源在网上，不在用户端；依靠传输网络送达；按需付费，计量服务	
不同点	形式	丰富（多样化和多粒度）	统一
	功用	个性化（价值因受众而异）	通用
	损耗	信息不会损失	一次性使用
	用户角色	双重（消费者、提供者）	单一（消费者）
	传送	双向，不受时空限制	单向，受地理位置限制
	控制	全局无规划、无统一调度	全局有规划、有统一调度
	经济性	边际成本递减	边际成本递增

3. 柔性化

云计算提供给用户极大的灵活性，用户可以随时随地使用云中的资源。例如，云盘采用存储虚拟化技术进行按需分配，用户可以随时上传而不用担心空间不够。又如，“双十一”必须在十分钟内实现万台服务器的快速部署。因此，云计算中心必须根据用户需求的变化对计算资源自动地进行分配和管理，体现出一种高度的“柔性”或“适应性”。随着用户或服务自身需求的变化，一个云计算中心也可以自动地提供相应的资源扩展或资源释放功能。同时，云计算中心还可通过网络对松散耦合的各种应用组件进行分布式部署、组合和使用，并按不同的需求提供服务。另外，云计算中心还可以支撑在访问请求和数据处理多元化上多种业务应用的同时运行和资源共享。

4. 个性化

“我现在想买 10.5 台服务器，而下个月可能只用 4.3 台。”在云计算之前，这种需求无异痴人说梦，用户要进行信息化建设，需要购买服务器，需要搭建计算环境，需要招聘专人进行运维。而一个云计算中心在对资源和服务进行统一调配的基础上，通过监控管理机制保持对用户状态和资源使用情况的跟踪和记录并实时地反馈到前端的运营系统，以此实现对用户动态使用的个性化支持。用户可以在云中随时自由地选择与配置自己的计算环境，而且仅按实际 IT 资源使用量为所用的服务精确付费，无须事先投入大量资金从头到尾地去建设自己的数据中心和 IT 支撑体系，无须自行面对支撑服务的各种复杂 IT 技术问题，更不需要负担日益高昂的数据中心管理成本，从而大量节省设备投资和后期的运维管理费用，而资源的整体利用率也将得到明显的改善。

5. 社会化

云计算是基于互联网的，云计算下的网络是一片透明的“云”。网络资源形成了一个个虚拟的、丰富的、按需即取的数据存储池、软件下载和维护池、计算能力池、多媒体信息资源池、客户服务池。根据服务目的不同这些计算资源形成大规模、高效能、社会分工明确的云服务中心，如数据中心、存储中心、软件中心、计算中心、媒体中心、娱乐中心、安全中心等。与主要服务于特定科学计算问题的高性能计算中心相比，云服务中心更多的是为互联网上的广大用户提供按需服务，并且与用户的需求形成良性的互动。

如图 1-4 所示，互联网上各种信息服务资源的生态循环可用水循环来比喻，通过互联网的生态循环过程（如需求、蒸发、凝结、聚集和降水等）来反复地提高云计算服务的质量。整个互联网生态形成了“服务提供方通过云数据中心实现服务的发布，再合作实现资源的柔性汇聚和演化，最终汇聚的资源为用户方便地感知和应用”的过程。

云计算让全社会的计算资源得到最有效的利用。在云计算中心，所有计算资源都是通用的，可共享的，用户无须关心这些服务的实现细节，如应用程序在哪些服务器上运行，这些服务器的地理位置，以及有多少用户在使用这个服务等。与此同时，云计算中心还根据实际业务应用特点和需求，通过更专业的安全团队来对整体系统的性能和安全性进行优化，应用高可用、数据冗余、负载均衡、备份和容灾以及严格的权限管理策略等多种手段来保证系统的安全可靠运行和用户数据的安全性。用户不用担心数据丢失、病毒入侵等麻烦，放心地与指定的人共享数据。通过系统监控和调度，可以动态调整系统负载和资源使用率，从而降低整个环境中不必要的电力消耗，实现绿色计算。

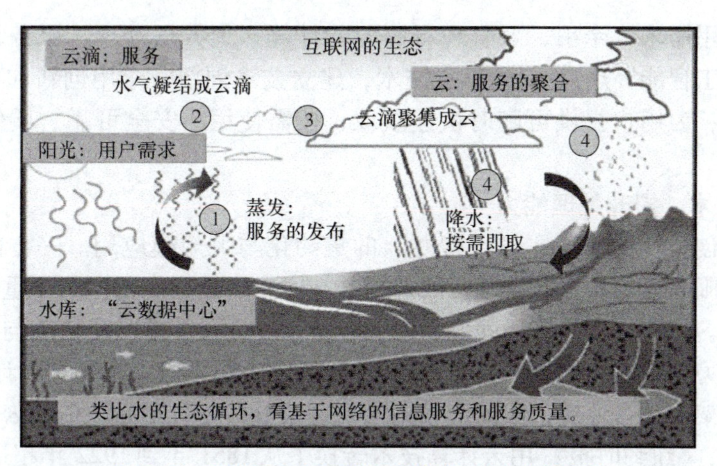

图 1-4 类比于水循环的云计算的"生态循环"

1.4 云计算的目标、任务与价值

1.4.1 云计算的发展目标

云计算是信息技术发展和服务模式创新的集中体现，是信息化发展的重大变革和必然趋势，是信息时代国际竞争的制高点和经济发展新动能的助燃剂。云计算引发了软件开发部署模式的创新，成为承载各类应用的关键基础设施，并为大数据、物联网、人工智能等新兴领域的发展提供基础支撑。云计算能够有效整合各类设计、生产和市场资源，促进产业链上下游的高效对接与协同创新，为"大众创业、万众创新"提供基础平台，已成为推动制造业与互联网融合的关键要素，是推进制造强国、网络强国战略的重要驱动力量。

云计算作为一种技术手段和实现模式，使得计算资源成为向大众提供服务的社会基础设施，将对信息技术本身及其应用产生深刻影响。软件工程方法、网络和终端设备的资源配置、获取信息和知识的方式等，无不因云计算而产生重要变化。美国的微软、亚马逊、IBM等大牌厂商，都将云计算列为自己的核心战略，国内的百度、阿里巴巴、腾讯、华为、浪潮等主流 IT 企业也都已经在云计算领域各显神通。据统计，2015 年我国云计算产业规模已达 1500 亿元，产业发展势头迅猛、创新能力显著增强、服务能力大幅提升、应用范畴不断拓展，已成为提升信息化发展水平、打造数字经济新动能的重要支撑。据业界预测，到 2025 年，80% 的企业应用将运行在云中，100% 的应用将在云中开发，软件的开发、测试、部署、运维都在云中进行，软件研发工具本身也将服务化、云化，并将和企业云平台进行集成，简化软件部署、发布和运维。

因此，**云计算的未来发展目标，将以云计算平台为基础，灵活运用云模式，引导行业信息化应用向云上迁移，持续提升云计算服务能力，开展创新创业，积极培育新业态、新模式，成为新一代信息产业发展的核心引擎。**

1.4.2 云计算的任务与价值

云计算作为信息基础设施，需要面对大规模用户、大数据处理、个性化服务等一系列挑战性问题，以应用需求为牵引，融合现有高效能计算、大数据处理、服务计算、新一代网络、物联网、人工智能等热点/新兴信息技术，建立技术创新、应用创新和商业模式创新上的高度互动机制，为用户提供可随时快速获取、按需使用、安全可靠、质优价廉的智慧云服务。

1. 发展新技术，提升处理能力

云计算技术创新性的本质是“计算力”的集约化与大规模应用。一方面针对用户的不同需求，云计算服务模式、云计算平台的架构与技术实现也会有不同的侧重和考虑，不存在统一的解决方案。另一方面，应用问题的解决也推动了云计算技术的创新与进步。

云计算的能力常常与大数据联系在一起，PB级的大数据已无法用单台计算机进行处理，必须采用分布式架构进行处理，因此大数据的处理、分析与管理必须依靠云计算提供计算环境和能力。比如，《纽约时报》用云计算技术转换了从1851年到1922年超过40万张扫描的图片，并把任务分配给几百台计算机，这项工作用36个小时就完成了。以搜索引擎为例，采用云计算是为了解决如何让其搜索引擎根据用户的搜索历史和搜索偏好对每一次新发起的搜索进行整合计算，在毫秒级的时间延迟内从分布在全球几十万台服务器上的海量数据中筛选并呈现出用户希望得到的信息。为此，提出了一整套基于分布式并行集群方式的云计算技术。亚马逊的简单存储服务（Amazon Simple Storage Service，S3）存储着超过1万亿个文件，每秒需要处理150万个请求。亚马逊采用虚拟化技术将其计算资源出租给用户，用户可以通过其EC2的网络界面去操作这些资源运行自己的应用，并为自己所使用的计算资源付费，运行结束后计费也随之结束。

随着云计算资源规模日益庞大、云计算应用的极大丰富，大量服务器分布在不同的地点，同时运行着数百种应用，容器、微内核、超融合等新型虚拟化技术也不断涌现。如何有效管理这些服务器，保证整个系统提供不间断的服务，持续提升管理效率和能效管理水平，也对云计算平台管理技术提出了巨大挑战。

2. 提供新模式，实现按需服务

云计算模式创新的本质是服务创新，云计算的首要任务是实现服务计算。Salesforce、亚马逊通过互联网，以租用的方式提供软件/硬件资源，标志着云计算服务这种新商业模式的诞生。在云计算之前，做机房建设的几乎都是通信运营商或传统互联网数据中心（Internet Data Center，IDC）厂商，而进入云计算时代，参与方开始大规模建设自己的数据中心，实现了数据资源的物理集中，同时实施数据和业务的整合。而最早接受并使用公共云计算服务的行业用户主要来自网络游戏和网站建设运营商，因为主机托管及租用、虚拟专用服务器、租用空间等模式曾经是这些行业的主要运营方式。随着云计算技术的提升与推广，企业将逐步采取租用第三方IT资源的方式来实现业务需要。进一步，在云计算服务的支持下，将传统服务业改造为现代服务业。

随着云计算的兴起，服务计算被赋予更多的内涵。服务的核心理念将拟分享的资源以服务的方式提供，持续地满足用户需求与服务价值最大化。云计算服务面对的是泛在网络环境下规模庞大的大众用户，需求呈现出极强的个性化和多元化的趋势，具有突发性、不确定性和偏好依附性等特点。被服务的潜在用户往往不是特定和能够预先精确知晓的，因此，各类云服务要求以一种更为柔性、便于重组的方式来满足用户需求。这些可归结为信息资源的服务化和服务的按需即取这两个核心问题，要求一方面快捷、高效地利用IT资源构造具有竞争力的服务和应用，另一方面强调以用户为中心，使得用户以更自然的交互方式表达需求，得到个性化服务。优秀的服务让用户不用关注具体技术实现细节，只需关注业务的体验。比如，当前被广泛使用的搜狗拼音输入法，它其实就是一种云服务：输入法能够以快速简单的方式为使用者提供需要的语境、备选的语素，在云端为用户存储个性化词库和语言模型库，便于用户在不同终端上分享。但是用户并不需要关注在后台运行的数千台服务器的工作。

云计算服务模式不仅给全球信息产业创造了深刻的变革机会，同时也给传统制造和服务等产业带来了新的发展机遇，将带来工作方式、生活方式和商业模式的根本性改变。

3. 形成新业态，拓宽应用范畴

云计算是全球新一轮IT革命最重要的标志性创新，已经成为引领未来信息产业乃至整个经济社会创新发展的战略性关键技术和基础性创新平台，推动互联网应用由消费领域向生产领域拓展，促进形成“泛在互联、数据驱动、共享服务、跨界融合、自主智慧、万众创新”的新业态。

目前各地政务上云、企业上云十分活跃。我国有超过65%的省市建立了政务云平台，平台通过数据打通，创新社会治理模式，让数据跑腿代替了群众跑路。如浙江省的“最多跑一次”的改革，通过“政务云”使省级部门间数据共享比例从之前的不足4%提高到83%，群众办理的100个高频事项所需要提交的证照材料减少七成；在杭州，通过“城市大脑”管理128个信号灯路口，试点区域通行时间减少了15.3%，萧山区120救护车到达现场时间缩短了一半。

如果云计算对于大企业的IT部门来说有价值，那么，对于中小企业用户来说则会带来更直接的好处。在预算有限，IT人才有限的情况下，通过云计算，小企业也可以用到那些大企业级的先进技术了，而且前期成本较低，非常容易随着业务需求进行扩展。企业上云的关键是对业务的改变和适应，做到“知所云，为所用”，最终还是要落地在“用”，而云产品也需要建立在对用户的理解上，真正理解企业的业务需求，如解决供应链问题、信息流问题、安全问题等都有相应的云服务实现方式。

在云平台支持下，各大电商企业当前均主推新零售作为电商新业态。新零售是以消费者为核心，以提升效率、降低成本为目的，以技术创新为驱动要素，全面革新商品交易方式。2015年，阿里零售平台产生直接就业岗位1100万个，带动相关就业岗位1900万，直接和间接带动的就业总计近3000万。基于阿里的云平台运营能力，“零售通”将品牌商、经销商和小零售商在平台上组织起来进行交易，帮助经销商和小零售商掌握互联网工具，省去了传统商品流通渠道中层层交易的中间环节，降低了品牌商布局垂直网络渠道的高额成本，同时为小型零售商提供了更好的品牌供应渠道。传统便利店、“夫妻店”通过阿里零售通等平台改造升级后，经营品类更丰富、场所更整洁、商品更安全、成本更低、人气更火爆。阿里巴巴和银泰商业集团的合作也是另一种传统零售转型新零售的典型尝试，基于阿里巴巴的云服务体系，银泰实现了商品数字化、卖场数字化、会员数字化、供应链数字化以及组织管理数字化的全面数字化转型。云物流也是新零售的重要支撑。对比历年天猫“双十一”物流效率可以看到，发送1亿件包裹的时间，2013年用了两天，2014年只用了24小时，到2015年提速到16小时。可以说，新零售通过“双十一”这样的压力测试，找准了症结，找到了痛点，打通了物流环节中的梗阻，为我国整体商业流通效率提升起到了巨大推进作用。

物联网（Internet of Things，IoT）是互联网的应用拓展，实现人类社会、信息系统与物理系统三元世界的整合。“万物互联”“人物互联”，智能可穿戴设备、智能家电、智能网联汽车、智能机器人等数以万亿计的新设备将接入网络，一方面在工业、农业、能源、物流、智慧城市等行业领域，以及家居、健康、养老、娱乐等民生应用上形成发展新动能，另一方面呈现爆发性增长的海量数据，需要云计算提供强大的计算能力。云平台整合互联网、物联网的人员、机器、设备和基础设施，处理产生的大数据，实现实时的管理与控制，更好地管理生产和生活，达到“智慧”状态，提高资源利用率和生产力水平，改善人与自然间的关系。例如，智慧城市建设要求云计算、物联网、大数据、人工智能等新一代信息技术应用实现全面感知、互联及融合应用，其中医疗、交通、物流、安保等产业均需要云计算中心的支持，产生云健康、云交管、云物流、云安防等新业态。由此衍生出的一种技术是边缘计算，也被称为“雾计算”。由于传感器端的数据庞大，将一部分数据分析计算在物联网设备和传感器上完成，而不是上传到云服务器，这样可以减少网上数据流动，提高网络性能，节省云计算成本，加快分析过程，使决策者能够更快地洞察情况并采取行动。

新业态的兴起与发展离不开生态系统的建立和完善。一个全方位的云生态系统包括：技术提供商、解决方案提供商、渠道合作伙伴、云平台运营商和客户等。云生态需要建立一套规范和标准，既确保生态系统能为客户提供有品质保障的服务，也能确保平台的开放性，推进生态圈健康快速发展。

我们正站在波澜壮阔的云计算时代前沿，云计算与新信息通信技术、大数据技术、人工智能技术等技术的深度融合，正引发国民经济、国计民生、国家安全等领域技术、模式与业态的重大变革，将支持各个领域构成新的数字化、网络化、云化、智能化的技术手段，构成一种“基于泛在网络，用户为中心，人、机、物、环境、信息相融合，互联化、服务化、协同化、个性化、定制化、柔性化、智能化的新模式”，形成“泛在互联、数据驱动、共享服务、跨界融合、自主智慧、万众创新”的新业态，最终实现“创新、协调、绿色、开放、共享”理念，为正在全面进入信息社会的人类文明书写新的绚烂篇章。

习题

1. 联系自己身边的生产生活实践，试举 2 ~3 个你认为正在运用或者可以运用云计算的例子。
2. 你认为云计算对个人与社会带来了什么样的影响？
3. 分析云计算服务和云计算平台的区别与联系。
4. 云计算与“创新、协调、绿色、开放、共享”的理念有何关系？

参考文献

[1] 李德毅，林润华，李兵. 云计算技术发展报告［M］. 3 版. 北京：科学出版社，2013.
[2] 李兵，李其锋. 未来网络科学与工程若干问题综述［J］. 计算机科学，2010，37（11）：7-11.
[3] 中华人民共和国国务院. 国务院关于促进云计算创新发展培育信息产业新业态的意见：国发〔2015〕5 号［EB/OL］.（2015-01-30）［2018-06-01］. http：//www. gov. cn/zhengce/content/2015-01/30/content_9440. htm.

[4] 中华人民共和国国务院．国务院关于积极推进“互联网＋”行动的指导意见：国发〔2015〕40号［EB/OL］．（2015-07-14）［2018-06-01］．http：//www．gov．cn/zhengce/content/2015-07/04/content_10002．htm．

[5] 中华人民共和国国务院．国务院关于印发“十三五”国家信息化规划的通知：国发〔2016〕73号［EB/OL］．（2016-12-15）［2018-06-01］．http：//www．gov．cn/gongbao/content/2017/content_5160221．htm．

[6] 中华人民共和国工业和信息化部．工业和信息化部关于印发《云计算发展三年行动计划（2017-2019年）》的通知：工信部信软［2017］49号［EB/OL］．（2017-03-30）［2018-06-01］．http：//www．miit．gov．cn/n1146295/n1146592/n3917132/n4062056/c5570298/content．html．

[7] 中华人民共和国国务院．国务院办公厅关于促进“互联网＋医疗健康”发展的意见：国办发〔2018〕26号［EB/OL］．（2018-04-28）［2018-06-01］．http：//www．gov．cn/zhengce/content/2018-04/28/content_5286645．htm．

[8] 国家发展和改革委员会，工业和信息化部．关于做好云计算服务创新发展试点示范工作的通知：发改高技〔2010〕2480号［EB/OL］．（2010-10-25）［2018-06-01］．http：//www．gov．cn/zwgk/2010-10/25/content_1729805．htm．

[9] 商务部流通产业促进中心．走进零售新时代——深度解读新零售报告［EB/OL］．（2017-09-11）［2018-06-01］．http：//www．mofcom．gov．cn/article/shangwubangzhu/201709/20170902641772．shtml．

[10] 中华人民共和国国务院．关于推动实体零售创新转型的意见：国办发〔2016〕78号［EB/OL］．（2016-11-11）［2018-06-01］．http：//www．gov．cn/xinwen/2016-11/11/content_5131239．htm．

[11] 中国信息通信研究院．云计算白皮书［R］．2016．

[12] 赛迪智库互联网研究所．云计算白皮书［R］．2017．

[13] 李伯虎．智慧制造云——一种“互联网＋人工智能＋大数据＋”时代的智能制造系统［D/OL］．（2017-10-17）［2018-06-01］．http：//www．sohu．com/a/198698351_505819．

第 2 章　云计算系统的系统架构

导　读

本章首先提出了云计算系统架构的基本概念，并进行了阐述。以谷歌、亚马逊等互联网企业的电子商务应用为例，分析云计算系统架构对数据中心架构、中间层软件及应用的影响。然后介绍云计算系统架构的参考模型，阐述了基础设施层、平台层、服务层及应用层的意义；并引出了云计算系统的交付模型：IaaS、PaaS、SaaS 和 DaaS。基于当前云计算的应用场景给出了云计算系统的部署模型，包括公有云、私有云、混合云等不同部署模式。最后简要介绍了云计算的技术标准体系。

本章知识点

- 云计算系统架构基本概念
- 云计算系统架构模型
- 云计算系统的交付模型
- 云计算系统的部署模型
- 云计算的技术标准

2.1 云计算系统架构的基本概念

互联网时代的来临，无论是拥有数亿用户照片的应用程序，还是企业的业务应用系统，都需要低成本快速、灵活地访问 IT 资源。一方面 IT 数据中心相关的服务器、存储、网络等硬件设备性能随着技术进步有了极大提升，同时云计算技术与平台系统也得到快速发展，以更好地满足企业对“云化”IT 资源的需求。在第 1 章已经介绍了云计算的概念，对云计算有了整体认知，那么一个云计算系统可以分成哪些部分？系统各部分之间是什么关系？这些问题实际上涉及云计算系统的硬件系统、软件系统、应用系统、运维管理、服务模式以及标准规范等各个方面，要厘清这些问题，就需要先认识和了解云计算的系统架构。

2.1.1 云计算系统架构的产生

为了更好地理解云计算系统架构这一概念，首先需要理解什么是 IT 资源。

IT 是信息技术行业的统称，其内涵包括三个层次：第一层是硬件，主要指数据存储、处理和传输的主机和网络通信设备；第二层是软件，包括可用来搜集、存储、检索、分析、应用、评估信息的各种软件，它既包括企业资源计划（Enterprise Resource Planning，ERP）、客户关系管理（Customer Relationship Management，CRM）、供应链管理（Supply Chain Management，SCM）、办公自动化（Office Automation，OA）等商用管理软件，也包括用来加强流程管理的工作流（WorkFlow，WF）管理软件、辅助分析的数据仓库和数据挖掘（Data Warehousing/Data Mining，DW/DM）软件等；第三层是应用，包括应用 ERP、CRM、SCM 等软件直接辅助决策。

云计算是一种按 IT 资源的使用量付费的服务模式，可以随时随地、便捷、按需地从可配置的 IT 计算资源共享池中获取所需的 IT 资源（包括网络、服务器、存储、应用程序及服务），资源可以快速供给和释放，用户只需投入很少的管理工作，或者与服务供应商进行很少的交互。

云计算服务有几个重要的特点：①按需应变的自助服务。消费者可以单方面地按需自动获取计算能力，比如服务器和网络存储，从而免去了与每个服务提供者进行交互的过程。**②无处不在的网络访问。**网络中提供许多可用功能，可通过各种统一的标准机制从多样化的客户端平台获取（例如，PC、笔记本电脑或智能手机）。**③共享资源池。**服务提供者将计算资源汇集到资源池中，通过多租户模式共享给多个消费者，根据消费者的需求对不同的物理资源和虚拟资源进行动态分配或重分配。资源类型包括存储、处理、内存、带宽和虚拟机等。**④快速灵活。**能够快速灵活地提供各种功能以实现扩展，并且可以快速释放资源来实现收缩。对消费者来说，可取用的功能均可从平台获取，并且可以在任何时间进行任意数量的购买。**⑤提供计量服务。**云计算系统利用计量功能（通常是通过一个付费使用的业务模式）来自动调控和优化资源利用，根据不同的服务类型按照合适的度量指标进行计量监控（如存储、处理能力、带宽和活跃用户账户），控制和报告资源使用情况，提升服务提供者和服务消费者的透明度。

云计算的服务特点决定了云计算需要采用超越传统数据中心的新型架构，以获得业务的灵活性、标准化、服务化，适应企业的复杂应用环境。经过 10 多年发展，在用户需求、技术进步、商业模式创新的共同作用下，各种云计算技术不断涌现，逐渐形成完整的云计算系统架构，极大地推动了云计算在企业应用中的落地。

2.1.2　云计算系统架构的特征

云计算系统架构是一个复杂、解耦、高效的运行体系，资源的池化、虚拟化、组件化实现了标准服务的可提供性和灵活性，通过互联网为用户提供服务。通过云计算提供的这些资源是按需的、可弹性扩展的，相比传统数据中心有着更合理的计算资源配置能力，极大地提高了资源利用率、降低了成本。云管理平台为整个云计算数据中心的运营、运维提供了总体协调和支撑，使得业务发放和使用的流程更为顺畅。新一代的云数据中心将以软件定义的形态展现出来，为上层应用提供统一支撑。**云计算系统架构的主要特征表现为：应用与平台层解耦、资源的可扩展性、服务的云化、虚拟化提供的自服务、高效运营简便运维、灵活的计量计费等。**

（1）应用与平台层解耦　云计算的出现，便利开发人员基于云平台来开发，实现跨领域开发平台与中间件能力的去重整合，节省成本；云计算的出现，实现了在云开发平台中集成透明的开源中间件来替代封闭的商业中间件套件，通过引入面向云原生应用的容器化应用持续集成与部署流水线，来推动企业逐步向基于分布式、轻量化微服务的敏捷迭代、持续集成的开发模式演进。应用部署与环境依赖可以被固化在一起，在后续多个数据中心的应用部署中均可以批量复制，从而将企业应用的开发周期从数月降低为数周，大大提升了企业应用响应客户需求的敏捷度。

（2）资源的可扩展性　面向企业 IT 应用的数据中心计算、存储、网络资源层，不再表现为相互独立和割裂的服务器、网络、存储设备，以及小规模的虚拟化资源池，而是通过引入云操作系统（Cloud OS），将数据中心多个虚拟化集群资源池统一整合为规格更大的逻辑资源池。云数据中心的基础设施资源被整合为统一的逻辑资源池（云化/虚拟化），对外抽象为标准化、可面向外部租户和内部租户的云服务，租户仅仅需要根据所需资源的数量、服务等级（Service Level Agreement，SLA）及安全隔离等需求，从底层基础设施服务中自动地、弹性地、按需地、敏捷地获取上层应用所需要的资源。在计算资源的提供上，可根据应用特点，提供更小力度的虚拟机作承载，也可以提供高性能的物理机资源，更可以提供高度弹性、高计算力的容器集群。在存储资源的提供上，可根据应用需求提供不同性能等级的块、对象、文件存储资源。在网络资源的提供上，可根据租户要求提供基于 VXLAN（Virtual eXtensible LAN）隧道技术的专用云网（Virtual Private Cloud，VPC），更好地保障企业应用。在安全资源的提供上，可根据业务安全性要求，提供不同的安全防护。在云数据中心，资源的粒度更加细分，以便于提升资源利用率和实现资源的统一管理。

（3）服务的云化　传统数据中心提供基于硬件体系的 IT 基础资源，以及主要基于商用厂商的数据库、中间件资源，并且资源的管理相互割裂。企业可以采用标准化的云服务搭建企业应用，或者直接采用应用服务提供商的应用服务。云服务的交付实现高度标准化、自动化，可按照实际要求按需获取资源，并且可随时增加或减少所需资源，资源利用率相比传统数据中心有较大提升。

（4）虚拟化提供的自服务　云计算数据中心与传统数据中心的区别，从用户接触云计算的第一步就体现出来了。由于采用了虚拟化及管理自动化技术，云租户/用户大多通过自助方式获取云服务，而且云服务提供商并不需要人工干预整体流程，所有的细节操作都是用户自己自助实现的。资源的便捷获取得益于计算虚拟化、存储虚拟化、网络虚拟化、安全、PaaS 等技术的快速发展，以及云管理平台自动化管理能力的提升。

（5）高效运营简便运维　由于传统数据中心的资源是烟囱式的，它们相互割裂，难以形成统一管理，其运营和运维需要较多线下参与的方式，这就需要大量的人力投入做支撑。从云计算系统架构的角度来看，可将云计算系统架构划分为云平台系统、云运营管理、云运维管理，这三大系统相互间是完全解耦的关系。对云计算来说，由于通过虚拟化技术实现了资源在逻辑上的统一，为云计算提供了高度自动化的应用系统构建流程。运维管理平台可实现对底层硬件资源、虚拟化资源、应用软件监控的统一管理。相比传统数据中心，先进的云数据中心运营与运维人员缩减了几十到上百倍，其效率获得了惊人的提升。

（6）灵活的计量计费　云计算利用计量功能，通常是通过一个付费使用的业务模式来自动调控和优化资源利用，根据不同的服务类型按照合适的度量指标进行计量（如计算性能、存储容量、网络处理带宽等）。云计算的计量计费系统统一监控、控制和报告资源的使用情况，提升了云服务提供者和服务消费者的透明度，提升了云资源的利用率。

2.2 云计算系统架构参考模型

2.2.1 云计算系统的“四层两域”模型

经过十几年的快速发展，云计算系统架构不断演进，逐步形成了“四层两域”的系统架构，如图 2-1 所示。“两域”是指以提供资源承载客户应用的业务域，以及用于协调管理整个数据中心的管理域。业务域用来提供资源和服务，逻辑上又可以分为四个层次：基础设施层、平台层、服务层和应用层。管理域主要负责整个云数据中心的协调管理。

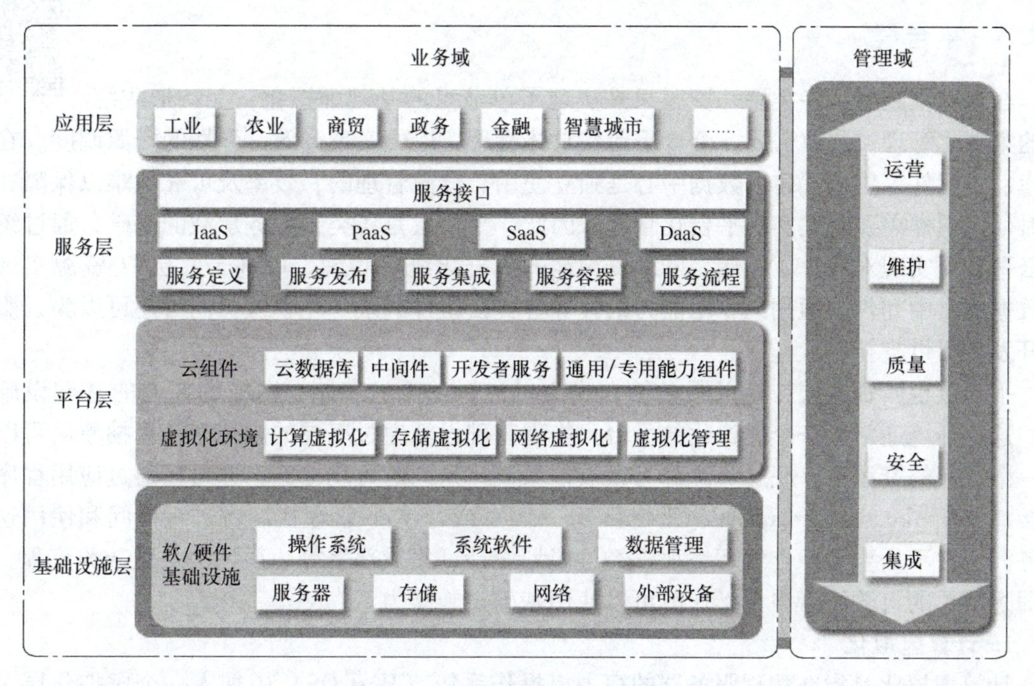

图 2-1　云计算系统架构参考模型

业务域的分层体系非常重要，将基础设施、平台、服务、应用完全解耦，实现更高效的资源调度和弹性扩展。基础设施层主要是最底层的数据中心基础设施及服务器、存储、网络、外部设备等硬件设备，以及与硬件最相关的基础软件（如操作系统、系统软件等）。外部设备主要是接入和采集设备，数据管理是将原始数据存储并做管理，最后提供给 DaaS 服务来做数据模型处理服务。平台层主要提供虚拟化资源池（计算、存储、网络），以及各类云组件（如云数据库、中间件等）。服务层提供各类标准化的云服务，以及与服务提供相关的定义、发布、集成、容器、流程等。应用层则是客户各类应用系统的展现。

管理域是云计算系统的“大脑”，为整个系统提供运营、维护、质量、安全、集成等方面的协调，保证云服务的高效可靠运行。

2.2.2 基础设施层

云计算系统承载一切的基础部分就是其基础设施层，可以进一步细分为：①物理资源。主要是基础硬件设备，包括服务器集群、存储集群，以及由交换机、防火墙、路由器等组成的网络设备与信息安全设备，另外还包括数据中心机房配套设施（电力、制冷、安防等）。②操作系统。云操作系统是实现底层物理资源管理、池化的关键。如果硬件资源无法实现云化，就无法提升资源利用率和实现资源的弹性使用。部署操作系统后，物理设备就可以灵活实现“小变大”的分布式资源聚合处理，或者“大变小”的虚拟化隔离处理。③系统软件。为了便于高效运营、运维云数据中心，在基础设施层的硬件设备也可以根据需要部署一些运营、运维系统软件，便于对底层硬件的资源使用情况和健康状况进行监控与调配，并且对从各种途径获取的原始数据进行管理。

2.2.3 平台层

在基础设施层，各类硬件资源只是实现了单节点的基础虚拟化，无法形成统一的集群化管理，这就需要一个云平台作总体管理，以便实现高效、弹性的资源调度。在数据库、中间件等领域，传统数据中心是独立使用、分散管理的，效率及可靠性难以保障，在云时代，同样需要对其实现平台化管理。因此，平台层是各类云服务承载的基础，通过统一的云平台可实现对计算、存储、网络资源池的集群化统一管理，可基于底层 IT 资源实现各类数据库、中间件、通用或专用能力组件等各类云组件的统一化管理，同时还可以为云服务的开发者提供支持。

平台层也叫资源层，指以服务的方式交付包括计算、存储、网络等在内的基础设施环境，这个环境通常是一个虚拟化的平台。物理基础设施通过底层的虚拟化技术抽象后可以形成一个统一的资源池，底层资源都可以被抽象成一系列的可用服务，并可以通过应用程序编程接口（Application Programming Interface，API）或者 Web 管理控制台进行访问和使用这些服务。用户不需要再像传统环境那样经过规划设计、集成部署等一系列漫长复杂的流程，而是通过简单的订购或者申请操作就可以使用基础设施能力。

1. 计算虚拟化

计算虚拟化是指在物理服务器的宿主机操作系统（Host OS）中加入一个虚拟化层，在虚拟化层之上可以运行多个客户端操作系统（Guest OS）。通过分时及模拟技术，将物理服务器的 CPU、内存等资源抽象成逻辑资源，向 Guest OS 提供一个虚拟且独立的服务器硬件环境，提高资源利用率和灵活性。目前商用的虚拟化软件主要是 VMware 公司的 ESXi，但是开源的 KVM 也日趋成熟，成为 Linux 内核默认的组件，可以运行在各种主流的服务器架构上。

2. 存储虚拟化

存储虚拟化通过对存储系统的内部功能进行抽象，使存储或数据的管理与应用的管理分离，对存储服务器和设备进行虚拟化，能够对下一层存储资源进行资源合并，降低实现的复杂度。存储虚拟化可以在不同层面实现：基于主机的虚拟化、基于网络的虚拟化、存储子系统虚拟化、分布式存储。

分布式存储也是一种新兴的存储虚拟化形式，是指将多台标准服务器组成的集群内的磁盘形成一个共享存储池，采用横向扩展和数据副本的方式，提供存储服务。相比集中磁盘阵列，分布式存储更适应云计算的需求。

3. 网络虚拟化

网络虚拟化是对物理网络及其组件（如交换机、路由器等）进行抽象，并从中分离网络业务流量的一种技术。采用网络虚拟化可以将多个物理网络抽象为一个虚拟网络，或者将一个物理网络分割为多个逻辑网络。网络虚拟化可以在不同层面实现：网络设备虚拟化、链路虚拟化、基于软件定义网络（Software Defined Network，SDN）的网络虚拟化。

SDN 改变了传统网络架构的控制模式，将网络分为控制层和数据层。网络的管理权限交给了控制层的控制器软件，通过传输通道，统一下达命令给数据层设备，并且数据层设备可以通过硬件和软件两种方式实现，最终帮助云租户构建一个域物理网络完全独立的叠加虚拟网络。

4. 虚拟化管理

无论是哪种虚拟化技术，在进行虚拟化管理的时候都是实现了管理平面与数据平面的分离，然后通过管理平面软件对数据平台进行管理。虚拟化的管理分为以下几类：

（1）服务器虚拟化管理　将大量部署了服务器虚拟化软件的物理服务器统一管理，并形成一个具有完整资源视图的逻辑资源池后，通过管理平面对资源池中的资源进行生命周期管理操作，例如虚拟机的创建、删除、启停等，也可以将资源池中的各种资源组装成不同规格的虚拟机并安装好操作系统后提供给用户使用。

（2）存储虚拟化管理　将不同的后端存储设备提供的存储能力统一抽象为块存储池，然后根据不同的需求划分为大小不同的卷，分配给用户使用，此外可以对生成的卷进行管理操作，例如删除卷、扩容卷、释放卷等。

（3）网络虚拟化管理　在云计算的环境中，往往是多个客户共享一套物理网络，所以需要通过控制层面对物理网络进行虚拟化并抽象成网络虚拟化资源接口，不同的用户可以通过这些抽象接口构建需要的虚拟网络。

2.2.4 服务层

服务层是指集成了企业应用从开发、运维、运营及配套的各种工具和能力的平台环境，主要是面向外部用户提供标准化的云计算服务，以便为客户业务提供有效支撑。服务层可以提供基础设施即服务（Infrastructure as a Service，IaaS）、服务平台即服务（Platform as a Service，PaaS）、软件即服务（Software as a Service，SaaS）、数据即服务（Data as a Service，DaaS），并提供相关的自动化服务流程和服务接口。

1. 服务管理

面向服务是一种应用程序架构，在这种架构中，所有功能都经过服务定义，成为独立的服务对外发布。这些服务带有定义明确的可调用的接口，服务之间可通过接口相互调用，并且能够根据业务流程进行服务编排。通常有以下特点：

（1）接口化　服务接口具有稳定性，具有明确的使用方法，对外屏蔽内部数据。通过标准化的接口描述，服务可以提供给其他平台或用户接口使用，服务的访问者无须知道服务在哪运行，由哪种语言实现等细节。

（2）模块化　服务功能实体是独立的，可以独立进行部署、版本控制、管理等操作。

（3）松耦合　服务之间的调用通过接口进行，服务的具体实现对服务请求者不可见；在云计算这种复杂的环境中，会提供一个公共的、可靠的服务通信总线，以消除服务请求者和服务提供者之间的直接连接，双方进一步解耦，同时可以协助进行业务流程设计，对每个业务流程进行控制、分析和改进。

（4）可操作性　服务需要具备安全性、与业务相关性等特性，以满足服务级别的要求。

2. 基础设施即服务（IaaS）

云端公司把 IT 环境的基础设施建设好，然后直接对外出租硬件服务器或者虚拟机。消费者可以利用所有计算基础设施，包括处理 CPU、内存、存储、网络和其他基本的计算资源，用户能够部署和运行任意软件，包括操作系统和应用程序。消费者不管理或控制任何云计算基础设施，但能控制操作系统的选择、存储空间、部署的应用，也有可能获得有限制的网络组件（如路由器、防火墙、负载均衡器等）的控制。IaaS 可以提供的服务包含：

（1）云主机服务　分为虚拟机和裸金属（Bare Metal）两种，用户通过云平台进行云主机申请，选择云主机的类型（CPU 和内存大小）、虚拟磁盘（容量和数量）、虚拟网口（类型和数量）、操作系统镜像。

（2）云存储服务　一方面可以为用户提供廉价或高性能的网络存储服务，另一方面也可以向云平台上的备份类、网盘类应用软件提供存储服务。

（3）云网络服务　云网络服务可以为租户提供完整的虚拟私有云（Virtual Private Cloud，VPC）服务，VPC 中可以包括 2 层网络服务、3 层网络服务、虚拟专网服务、负载均衡服务、虚拟防火墙服务等。

3. 服务平台即服务（PaaS）

PaaS 意指把运行用户所需的软件平台作为服务出租，提供的服务主要包括：

（1）容器服务　云计算中的容器指的是对计算资源（CPU、内存、磁盘或者网络等）的隔离与划分。比如开源的容器虚拟化平台 Docker 就是在 Linux 系统中划分出了一个不受外界干扰的区域（它自己有自己的文件系统、CPU 的配额以及内存及网络使用的配额），然后可以在这个容器里干自己想干的事。例如将 App 变成一种标准化的、可移植的、自管理的组件，在任何主流系统中开发、调试和运行，同时又不影响宿主系统和其他容器。容器服务可以整合云主机、云存储、云网络等能力，也是应用持续交付集成架构、微服务架构的基础。

（2）中间件服务　指基于容器实现的 Web 中间件、消息中间件服务，用户可以直接选用所需的中间件产品，即可使用到对应的中间件服务。

（3）持续集成和持续交付（CI/CD）服务　持续集成和持续交付（Continuous Integration/ Continuous Delivery，CI/CD）指基于 PaaS 平台实现的应用从代码提交到线上部署的自动化流程，开发人员提交代码到代码仓库中触发应用构建测试和发布流程，将通过测试的代码打包成容器镜像上传到容器仓库，调用应用部署接口发起部署到预生产或生产环境，整个过程无须人工干预。

4. 软件即服务（SaaS）

应用服务提供厂商将应用软件统一部署在平台服务器上，客户可以根据自己的实际需求，通过互联网向平台定购所需的应用软件服务，按定购的服务多少和时间长短向厂商支付费用，并通过互联网获得厂商提供的服务。用户不用再购买软件，而改用向提供商租用基于

Web 的软件，来管理企业经营活动，且无须对软件进行维护。服务提供商会全权管理和维护软件，软件厂商在向客户提供互联网应用的同时，也提供软件的离线操作和本地数据存储，让用户随时随地都可以使用其定购的软件和服务。

对于许多小型企业来说，SaaS 是采用先进技术的最好途径，企业无需自行购买、构建和维护基础设施和应用程序。

5. 数据即服务（DaaS）

DaaS 包括数据库服务和大数据服务。数据库服务是指基于云平台提供的即开即用、高可靠性、高伸缩性、可管理的结构化数据库服务，提供专业的数据库管理平台，用户可以在云环境中直接使用数据库，无须部署数据库环境。大数据服务是指对大规模的非结构化数据进行数据抽取和汇总存储，并进行分析挖掘有效信息的服务，云平台提供大数据服务的集成并提供给用户使用。

2.2.5　应用层

应用层是指基于服务层提供的各种接口，构建适用于各行业的应用环境，提供给软件厂商或开发者、用户的应用平台。应用层主要以客户应用运行为目标，以友好的用户界面为用户提供所需的各项应用软件和服务，服务的提供者负责处理应用所涉及的所有基础服务、业务逻辑、应用部署交付及运维；服务的使用者通过租赁的方式获取应用服务，免去了应用软件安装实施过程中一系列专业复杂的环节，降低了应用软件的使用难度。

应用层直面客户需求，向企业客户提供 CRM、ERP、OA 等企业应用。应用层也是各类行业云计算应用的充分展现，如工业云、农业云、商贸云、金融业、政务云等。

2.2.6　管理域和业务域

“四层两域”中的“两域”是指业务域和管理域。业务域主要提供资源和服务，而管理域主要提供云服务运营和云服务运维。

云服务运营是围绕云服务产品进行的产品定义、销售、运营等工作。首先以服务目录的形式展现各类云服务产品，并进行产品申请、受理及交付，最后对用户使用的产品按实际使用进行计量或计次收费。

云服务运维是指围绕云数据中心及云服务产品的运维管理工作，包括资源池监控和故障管理、日志管理、安全管理、部署和补丁管理。

2.3　云计算系统的业务模型

业务系统是商业模式的核心，云计算作为一种面向服务的商业模式，高效运营的业务系统是云计算企业最重要的竞争优势之一。水、电服务是将水、电作为资源提供给用户使用，而云服务提供商则是提供 IT 资源，如云主机、云存储、VPC、网盘等，用户可以根据自己的需要通过自助、付费的方式按需获取这些资源，从而得到服务。随着近几年云计算市场的火热发展，云计算服务已经随处可见，通常将这些服务归为 IaaS、PaaS、DaaS、SaaS 四大类，如图 2-2 所示。除了这四类服务，根据用户的需求，云计算服务也衍生出其他一些服务类型，比如容器即服务（Container as a Service，CaaS）、数据库即服务（Database as a Service，DBaaS）等。借助这些云服务，用户可以像用水用电一样便捷地获取和使用计算、存储、网络、大数据、数据库等 IT 资源。

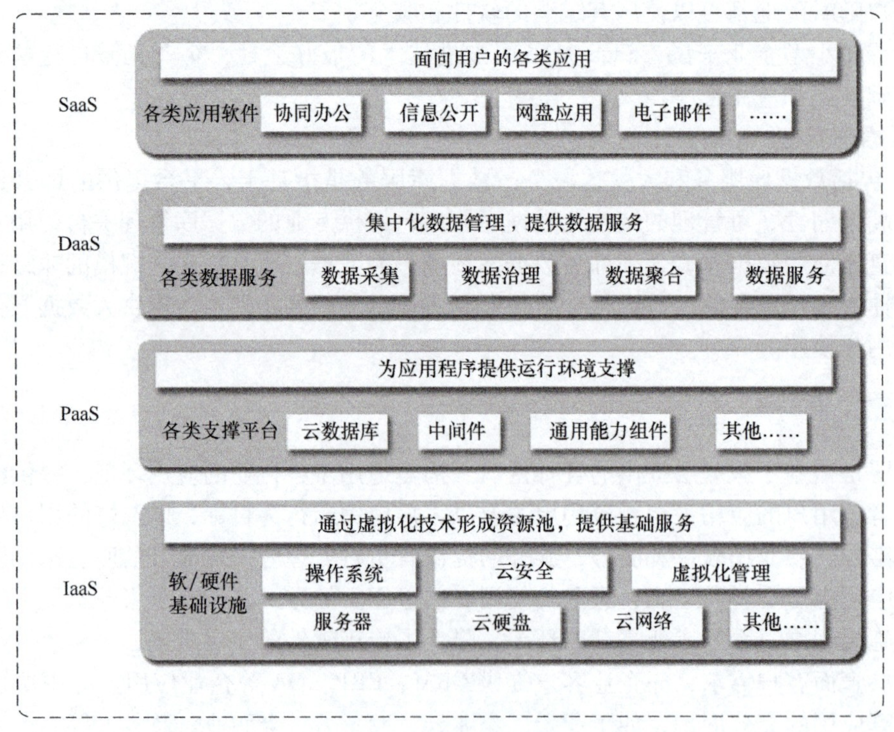

图 2-2　云计算业务模型

IaaS，PaaS，DaaS，SaaS 可独立向用户提供服务，彼此之间并不存在依赖关系。其中 IaaS 使用起来比较灵活，用户可以建立自己的系统，搭建自己的 PaaS 和 SaaS，用户对数据拥有完全的掌握权，但同时对于用户的 IT 资源驾驭能力要求也比较高。PaaS 比较适合应用开发者类的用户，这类用户可以直接使用 PaaS 提供的数据库、中间件、缓存等服务能力来迅速构建应用，无须从底层建立完整系统。但是使用云平台提供的 PaaS，就必须遵循云平台的框架和 API，会和平台产生一定的耦合。DaaS 的精髓在于使数据管理更为集中化，让更多的用户无须去注意底层数据的问题，而将注意力完全放在如何使用这些数据。SaaS 则是直接为最终用户提供基于云的应用，如人力资源系统、客户关系管理系统、电子邮箱、网盘等，免去了开发、部署、测试等环节，实现了应用开箱即用。但用户数据留存于平台上，会和平台产生紧耦合，一般情况下再迁移更换平台的代价也比较大。

2.3.1　基础设施即服务（IaaS）

基础设施即服务（IaaS）是指将 IT 基础设施能力（如服务器、存储、计算能力等）通过网络供给用户使用，并根据用户对资源的实际使用量进行计费的一种服务。

IaaS 服务通过对服务器、存储、网络等基础设施抽象形成资源池，使用多租户技术以服务的方式提供给用户，用户可根据业务系统的需求选择适合配置的资源、所需的数量，定义资源的使用逻辑，从而实现整体的系统架构。相比于 PaaS 和 SaaS，IaaS 所提供的服务比较底层，但对用户来说使用更灵活，拥有更大的控制权，也最为接近用户自建的 IT 资源。

以前企业通过购买软硬件自建 IT 系统，不仅建设周期长，价格高，还有复杂的运维工作，并且不能及时地满足业务的需要。现在企业可以根据业务系统架构选择所需的服务，在初期可以选择满足容量需求的服务，随着业务量的增长，整体架构可以弹性扩展，引入更多样的服务提升整体系统性能，同时还大大减少了基础设施维护的工作量。

各大主流的云服务提供商都提供了丰富的 IaaS 服务，通常包括计算服务、存储服务、网络服务、安全服务等，亚马逊的 AWS 是这类服务的代表。

随着人工智能时代的到来，机器学习、人工智能技术快速发展，IaaS 服务也日新月异，一些云服务平台提供 FPGA 主机、GPU 主机，采用智能网卡的网络增强型主机、全闪存主机、SDN 软件定义网络、云专线等来满足用户更强的计算能力、更大的网络吞吐、更小的网络时延、更灵活的网络配置的需求。

云服务提供商实现 IaaS 服务的技术多种多样，比如亚马逊 AWS 和阿里云的研发能力比较强，它们采用自研平台，技术架构不对外开放。在开源领域，OpenStack 作为发展最快的云操作系统也被广大企业用户所采用，OpenStack 社区是开源社区中最火热的社区之一，OpenStack 由来自 181 个国家和地区的 88034 名开发者，674 个公司共同构建，代码超过 2 千万行（截止 2018 年 5 月），几乎 IT 界的主流厂商都参与了 OpenStack 代码的编写。

如图 2-3 所示，OpenStack 通过一系列的组件实现数据中心的分散的计算、存储和网络等资源的管理、监控，形成一个完整的云计算系统；提供 Web 界面访问，也提供命令行的界面，还提供了一套 API 支持用户开发自己的软件。

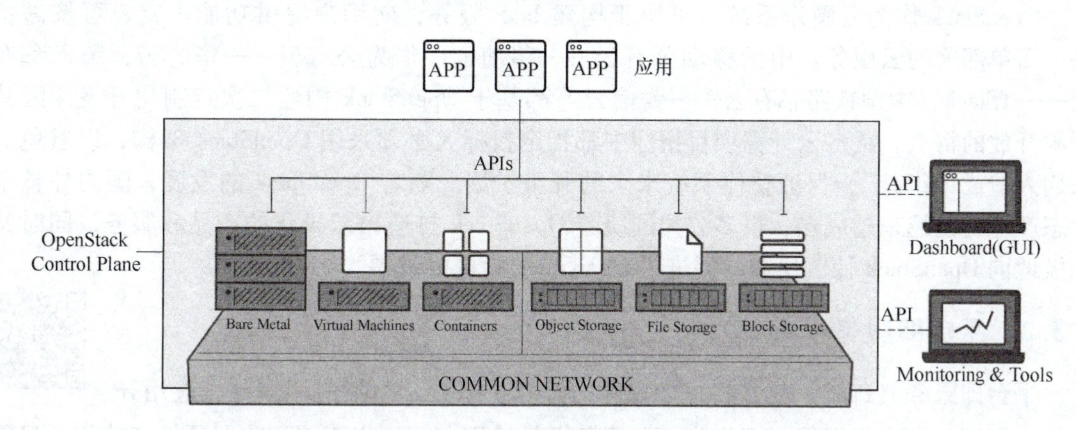

图 2-3　OpenStack 功能图

OpenStack 是由 Rackspace Cloud 和美国宇航局在 2010 年发起的，从最初 2010 年的 Austin 版本发布至今，已经经历了 17 个版本，OpenStack 的版本早期更新比较快，版本代号是按字母顺序从 A 到 Z，并以开峰会的城市相关的地名命名，由最后投票决定，比如最新的版本 Queens 就是上一次悉尼峰会确定的，名字来源于悉尼郊区一个叫 Queens 的公园。以前每半年发布一个版本，目前一年发布一个版本（见图 2-4）。

随着需求的增加和技术的进步，OpenStack 也在演进，从最早的 Austin 版本的两个组件（Nova 和 Swift）到现在的 Queens 版本有 40 个组件。相比于之前的版本，Queens 版本中增加了 GPU、容器的扩展功能，可更好地应用于边缘计算、高可用、机器学习、人工智能等应用场景。OpenStack 架构图如图 2-5 所示。

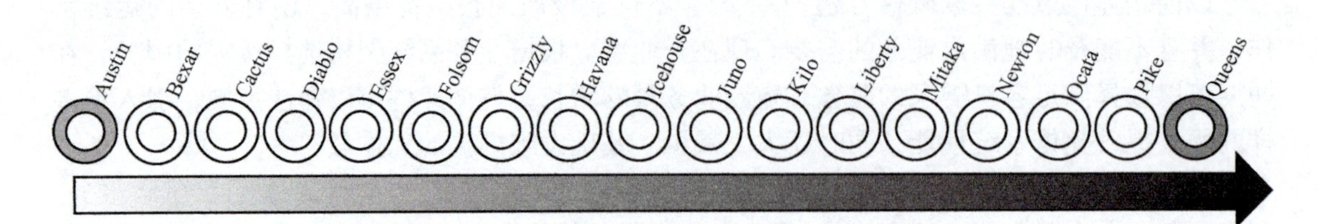

图 2-4　OpenStack 版本发展

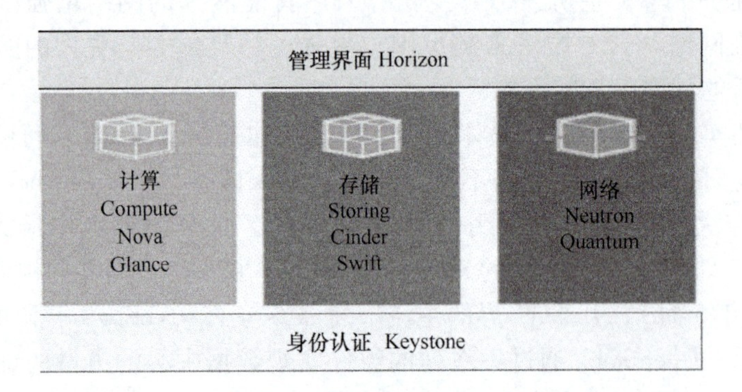

图 2-5　OpenStack 架构

OpenStack 作为云操作系统，可用于构建 IaaS 服务，向用户提供功能丰富、可按需扩展、简单部署的云服务。中国移动公有云——移动云，华为公有云——华为云，腾讯私有云——TStack，中国铁路私有云——铁信云等都基于 OpenStack 构建二次定制化开发。因其开源开放的特点，很多云计算项目招标中都指定投标人必须采用 OpenStack 架构，以避免对采购人造成“绑架”，保证整体系统未来的升级扩展。随着 OpenStack 的发展，国内外整个生态产业链也越来越成熟，很多公司围绕着 OpenStack 打造出差异化的产品和服务，同时又积极地向 OpenStack 社区反馈，促进了 OpenStack 社区的发展。

2.3.2　平台即服务（PaaS）

平台即服务（PaaS）是指将一个完整的计算机平台，包括应用设计、应用开发、应用测试和应用托管，都作为一种服务提供给用户。用户不需要购买硬件和软件，只需要利用 PaaS 平台，就能够创建、测试、部署和运行应用和服务。PaaS 对开发者屏蔽了底层硬件和操作系统的细节，开发者只需要关注自己的业务逻辑，无须过多地关注底层资源，可以很方便地使用构建应用时必要的服务组件，大大加速了软件开发与部署的过程。

如果一家企业面临着把应用系统迁移上云的压力，同时需要满足大容量高并发的访问需求，那么采用云平台提供的 PaaS 进行开发则具有明显的优势，可以缩短开发时间，企业可以更快地向市场提供服务。PaaS 可让企业更专注于它们所开发和交付的应用程序，而不是管理和维护整个平台系统。对于创业型公司和个人开发者来说，PaaS 也相当实用，因为这些公司和个人开发者没有具有强依赖性的旧应用系统需要迁移，可以基于云平台的 PaaS 迅速开发应用系统。

综上所述，PaaS 必须包含两种关键能力：

1）应用的部署运行平台以及云化托管基础设施。应用的云化部署、运行平台支持自动伸缩、弹性扩展提供数据访问、应用集成能力。

2）高效的 DevOps 开发环境。PaaS 提供编程语言、库、服务以及工具来构建应用，提升开发效率依托 PaaS 运维能力，开发者无须管理或控制底层的云基础设施，包括网络、服务器、操作系统以及存储，只需关注自身业务的运维。

IaaS 和 PaaS 的区别是，IaaS 主要提供了计算、存储、网络等基础设施服务，PaaS 则为开发人员提供了构建应用程序的开发测试环境、部署工具、运行平台，包括数据库、中间件、缓存、容器管理等，更便于开发者使用。

目前，业界一般认为 PaaS 经历了四代的发展：

第一代 PaaS：早期的 Heroku，这种类型的 PaaS，平台与底层基础设施紧耦合，非常适合 Ruby on Rails 这种小型单体应用，开发者可以很快掌握部署工作流程。

第二代 PaaS：Cloud Foundry（DEA 版本），这种类型的 PaaS 可以部署在企业的基础设施上，开发者可以简单地自定义环境，包括云端构建，开始支持多服务的应用程序。

第三代 PaaS：Cloud Foundry（Diego 版本）以及谷歌 App Engine 和 AWS Elastic Beanstalk，它们都从之前两代 PaaS 迭代而来。这个类型的 PaaS 对底层基础架构依赖更低，增加了对容器的支持和更自由的环境配置，同时更好地支持微服务，并鼓励开发者构建自己的持续交付的工作流程。

第四代 PaaS：Kubernetes、Mesos、DockerSwarm 等容器编排引擎，这一代的平台面向云原生应用、基于分布式和容器，天然支持微服务。前三代 PaaS 可以称为应用级 PaaS，它们关注的是应用程序的部署运行，第四代 PaaS 可以称为容器 PaaS，或者 CaaS，向开发者提供 CI/CD（持续开发、持续集成）的能力。

容器是轻量级的操作系统级虚拟化，可以允许我们在一个资源隔离的进程中运行应用及其依赖项。运行应用程序所必需的组件都将打包成一个镜像并可以复用。执行镜像时，它运行在一个隔离环境中，并且不会共享宿主机的内存、CPU 以及磁盘。

第四代 PaaS 技术中，主要采用 Kubernetes（也称为 K8s）作为 PaaS 平台技术，基本上可以认为 Kubernetes 在与 Mesos 和 DockerSwarm 的竞争中赢得了容器编排大战，2017 年也是 Kubernetes 如火如荼发展的一年。Kubernetes 来源于希腊语，意思为“舵手”，该项目是谷歌在 2014 年启动的，在 2015 年 7 月正式发布 V1.0 版本，后来贡献给 Linux 基金会，作为云端原生计算基金会（Cloud Native Computing Foundation，CNCF）的一部分。目前 Kubernetes 发展到 V1.10 版本，此版本提升了 Kubernetes 三大关键性功能（存储、安全与网络）的成熟度、可扩展性与可插入性。

PaaS 平台的功能是比较丰富的，向下集成 IaaS 资源，向上与运营平台、运维平台、自服务平台对接，将 PaaS 平台的能力以服务的方式提供，PaaS 本身提供资产库、DevOps（开发运维一体化）、业务调度、能力服务的功能，开发者可以根据实际需要进行功能裁剪（见图 2-6），PaaS 提供的环境与工具助力开发者实现企业业务快速开发与上线，能够支撑云计算实质落地。随着云计算市场的不断成熟，PaaS 势必会发展成云计算的主流服务。

2.3.3　软件即服务（SaaS）

软件即服务（SaaS）是一种全新的软件使用模式，软件厂商将应用软件部署在自己的

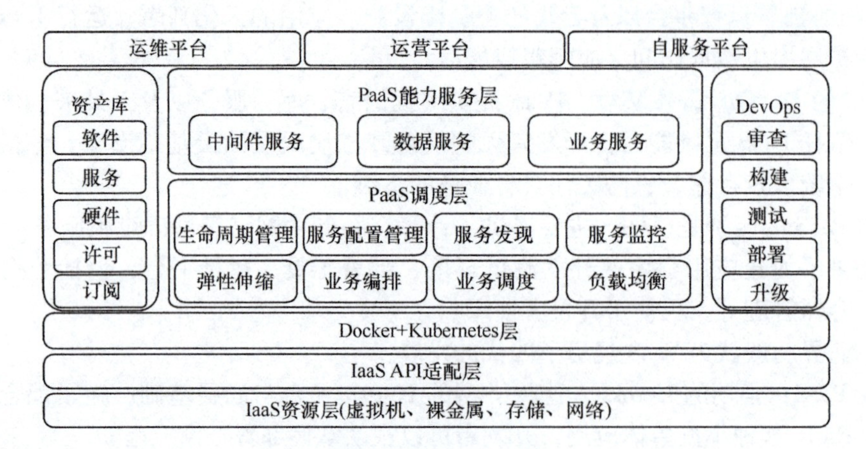

图 2-6　PaaS 架构图

服务器或者云服务市场上，通过互联网对外提供服务，用户可以根据自己的实际需求，在 Web 页面上定购所需的应用软件服务，按定购的服务数量和使用时长支付费用，且用户无须对软件进行维护，服务提供商会负责软件的维护升级。

对许多 IT 能力比较薄弱的中小型企业来说，采用 SaaS 服务是实现信息化，助力企业经营管理的最好方式，它消除了企业购买、构建和维护基础设施和应用程序的需要，大大降低了企业采用先进技术实现信息化的门槛。SaaS 绝不仅仅适用于中小型企业，也有很多大型跨国企业自己部署 SaaS 平台，上线企业经营管理中所需的应用，或者直接向可靠的 SaaS 服务提供商采购所需的服务，几乎所有的企业都可以在 SaaS 服务中实现企业信息化的诉求。

SaaS 应用软件的价格通常包括了应用软件许可证费、软件维护费以及技术支持费，用户按月度或者年度支付租用费。

面向 B2B（Business-to-Business）的 SaaS 可分为两类：

1）垂直 SaaS。为满足垂直行业需求的 SaaS，如金融、房地产、教育、医疗、电商等。

2）通用 SaaS。专注于某一个软件类别，例如销售管理、营销管理、人力资源管理、客户管理、协同 OA、ERP、商业智能、云存储等。

通用 SaaS 起步较早，发展较成熟，市场规模也比垂直类 SaaS 大得多，其中针对人力资源管理、销售管理、财务管理的 SaaS 市场规模最大。例如，Salesforce 是全球领先的 CRM 软件服务提供商，所有 Salesforce 产品均在云环境中运行，对用户来说没有任何安装设置成本，无须维护，用户可在智能手机、平板电脑、笔记本电脑等任何联网设备上工作。目前的 Salesforce 已不局限于在线 CRM 服务，正在向 SaaS 供应商的基础架构平台发展，它建立了一个软件开发平台 force 和一个交易平台 appexchange，使用它提供的语言 Apex Code，第三方开发者可以在 force 上自主开发一些附加功能模块（比如人力资源管理、项目管理），并通过 appexchange 交易出去，第三方可以通过这个平台赢利，第三方开发者极大地丰富了 Salesforce 上的应用模块，增强了 Salesforce 的竞争力。目前 Salesforce 可提供覆盖销售、服务、市场营销、社区、平台和应用程序、物联网、商务的产品和解决方案，形成了较为丰富的产业生态圈。

目前国际上使用 SaaS 服务的企业既有全球 500 强企业，也有大量的中小企业，在整体市场环境、信用环境和网络环境方面比较规范，各类应用也比较丰富成熟。在国内，大型企业的传统习惯是自己采购软件，较少采用 SaaS 服务。而数量巨大的小微企业，因自身 IT 能力有限，更倾向于购买 CRM、财务系统、进销存等 SaaS 服务，以快速实现企业的信息化。国内 SaaS 的发展一方面需要 SaaS 服务提供商丰富企业应用程序的品类和功能，另一方面企业也需要逐步转变购买和使用 IT 服务的习惯，不一定需要对整个系统拥有完整的控制权，要更多地关注和自己业务密切相关的应用软件系统，两方面协同发展，才能促进 SaaS 市场的成长。

2.3.4　数据即服务（DaaS）

“谁拥有了大数据，谁就拥有了未来”，这句话形象地解释了数据的重要性。拥有海量数据的企业可以利用大数据技术来发掘数据的价值，将企业数据转变为企业的金矿。然而，目前企业数据的价值还远未被开发出来，企业数据资源利用率不高、处理大量复杂数据的能力有限、数据变现的手段有限、未形成良性循环的数据利用商业模式等。数据即服务（DaaS）的出现正是为了解决上述问题，帮助企业更好地挖掘大数据的价值。

盘活数据资产，使其为业务管理、运营、决策服务，这就是数据即服务（DaaS）的本质。DaaS 是指与数据相关的一系列操作，如数据采集、数据聚合、数据质量管理、数据清洗、数据分析等，都能够通过云计算平台进行集中整合处理，最后经过数据挖掘产生价值，经过定制化和模块化后将结果提供给不同的系统和用户，而无须再考虑原始数据来自于哪些数据源。

一个 DaaS 平台，包括的主要元素有：

1）数据采集：来自于任何数据源，如数据仓库、电子邮件、门户、第三方数据源等。

2）数据治理与标准化：手动或者自动整理数据标准。

3）数据聚合：对数据进行抽取、转换、加载（Extract Transform Load，ETL）处理，按照预先定义好的数据仓库模型，将数据加载到数据仓库中去。

4）数据服务：通过 Web 服务、抽取和报表等，让终端用户能够更容易地消费数据。

Hadoop 作为 DaaS 平台采用的主要技术之一，经过了十多年的发展，已经形成了完整的生态圈。Hadoop 是由 Apache 基金会于 2005 年作为 Lucene 的子项目 Nutch 的一部分正式引入的，该技术受到谷歌的 MapReduce 和谷歌文件系统（Google File System，GFS）的启发，2006 年 Map/Reduce 和 HDFS（Hadoop Distributed File System）分别被纳入 Hadoop 项目中。Hadoop 是一个开源的生态系统，HDFS 是一个分布式数据处理系统，最初 Hadoop 家族只有 Map/Reduce 和 HDFS，如今 Hadoop 家族成员已经扩展到了数十个，涵盖了资源管理、数据存储、数据处理、机器学习、服务协调等多个功能。

根据《2016 中国大数据发展状况研究报告》，企业的大数据应用主要集中在三个方面：精准营销、科学管理、精细化生产。

（1）精准营销　传统的市场营销，更多地是靠市场经验，缺乏对市场和用户数据的实时分析，因而其市场效果不甚理想。借助大数据工具，企业市场营销可以实现两方面的改善，基于数据的市场动态感知、精确锁定用户群体。通过大数据分析，企业可以实时了解市场动态，包括整个市场规模的变动、竞争对手的动向、自己产品的销售情况等，进而对整个市场有完整的感知，在知己知彼的情况下，进行有效的市场营销。同时企业可以通过对用户消费行为数据的分析，进行用户画像，最终精准地锁定潜在用户群体，让营销变得有的放矢。基于海量数据的用户行为预测，可以形成更丰富的市场营销工具，并衍生出多样化的市场营销手段。

（2）科学管理 企业在日常运营管理中会产生大量的数据，比如考勤数据、财务数据、人力资源数据、销售数据、薪酬数据等，这些数据是企业经营管理过程的痕迹，是企业宝贵的数据资产。通过对这些留存数据的分析，帮助企业找到管理中的盲点，解决管理中出现的问题，进而提升管理效率。

（3）精细化生产 企业产品质量的好坏以及生产成本的高低，是企业竞争力的重要体现。通过收集企业在生产制造过程中的大量数据，进行分析处理，反馈到生产过程，优化生产流程，从而降低生产系统故障率，提高产品质量，降低生产成本。

以互联网金融行业为例，目前渠道价格越来越贵，获客成本居高不下；产品的购买转化率却持续下降，流失严重；用户留存率低，虽然平台不断推出种类丰富的基金产品，但是长期理财产品购买形势低迷，增购很难。DaaS 解决方案通过建立渠道监控看板，区分不同渠道的投放效果，追踪各个渠道用户在产品内的转化情况，甄别优质渠道和劣质渠道，精细化追踪，解决了流量难题，降低了获客成本；通过用户行为分析，还原用户的真实行为路径，根据不同步骤的转化率差异，发现和找到用户流失的关键节点，定位问题，优化产品，提高最终的购买转化率；根据用户行为进行分群，补充营销数据，找到还在犹豫的用户，通过内容运营、活动运营等方式，促使投资人继续投资，提高人均投资金额。通过 DaaS 的用户细分功能，能够精准地找到不同活动和功能对应的具体用户行为特征，解决了互联网金融行业获客成本高、转化率低的痛点，帮助互联网金融客户搭建数据运营体系，实现精细化运营。

DaaS 发展的未来是人工智能，企业的生产服务将从数据驱动演进到人工智能驱动，在原来数据价值挖掘和优化基础上，以机器算法代替行业规则，实现业务智能化，可以预见未来 DaaS 也会有很大的发展。

2.4 云计算系统的部署模型

2.3 节介绍了云计算能提供的业务模型分别有 IaaS、PaaS、SaaS、DaaS 等，那么，这些服务的 IT 资源部署在哪里呢？根据 IT 资源部署的方式，面向服务的对象不同，可以把云服务分为公有云、私有云和混合云三类。三类部署模型的特点见表 2-1。

表 2-1 不同部署模型的特点

分类	特点	适合行业及客户
公有云	多租户、快速获取资源、按需使用、按量付费、弹性伸缩	电商、游戏、视频等
私有云	安全可控、数据私密性好、高服务质量	金融、医疗、政务等
混合云	可扩展、更完美、架构灵活	金融、医疗、政务等

2.4.1 公有云

公有云（Public Cloud），也称公共云，是指云服务提供商通过互联网提供的计算服务，面向希望使用或购买的任何组织和个人。公有云可以免费或按需出售，允许用户

根据 CPU、内存、存储、带宽等使用量支付费用。

公有云具有如下的特点：

1）快速获取 IT 资源。用户可以通过互联网获取所需的计算、存储、网络等资源，免去了自建系统漫长的周期与高昂的成本。

2）按需使用，按量付费。用户根据业务需求订购所需的资源配置与数量，用多少买多少，不需要考虑资源预留，节约了成本。

3）弹性伸缩。在访问量突发增长的时候，系统可根据策略动态增加相应的资源，以保证业务可用性；当访问量回落之后，系统可释放相应的资源，避免不必要的浪费。

4）安全可靠。公有云服务提供商通过多个可用区和区域的架构设计，保证了整体系统的健壮性；用户数据也会有多个副本，有严格的访问控制，用户不用担心数据丢失、病毒侵扰等问题。

目前比较知名的公有云服务提供商有亚马逊的 AWS、微软的 Azure，以及国内的阿里云、腾讯云、移动云等。

亚马逊的 AWS 从 2006 年开始提供云服务，一直占据全球公有云服务市场份额的第一名，约占 1/3 的市场份额。截止到 2017 年底，AWS 在全球 18 个区域共有 49 个可用区，AWS 在中国境内有北京和宁夏两个区域，分别有两个和三个可用区。AWS 的可用区指的是处于同一区域，但不同地理位置的数据中心，可用区之间一般相距几十公里，以降低单个事故影响服务的可用性，同时可用区之间又不会相距太远，以满足容灾备份、业务连续性的要求。

AWS 一直都是云计算行业的领导者，提供了丰富的产品类型，以及秒级计费、无服务器计算等特色功能，涵盖了 19 类场景超过 100 种产品，如图 2-7 所示。AWS 的目标客户比较全面，包括互联网客户、开发人员、中小企业、大型企业等，以及覆盖了互联网、能源、医疗、教育、游戏等行业客户。同时 AWS 为保证客户服务体验，对用户的支持服务进行分级，针对不同等级的客户提供差异化的服务。

图 2-7　亚马逊的 AWS 产品集合

移动云作为中国移动的公有云，自 2011 年开始建设，是基于 OpenStack 等开源项目自主研发的，BigCloud（大云）云计算产品形成具有完全自主知识产权的体系，经过多年建设形成了完善的 IaaS/PaaS/SaaS 标准化公有云产品及行业解决方案，目前具备超 30 种云产品。移动云在全国 5 个城市（北京、广州、呼和浩特、哈尔滨、长沙）建设了核心节点，同时融合全国其他省份的资源池节点，形成全国一朵云，实现客户就近接入，通过统一的平台对外提供服务。

公有云提供高可扩展、高可用、高性能、高可靠及高安全的云服务，可满足政府部门、大中型企业对安全性、稳定性的要求，以及大带宽专线和虚拟专用网络（Virtual Private Network，VPN）灵活组网的需求，是政企客户上云的首选；同时移动云还具有计费方式灵活，资费性价比高等特点，也适用于中小企业及开发者等客户，客户根据其应用的需要可以按需使用，并按使用付费。

“专属云（Dedicated Cloud）”是为用户提供资源物理隔离的云上专属资源池，适用于金融安全、数据仓库、基因测序、生物制药等对数据安全要求高的场合。

“社区云（Community Cloud）”是大的“公有云”范畴内的一个组成部分，是指在一定的地域范围内，由云计算服务提供商统一提供计算资源、网络资源、软件和服务能力所形成的云计算形式。“社区云”是基于社区内的网络互连优势和技术易于整合等特点，通过对区域内各种计算能力进行统一服务形式的整合，结合社区内的用户需求共性，实现面向区域用户需求的云计算服务模式。例如，深圳大学城云计算公共服务平台是国内第一个依照“社区云”模式建立的云计算服务平台，服务对象为大学城园区内的各高校、研究机构、服务机构等单位以及教师、学生、各单位职工等个人。

2.4.2 私有云

私有云（Private Cloud），也称专用云，部署在企业数据中心，或者部署在安全的主机托管场所，是为企业单独使用而构建的专有资源，一般不直接连接外部网络，所以能提供更好的网络安全、数据安全和服务质量。私有云具有如下特点：

1）安全可控。私有云一般会在网络出口位置部署防火墙、抗分布式拒绝服务（Distributed Denial of Service Attack，DDoS）设备、入侵检测系统（Intrusion Detection Systems，IDS）、入侵防御系统（Intrusion Prevention System，IPS）、Web 应用防护系统（Web Application Firewall，WAF）等设备保证私有云网络的安全。业务数据是企业的核心资产，所有用户操作行为都被记录和审计，数据在私有云内部可以得到严格的控制。

2）服务质量保证。部署在企业数据中心的私有云可以提供高速、稳定的业务访问体验，而不会受到网络不稳定、断网、黑客攻击等造成的服务不可用，相比于公有云的 SLA（服务等级协议）更高。

3）良好的兼容性。企业的一些系统，因为架构和性能的要求，并不一定适合部署在公有云上，在私有云环境里可以兼容原有系统，并且对原有 IT 资源也可以实现统一管理，保护企业投资。

行业云是私有云的不同应用场景，是以公开或者半公开的方式，向相关组织和组织内公众提供服务的云平台，安全性高，政策遵从性好。例如，政务云是一种面向政府机构的行业云，是由政府主导建设运营的综合服务平台。通过政务云的建设，一方面可以避免重复建设，节约建设资金；另一方面通过统一标准有效促进政府各部门之间的互联互通、业务协同，避免产生“信息孤岛”，有利于推动政府大数据开发与利用。

行业云具有如下的特点：

1）区域性和行业性。比如某省的政务云就是在这个省内提供政务服务，金融云就是面向金融机构提供服务。有的行业云还需要通过专线或者 VPN 才能访问，所以其安全性、隐私度都更好。

2）特色应用。行业云上会针对用户共同需求进行开发，这些应用往往是定制的，不适合跨区域或者跨行业使用。比如为政务开发的应用系统就无法适配到教育行业使用。

3）资源的高效共享。行业云上的资源也是通过多租户向多个用户提供服务，应用也可以是多个组织共用，每个组织都会有大量的数据，在行业云上各个组织遵循一个开放的规则，就可以实现数据的流转，资源的共享。比如政务云上各个局委办通过数据共享，打破局委办间的数据壁垒，通过让数据跑腿，让百姓只跑一次就可以办完业务。同时通过对多维度数据的分析处理，将数据以更清晰直观的方式展现给领导，为领导更好地决策提供数据支持。

2.4.3 混合云

混合云（Hybrid Cloud）是公有云和私有云的融合，通过专线或 VPN 将企业私有云和公有云连通，实现私有云的延伸，是近年来云计算的主要模式和发展方向。

混合云具有如下的特点：

1）安全扩展。私有云的安全性超越公有云，但公有云的海量资源又是私有云无法企及的。混合云可以较好地解决这个问题，将内部重要数据保存在私有云中，同时也可以使用公有云的计算资源，更高效快捷地完成工作。

2）成本控制。私有云的配置容量一般满足企业业务的近期需求，往往不会预留太多资源，在业务高峰时期会出现资源不足的情况，如果为了短暂的高峰时期购买大量资源会造成投资回报率较低，采用混合云就可以缓解这个难题。在业务高峰时期将访问引导到公有云上，缓解私有云上的访问压力。

3）新技术引入。私有云追求的是整体系统安全稳定、高可靠性，公有云上的产品和服务丰富程度远甚于私有云，同时还在不断更新、上线新产品和服务；混合云突破了私有云的限制，让企业可以迅速体验新产品，在引入私有云之前进行充分测试，降低了企业引入新服务的成本。

例如，第 1 章中讲到的为应对每年春运的购票高峰，铁路购票网站 12306 的解决方案就是采用混合云，引入公有云服务，既可以为春运高峰期提供充足的流量空间，避免因为高并发流量冲击导致的服务不可用；在业务量减少时，还可以缩减云计算资源而节省大量成本开支。

2.5 云计算的技术标准

云计算作为基于互联网共享信息资源的一种创新服务模式，给新一代信息技术变革和商业模式带来了重大变革。然而在云计算发展初期，云计算业务的开展形式、具体技术实现框架、平台和服务的技术接口不统一，不同公司采用不同的技术方案，可能造成不同厂商之间的接口不互通、厂商与用户之间的接口不互通、不同厂商设备之间不互联互通等方面的问题，导致大量数据和服务无法有效地转移、共享，限制了云计算的应用服务范围。随着云计算应用的不断深入，如何搭建一个互联互通、安全可靠的云计算环境，受到国内外的高度重视。

云计算标准化是云计算大范围推广和应用的前提，是推动云计算技术、产业及应用发展，以及行业信息化建设的重要基础性工作之一。起初，各个企业为了自己的云业务发展纷纷推出各自的平台和服务标准，各自为政，使得众多云平台的长期稳定发展和云服务用户的利益得不到保障。云服务没有统一的标准，云计算产业就难以得到规范、健康的发展，难以形成规模化和产业化集群发展，给云计算产业的发展造成了瓶颈。从长远来看，如果云计算要成为像电信、电力这样的公共服务行业，形成巨大的产业规模，实现标准化是必然的选择。

云计算通用和基础标准旨在制定云计算中一些基础共性的标准，包括云计算术语、云计算基本参考模型、云计算标准化指南等。互操作和可移植标准以构建互联互通、高效稳定的云计算环境为目标，对基础架构层、平台层和应用层的核心技术和产品进行规范。服务标准主要针对云服务生命周期管理的各个阶段，覆盖服务交付、服务水平协议、服务计量、服务质量、服务运维和运营、服务管理、服务采购，包括云服务通用要求、云服务级别协议规范、云服务质量评价指南、云运维服务规范、云服务采购规范等。安全标准方面主要关注数据的存储安全和传输安全、跨云的身份鉴别、访问控制、安全审计等方面。

近年来，ISO、IEC、ITU 等国际标准组织纷纷启动云计算标准化工作并取得了实质性进展。我国已经意识到标准化对于产业发展的重要性，积极地参与到云计算的国际标准化进程中，以促进国内云计算标准工作与国际协同发展。

2.5.1 云计算国际标准

国际上已经有 30 多个标准组织和协会加入云计算标准的制定行列，并且这个数字还在不断增加。这些标准组织和协会从各个角度开展云计算标准化工作，大致可分为三种类型。

（1）以 ISO、IEEE、ITU、NIST、ETSI 为代表的传统电信或互联网领域的标准组织 ISO/IEC JTC1/SC38 与共同 ITU-T SG13 成立了联合工作组共同推进《云计算概述和词汇》和《云计算参考架构》两项国际标准。

（2）DMTF、SNIA、OASIS 等知名标准化组织和协会 在其已有标准化工作的基础上，开展云计算标准工作制定。其中，分布式管理任务组 DMTF 提出了 VMAN 虚拟化管理标准，用于解决虚拟环境的管理生命周期；存储行业标准组织 SINA 发布了“云数据管理接口”文档 CDMI，迈出了云存储标准化工作重要的一步；在云安全层面，结构化信息标准促进组织（OASIS）专门成立了云身份技术委员会（IDCloud TC），以解决由云计算身份管理带来的安全挑战。

（3）以 CSA、CSCC、OCC、CNCF 等为代表的专门致力于进行云计算标准化的新兴标准组织 这些组织主要从某一方面入手，开展云计算标准制定，其中云安全联盟（CSA）致力于在云计算环境下为业界提供最佳的安全解决方案，并推出了 CSA STAR 云安全认证；云标准用户协会（CSCC）发布的《云计算实用指南》涵盖了企业顾问、厂商和最终用户在部署云计算方面的最佳实践；云计算标准制定组织（OCC）致力于提升在地理位置上彼此独立的数据中心存储和计算云的性能，加强开放架构让计算云通过实体的网络实现无缝互操作；云原生计算基金会（CNCF）的成员代表了容器、云计算技术、IT 服务和终端用户，共同营造全球云原生生态系统，维护和集成开源技术，支持容器化编排的微服务架构应用，携手推动现代化企业架构的进程。

不同标准组织对云计算的关注点不同，对 16 个标准化组织和协会的 40 个云计算标准进行分类，见表 2-2。

表 2-2　云计算标准分类

关注点		相关标准组织
互操作	虚拟资源管理	DMTF、OGF 等
	数据存储与管理	SNIA 等
	应用移植与部署	DMTF、Use Cases Group、Open Cloud Manifesto 等
安全		CSA、DMTF、NIST、Open Cloud Manifesto 等
运营管理		Use Cases Group、Open Cloud Manifesto 等
概念 & 架构		NIST、Use Cases Group、Open Cloud Manifesto 等
用户案例与需求分析		DMTF、GICTF、OGF、The Open Group 等
测试		OCC、SNIA 等

除了开展云计算标准化工作，相关组织和标准也积极开展云计算服务能力、可信度、安全资质等测评工作，以相关标准为依托，围绕技术、过程、资源等云计算服务关键环节进行资质测评。对用户来说，资质认证则更像一个标尺，有利于帮助用户进行云服务商的选择。

国际上已有相关资质认证如下：

（1）Cloud Security Alliance-STAR Registrant　该认证是信息安全管理体系认证（ISO/IEC 27001）的增强版本，旨在应对与云安全相关的特定问题，采用中立性认证技术对云服务供应商安全性开展缜密的第三方独立评估，并充分运用 ISO/IEC 27001：2005 管理体系标准以及 CSA 云控制矩阵，帮助企业满足对安全性有特定要求的客户需求。

（2）ISO27001　信息安全管理体系标准（ISO27001）可有效保护信息资源，保护信息化进程健康、有序、可持续发展。

（3）Uptime TIER　Uptime Institute 是全球公认的数据中心标准组织和第三方认证机构，全球数据中心国际标准拥有者。该机构提出了基于 4 个不同级别的数据中心分层方案，就是被行业所熟知的 Tier。Uptime Tier 等级认证评级体系，是目前数据中心业界最知名、最权威的认证，在全球范围得到了高度的认可。

2.5.2　云计算国内标准

国内云计算相关的标准化工作自 2008 年年底开始被科研机构、行业协会及企业关注，云计算相关的联盟及标准组织在全国范围内迅速发展。总体而言，我国的云计算标准化工作从起步阶段进入了切实推进的快速发展阶段。工信部发布的《云计算发展三年行动计划（2017-2019 年）》提出，到 2019 年，我国将发布云计算相关标准超过 20 项，形成较为完整的云计算标准体系和第三方测评服务体系。

2015 年工业和信息化部办公厅发布了《云计算综合标准化体系建设指南》。依据我国云计算生态系统中技术和产品、服务和应用等关键环节，以及贯穿于整个生态系统的云安全，结合国内外云计算发展趋势，该指南提出的云计算综合标准化体系框架包括："云基础""云资源""云服务""云安全"四个部分，如图 2-8 所示。

中国电子技术标准化研究院组织国内行业专家编写了《云计算标准化白皮书》，分析了

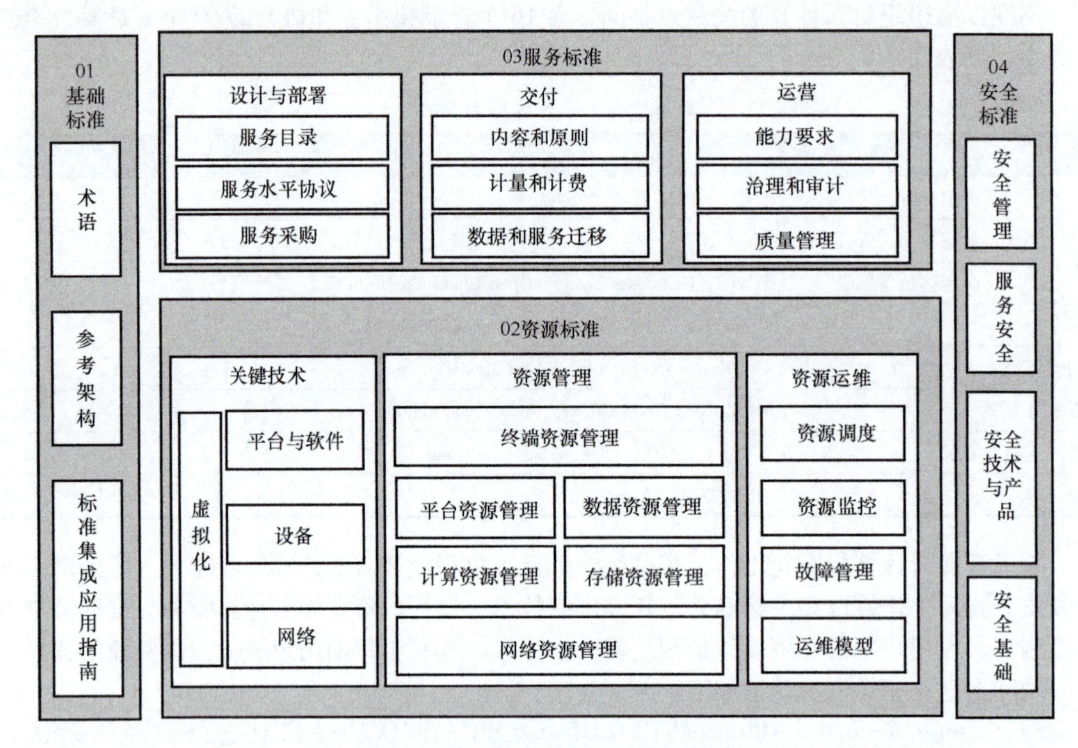

图 2-8　云计算综合标准化体系框架

当前国内外云计算发展的现状及主要问题，梳理了国际标准组织及协会的云计算标准化工作，从云计算概述、云计算支撑技术分析、云计算应用情况分析以及如何实施云计算等几个方面进行了全面详细的论述。

此外，国内还有一些相关标准和组织也进行了大量的标准化工作。中国通信标准化协会主要开展通信技术领域标准化活动，跟进并完成了中国云计算标准第一阶段起草。中国云计算技术与产业联盟（CCCTIA）参与云计算国际、国家或行业标准制定，推进云计算技术的应用与实施。中国云产业联盟发布云产业联盟白皮书 1.0 版本。

2015 年 1 月 30 日，国务院在《关于促进云计算创新发展培育信息产业新业态的意见》中提出了“为促进我国云计算创新发展，积极培育信息产业新业态，支持第三方机构开展云计算服务质量、可信度和网络安全等评估测评工作。引导云计算服务企业加强内部管理，提升服务质量和诚信水平，逐步建立云计算信任体系。”

可信云服务认证是我国目前唯一针对云服务的权威认证体系，是由数据中心联盟组织，中国信息通信研究院（工信部电信研究院）测试评估的面向云计算服务的评估认证。可信云服务认证顺应国家政策，旨在建立云计算服务的信任体系。可信云服务认证的具体测评内容包括三大类共 16 项，分别是：数据管理类（数据存储的持久性、数据可销毁性、数据可迁移性、数据保密性、数据知情权、数据可审查性）、业务质量类（业务功能、业务可用性、业务弹性、故障恢复能力、网络接入性能、服务计量准确性）和权益保障类（服务变更、终止条款、服务赔偿条款、用户约束条款和服务商免责条款），基本涵盖了云服务商需要向用户承诺或告知（基于服务 SLA）的 90% 的问题。可信云服务认证将系统评估云服务商对这 16 个指标的实现程度，为用户选择云服务商提供基本依据。

对于用户来说，安全无疑是决定云计算选型的一大重要考量指标。国内一些大的公有云服务商已经取得了等级保护三级认证。国家等级保护认证是中国最权威的信息产品安全等级资格认证，由公安机关依据国家信息安全保护条例及相关制度规定，按照管理规范和技术标准，对各机构的信息系统安全等级保护状况进行认可及评定。其中三级是国家对非银行机构的最高级认证，属于“监管级别”，由国家信息安全监管部门进行监督、检查，认证需要测评内容涵盖等级保护安全技术要求的5个层面和安全管理要求的5个层面，主要包含信息保护、安全审计、通信保密等在内的近300项要求。

2.5.3 云计算标准组织

云计算标准化组织分为国际组织和国内组织。具体介绍如表2-3所示。

表2-3 云计算标准化组织及其重点工作

美国国家标准与技术研究院（NIST）	NIST（National Institute of Standards and Technology）由美国联邦政府支持，进行了大量的标准化工作。美国联邦政府在新一任联邦CIO的推动下，正在积极推进联邦机构采购云计算服务，而NIST作为联邦政府的标准化机构，承担起为政府提供技术和标准支持的任务。它集合了众多云计算方面的核心厂商，共同提出了目前为止被广泛接受的云计算定义，并且根据联邦机构的采购需求，不断推进云计算的标准化工作。该机构研发了几个有关云计算的标准和建议，包括： NIST对云计算的定义（专业出版800-145）：提供就特性和模型而言的云计算的清晰定义。目标是研发出具有最小限制的工业标准，避免条条框框限制创新。 NIST对公有云计算中安全和隐私的指导原则（专业出版800-144）：提供了与公有云云计算有关的安全和隐私挑战的概述，并指出当组织要把数据、应用和基础设施外包到公有云环境时要考虑的因素。 NIST云计算标准路线图（专业出版500-291）：调查了现有的与云计算相关的安全、可移植性和互操作性的标准、模型和使用案例，以及确认当前的标准、差距和优先级。 NIST云计算参考架构（专业出版500-292）：描述了云计算参考架构，设计作为NIST云计算定义的扩展，描绘了讨论云计算的需求、结构和操作的通用高级概念模型。
云安全联盟（CSA）	CSA（Cloud Security Alliance）是一个会员驱动的联盟组织，于2008年12月成立，致力于云计算安全的全面发展。CSA的公司会员由许多工业界大规模生产商和提供商组成。这个联盟，已经发布了下述与云安全相关的最佳实践方法指导： 云安全联盟发布的云计算关键领域安全指南（第3版）：提供了14个关键领域的安全指南。（云架构、管理和企业风险、法律：合同和电子发现、遵守和审计、信息生命周期管理和数据安全、可移植性和互操作性、传统的安全、业务连续性和灾难恢复、数据中心操作、意外响应、应用安全、加密和密钥管理、身份和访问管理、虚拟化以及安全作为服务） 云安全联盟制定了首个业界认可的云安全标准：云安全控制矩阵（Cloud Controls Matrix，CCM）。云控制矩阵（版本2.1）：提供了一个安全控制列表和框架，能够帮助详细理解安全概念和原则
分布式管理任务组（DMTF）	DMTF（Distributed Management Task Force）意在研发标准，使得IT资源能互操作的同时提高世界上厂商之间的互操作性。DMTF的成员组来自下述公司的代表：AMD、Broadcom、CA、Cisco、Citrix、EMC、富士、HP、华为、IBM、Intel、微软、NetApp、Oracle、RedHat、SunGard和VMware。 DMTF开发的云计算标准包括开放虚拟化格式（Open Virtualization Format，OVF）（DMTF标准版本1.1），这是一个行业标准，使得虚拟化环境之间可以互操作。

（续）

存储网络工业协会（SNIA）	SNIA（Storage Networking Industry Association）的主要目标是研发和促进信息管理的标准、技术和教育服务。SNIA开发出了存储管理项目规范（SMI-S），已被国际标准化组织（International Standards Organization，ISO）采纳。SNIA还建立了一个媒介委员会，称为云存储倡议会（Cloud Storage Initiative，CSI），它促进大家采纳存储作为服务的云交付模型，来提供以按使用付费为基础的、弹性的、按需的存储。 SNIA标准的范畴包括云数据管理接口（Cloud Data Management Interface，CDMI），这是一个行业标准，定义了一个功能接口，允许云存储中互操作的数据传输和管理，以及发现各种云存储的能力。使用CDMI的云用户可以利用不同云提供者提供的标准化云存储设备的能力。
结构化信息标准促进组织（OASIS）	结构化信息标准促进组织（Organization for Advancement of Structured Information Standards，OASIS）是一个非营利性联盟，该联盟拥有5000多名参与者，代表超过65个国家的600多个组织和个人成员，致力于推动全球信息社会开放标准的发展、融合和采用。这个组织产生像安全、云计算、面向服务的架构、Web服务和智能电网等这些领域里的标准，提出了大量的服务技术建议，包括UDDI、WS-BPEL、SAML、WS-Security Policy、WS-Trust、SCA和ODF。
开放云联合会（OCC）	OCC（Open Cloud Consortium）是一家非营利性组织，管理和运行支持科学、环境、医药和保健研究的云基础设施。这家组织帮助开发云计算工业标准，尤其是致力于数据密集型的基于云的环境。 OCC的贡献有开发参考实现、基准测试程序和标准，包括MalGen基准测试程序，这是一个用于试验和基准测试数据密集型云实现的工具。OCC还建立了许多云测试床，例如OCC虚拟网络测试床（OCC Virtual Network Testbed）、开放云测试床（Open Cloud Testbed）。 OCC的会员包括多个组织和大学，例如Cisco、Yahoo、Citrix、NASA、Aerospace、约翰霍普金斯大学和芝加哥大学。
欧洲电信标准协会（ETSI）	ETSI（European Telecommunications Standards Institute）是经欧盟确认的官方工业标准实体，它研发信息和通信技术的全球适用标准。该组织主要关注的是通过标准化来支持多厂商多网络和多服务环境里的互操作。 ETSI由大量技术委员会组成，例如，有一个实体称为TC Cloud，它专注于为使用、集成和部署云计算技术构造标准化的解决方案。这个委员会特别关注电信行业的互操作解决方案，强调IaaS交付模型。
中国通信标准化协会（CCSA）	CCSA（China Communications Standards Association）于2002年12月18日成立，主要开展通信技术领域标准化活动。主要工作为评估电信领域云计算的影响，跟进并完成中国云计算第一阶段标准的起草。其下属工作组TC1、TC7、TC8、TC11等基本已涵盖云计算的大部分内容。
中国云计算技术与产业联盟（CCCTIA）	CCCTIA（China Cloud Computing Technology and Industry Alliance）是云计算相关企业、科研院所、相关机构自发、自愿组建的开放式、非营利性技术与产业联盟，旨在推进云计算技术创新与产业发展。推动并参与云计算行业、国家或国际标准制定。推进云计算技术的应用与实施。
中国云产业联盟	由北京航空航天大学等14家单位联合发起组织，发布云产业联盟白皮书1.0版本。
中国电子技术标准化研究院（电子四所）（CESI）	CESI（China Electronics Standardization Institute）是全国电子信息产业标准化组织和标准化工作者自愿组成的社会团体，其中全国信息技术标准化技术委员会下设云计算标准工作组，2012年5月正式成立，工作组目前下设基础、软件技术和产品、设备和系统、服务四个专题组，分别负责这四个领域的云计算标准化工作。归口管理中国开源云联盟。

（续）

中国信息通信研究院（CAICT）	CAICT（China Academy of Information and Communications Technology）成立于 1957 年，是工业和信息化部直属科研事业单位。在 4G/5G、工业互联网、智能制造、移动互联网、物联网、车联网、未来网络、云计算、大数据、人工智能、未来网络、虚拟现实/增强现实（VR/AR）、智能硬件、网络与信息安全等方面进行了深入研究与前瞻布局，在国家信息通信及信息化与工业化融合领域进行战略和政策研究。

习题

1. 云计算服务的特征有哪些？
2. 哪一类云计算模型满足数据安全性高，同时有资源弹性伸缩的要求？
3. 目前主流的 VPC 是依靠哪一种技术实现的？开源的计算虚拟化软件有哪些？
4. 请简要说明下分布式存储的高可靠性是如何实现的。

参考文献

[1] 顾炯炯，云计算架构技术与实践［M］. 2 版. 北京：清华大学出版社，2016.
[2] 程营，张云勇，房秉毅，徐雷. 云计算标准化现状分析［J］. 电信科学，2010（8）.
[3] 高林，袁媛，李海波. 云计算标准化现状分析［J］. 金融电子化，2010（10）.
[4] THOMAS ERL. 云计算：概念、技术与架构［M］. 龚奕利，贺莲，胡创，译. 北京：机械工业出版社，2014.
[5] 高巍. 国际云计算标准化状况［J］. 电信网技术，2010（11）.
[6] 中国电子技术标准化研究院. 云计算技术与标准化［M］. 北京：电子工业出版社，2013.

技术篇

第 3 章 云计算系统的使能技术

导 读

本章首先介绍云计算系统的硬件技术基础与网络技术基础。然后介绍分布式、虚拟化和云平台等云计算系统的关键技术。从分布式系统、分布式计算、分布式存储等三个方面的分布式技术介绍虚拟化的基本概念，并从计算虚拟化、存储虚拟化、网络虚拟化和桌面虚拟化等4个方面分析虚拟化的技术细节；云平台技术围绕“通过定制技术，形成服务封装”的思想，重点介绍了服务计算、多租户以及容器等核心技术。

本章知识点

- 云计算系统的技术基础
- 分布式技术和虚拟化技术
- 云平台的技术发展状况
- 服务计算、多租户以及容器技术

3.1 云计算技术基础

3.1.1 云计算硬件技术基础

对于用户而言，云计算是一朵飘在天上的云，它呈现给用户的是统一的面貌，而用户对于自己的资源和数据却是“云深不知处”。事实上，云计算建立在大量坚实的物理硬件之上。无论个人计算机系统还是云计算系统，都可以分为计算、存储和通信三个子系统。下面介绍云计算涉及的主要硬件设备。

1. 计算设备

在云计算系统中，计算设备也常常被笼统称为主机（Host），是支撑系统运行的最基础设施。主要包括服务器、大型机、服务器群集、笔记本电脑、台式机、平板电脑、智能手机、虚拟计算机等各种类型。

主机一般由 CPU（中央处理器）、内存、I/O 接口和 I/O 设备构成。

作为计算设备，主机的体系结构设计一直以来是以“算得快”（低延迟）为目标，针对此目标，人们研制了高性能（High Performance）计算机。然而，随着云计算与大数据的发展，“算得多”（高通量）与“算得好”（高服务质量）成为主机系统体系结构设计的新标准，也有着更迫切的需求。高通量（High Throughput）计算机应运而生。

高通量计算机计划利用低成本、高拓展、集中的硬件和软件系统栈处理高并发和独立的数据密集型负载，为了达到此目的，它需要解决三个方面的问题：

1）多核超大规模并行、内核任务的动态调度。

2）引入专用计算处理器。针对不同类型的任务，可以选择不同类型的处理器进行计算加速，从而获取更高的计算性能和更低的功耗。

专用计算处理器最常见的是图形处理器（Graphics Processing Unit，GPU）芯片，人们发现在浮点运算、并行计算等部分计算方面，GPU 可以提供优于 CPU 性能数十倍乃至上百倍的性能，GPU 慢慢变成大数据计算不可或缺的设备。

现在，除了 NVIDIA、AMD 等传统的显卡生产商在并行计算领域提供高性能的 GPU 产品外，谷歌、寒武纪等一些互联网公司或芯片企业也针对深度学习、人工智能等需求开发了专门的计算芯片。

3）算存一体的内存计算技术。当对应用程序进行数据处理或分析时，如果从基于磁盘的数据库进行读写，即便使用固态硬盘，也会出现明显延迟。为了解决数据搬迁效率的瓶颈，需要研制超大吞吐量和容量的新型内存系统。内存计算正是建立在主机超大容量内存系统的基础之上，最大限度利用内存的容量，结合多核并行计算优势，将数据分批地放入内存，实现数据容错和重用，中间数据不落地，从而实现海量数据的快速运算。

专用计算处理器和内存计算技术的普遍应用，带来计算模式的快速变革。在 TensorFlow 等张量计算框架的加持下，GPU 在深度学习方面为人工智能发展提供了高效的计算支撑。Spark 将分布式的思想引入到内存计算中，获得磁盘分布式计算数百倍的运算速度。

2. 网络通信设备

云计算是互联网计算，因此除了主机作为云计算节点外，还必须有各式各样的通信设备来实现网络的互联，网络通信设备及部件都是连接到网络中的物理实体。主要包含中继器、集线器、交换机、网桥、路由器、网关、防火墙等。

中继器（Repeater）： 工作在开放式系统互联（Open System Interconnection，OSI）体系结构中的物理层，它接收并识别网络信号，然后再生信号并将其发送到网络的其他分支上。集线器是有多个端口的中继器，简称 HUB。

网桥（Bridge）： 工作于 OSI 体系结构中的数据链路层。网桥的典型应用是将局域网分段成子网，从而降低数据传输的瓶颈。交换机就是多网口网桥。

路由器（Router）： 工作在 OSI 体系结构中的网络层，路由表包含有网络地址、连接信息、路径信息和发送代价等。主要用于广域网或广域网与局域网的互联。

网关（Gateway）： 把信息重新包装的目的是适应目标环境的要求。网关能互联异类的网络。网关的典型应用是网络专用服务器。

防火墙（Firewall）： 一般是指硬件防火墙。硬件防火墙是指把防火墙程序做到芯片里面，由硬件执行这些功能，从而减少 CPU 的负担，使路由更稳定。硬件防火墙是保障内部网络安全的一道重要屏障。它的安全和稳定，直接关系到整个内部网络的安全。

3. 存储设备

当云计算系统的基本任务是大量数据的存储、处理与管理时，云计算系统中就需要配置大量的存储设备，云计算系统也就转变成为一个云存储系统。云化的存储需要大量各种不同类型的存储设备集合起来协同工作。

（1）常见存储介质

磁带：按顺序进行数据访问，一次进行一项应用程序访问，存储/检索开销大。

光盘：在小型的单用户计算环境中广泛用作分发介质，在容量和速度方面有限。

磁盘驱动器：一般称为硬盘，是最为流行的存储介质，可随机读/写访问，被选为云存储首选存储设备。

闪存驱动器：使用半导体介质，低功耗，速度快，可用于分级存储快速缓存部分。常见有优盘、固态硬盘（Solid State Drives，SSD）等。

（2）常用存储接口协议

串行高级技术附件（Serial Advanced Technology Attachment，SATA）存储互联成本低廉，通常用于内部连接，提供的数据传输速度高达 6Gbit/s（标准 3.0）。

小型计算机系统接口（Small Computer System Interface，SCSI）是连接主机与外围设备的并行接口标准，用于计算机主机与硬盘和打印机等外设的连接，也可用于与其他计算机和局域网的连接，一条总线上最多支持 16 个设备。串行连接 SCSI（Serial SCSI，SAS）现已逐步取代并行 SCSI，支持的最大数据传输速度为 6Gbit/s（SAS 2.0）

（3）硬盘存储器　硬盘存储器机械上由碟盘、电机、磁头构成，如图 3-1 所示，电子机械设备的运行速度会影响存储系统的总体性能。

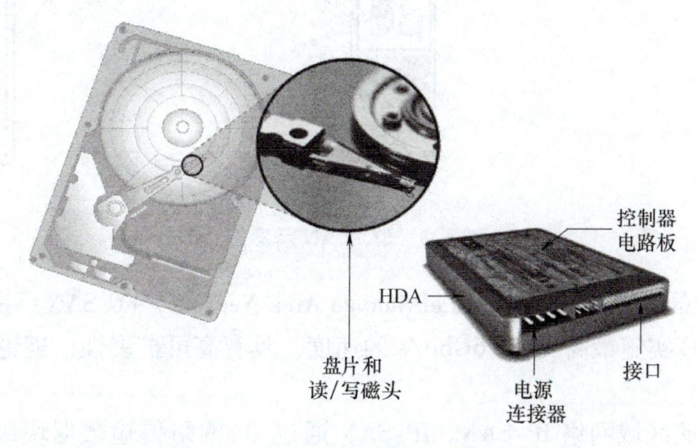

图 3-1　硬盘存储器示意图

（4）磁盘阵列　**磁盘阵列（Redundant Arrays of Independent Disks，RAID），指独立磁盘构成的具有冗余能力的阵列。**RAID 是一项将多个磁盘驱动器合并到一个逻辑单元中并提供保护和提高性能的技术。RAID 的三项关键技术是分条、镜像和奇偶校验。分条连续以位或字节为单位分割数据，并行读/写于多个磁盘上，具有很高的数据传输率；镜像通过磁盘数据镜像实现数据冗余，在成对的独立磁盘上产生互为备份的数据；奇偶校验兼顾数据读写性能和安全性，设置校验盘或校验区域，利用校验值来恢复受损的磁盘。图 3-2 为 RAID 示意图。

(5) 网络存储技术　服务器和存储节点自身携带的存储器容量远远不能满足业务应用的需求，外置存储成为数据存储的主要存储区域。为了更好地与主机直接进行数据交换，业界发展出了不同的网络存储技术。

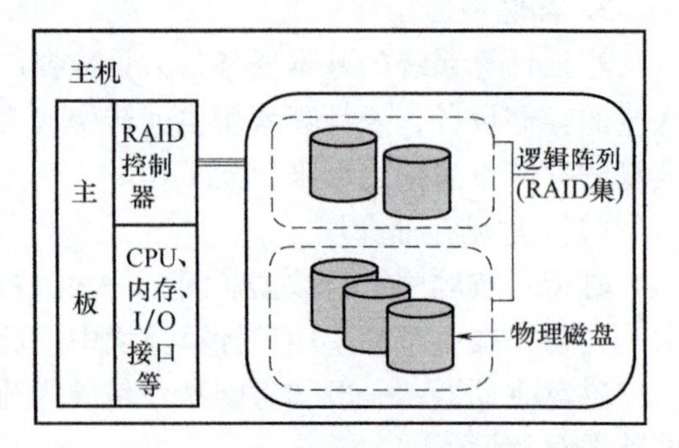

图 3-2　RAID 示意图

1）光纤通道存储区域网络（FC-SAN）。**存储区域网络（Storage Area Network，SAN）是服务器和共享存储设备的高速、专用网络。**该技术为集中化存储和管理，支持在数据块级别跨多台服务器共享存储资源，使不断增长的存储需求与应用业务连续性有效结合，其拓扑示意图如图 3-3 所示。

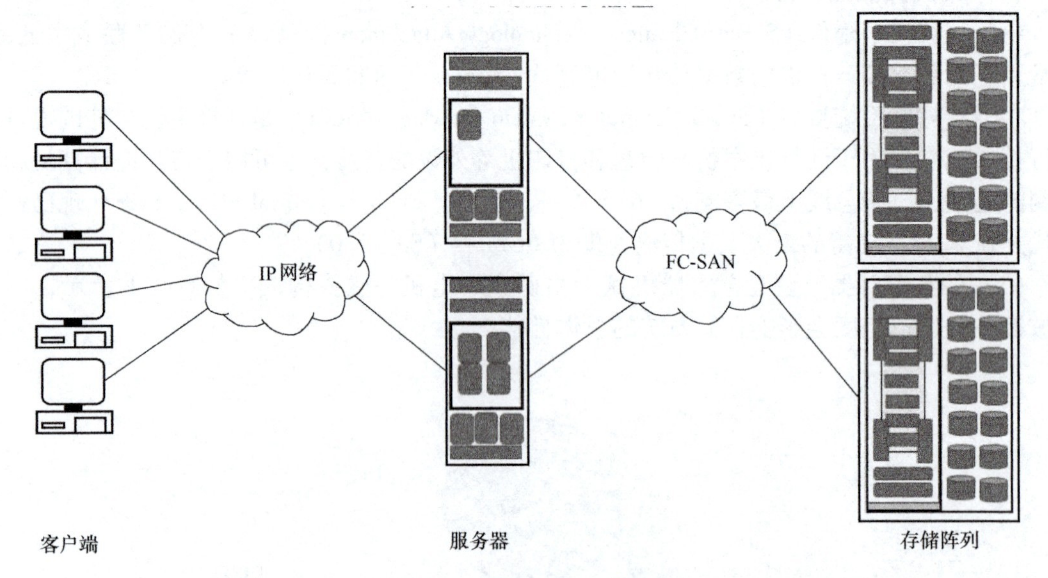

图 3-3　FC-SAN 示意图

采用光纤通道的 SAN（Fibre Channel Storage Area Network，FC SAN）是一种高速的网络存储技术，最新 FC 实施最高支持 16Gbit/s 的速度，具有高可扩展性，理论上可容纳约 1500 万台设备。

2）IP 通道存储区域网络 IP-SAN。IP-SAN 通过 IP 网络传输数据块级数据，该技术可以利用现有网络基础架构，与新的 FC-SAN 相比，硬件和软件投资降低了成本，许多远距离灾难恢复解决方案都可利用基于 IP 的网络存储技术，其示意图如图 3-4 所示。

ISCSI 是用于连接主机和存储的基于 IP 的 SCSI 协议，将 SCSI 命令和数据封装到 IP 数据包并使用 TCP/IP 传输。

3）网络连接存储（NAS）。**网络连接存储（Network Attached Storage，NAS）是一种文件系统层级的文件共享技术，**使用户能够与其他用户共享文件，文件的创建者或所有者需要向其他用户授予访问权限类型，当多个用户同时访问某共享文件时，文件共享环境可确保数据完整性。

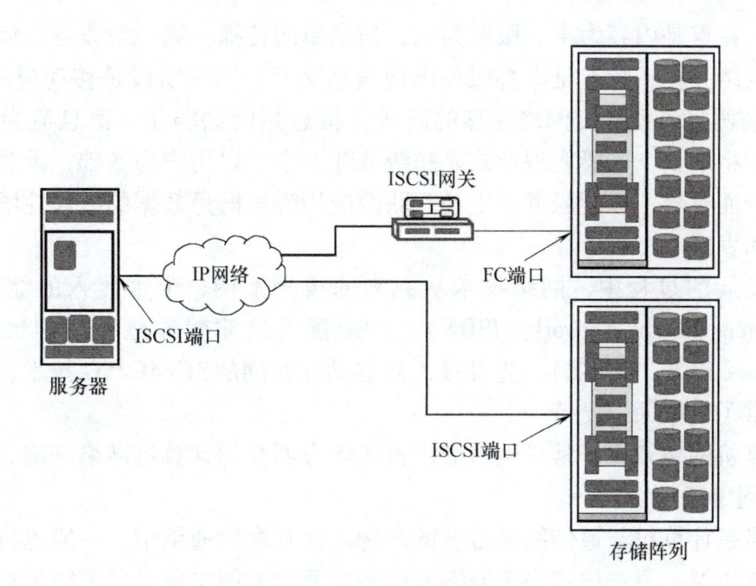

图 3-4　IP-SAN 示意图

常用的文件共享协议和文件系统包括：文件传输协议（File Transfer Protocol，FTP）、分布式文件系统（Distributed File System，DFS）、网络文件系统（Network File System，NFS）和通用网络文件系统（Common Internet File System，CIFS）等，NAS 示意图如图 3-5 所示。

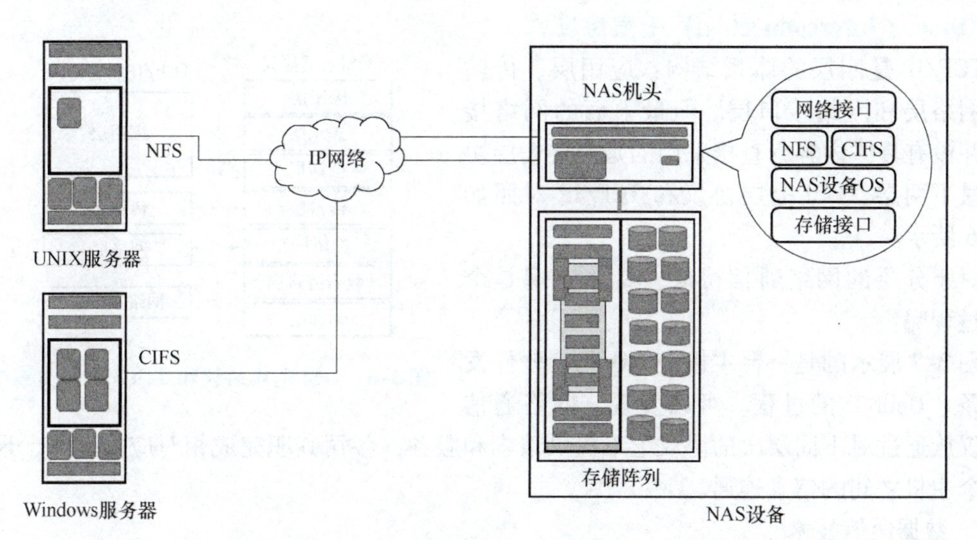

图 3-5　NAS 示意图

3.1.2　云计算网络技术基础

云是网络、互联网的一种比喻说法，云计算是互联网发展的结果，因此，云计算的物理基础之一是互联网中各种设备的互联互通。

互联网自身的发展一般来说已经经历了三个阶段。第一阶段是传统网络，传统门户网站是其主要代表，特点是内容为主、服务为辅，信息单向传播。第二阶段是新型互联网网站和内容流型社交网络并存，特点是内容服务出现信息交互。第三阶段是移动应用程序（Application，APP）与消息流型社交网络并存的阶段，特点是网站弱化、消息流为主，内容流为辅。第四阶段即将来临，主要表现形式是超级 APP，它将以用户为基础，承载一切的内容与服务，特点是全面整合、智能服务。正是互联网应用带来海量数据的爆炸性增长促成了云计算技术的诞生和发展。

在互联网发展的过程中，网络技术从原来的拨号上网、窄带接入的综合业务数字网（Integrated Services Digital Network，ISDN）、**宽带接入的非对称数字用户线（Asymmetric Digital Subscriber Line，ADSL）**、光纤接入到移动互联网的3G/4G/5G 技术，为互联网丰富多彩的应用提供了数据通信支持。

下面从计算机网络知识、常见网络应用技术等方面介绍计算机网络基础。

1. 计算机网络通信协议

计算机网络是计算机与通信网络融合的产物。在互联网通信中，一般也将通信协议称作网络协议，简称协议。**通信协议是指双方实体完成通信或服务所必须遵循的规则和约定。**通信协议是所有信息互通的基础，也是互联网得以联通万物的基础。

针对互联网复杂的通信情况，科研机构、国际标准化组织、网络设备厂商不约而同地考虑到用分层的方法，构建一组协议，分别完成不同的互联互通任务。最终形成了两个参考协议族，一个是业界普遍使用的 **TCP/IP（传输控制协议/网际协议，Transmission Control Protocol/Internet Protocol）**，另一个是国家标准化组织推荐的 **OSI（开放式系统互联，Open System Interconnection）七层协议。**

TCP/IP 是四层的体系结构：应用层、传输层、网络层和网络接口层。但最下面的网络接口层并没有具体内容，直接采用的是 OSI 七层协议的最下两层。OSI 七层协议和 TCP/IP 对照如图 3-6 所示。

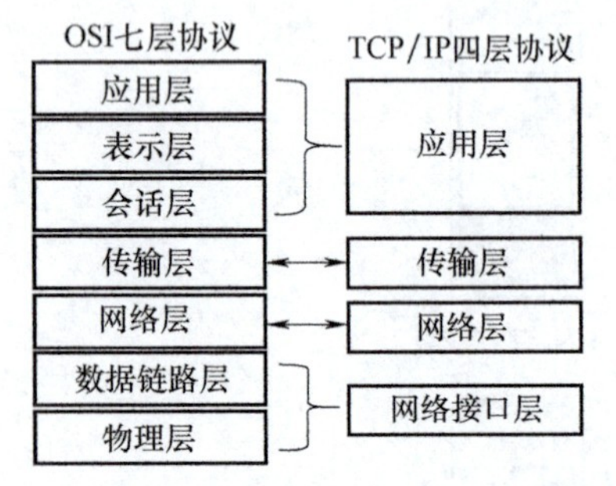

图 3-6　OSI 七层协议和 TCP/IP 的体系结构

对于分层的网络通信协议，具体实现是个什么过程呢？

图 3-7 展示的是一台主机上 QQ 通信软件发出一条“Hello”的过程。可以发现，网络通信的协议族通过对不同层次的协议上下提供请求和服务，各司其职完成相对应的工作，最终实现两个主机之间的信息连通。

2. 数据通信技术

根据上述通信协议分层处理的原则，最基础的部分在于如何将数字信号进行有效的传输，这些都归到物理层之下具体实现。

通信就是信息从一地到另一地的传递和交流过程，现代通信建立在电通信的基础上。集成电路和超大规模集成电路的普遍使用使得计算机技术进入通信领域，改变了通信技术面貌。光纤技术将传统的电通信带入了光通信时代。基于蜂窝移动电话技术的移动通信由于其便利性、个人化和无处不在的特性得到广泛应用，成为现代通信技术发展最快的领域。

目前，通信载体主要是电磁波，频率越高的电磁波传输数据能力越强，电磁波频谱与对

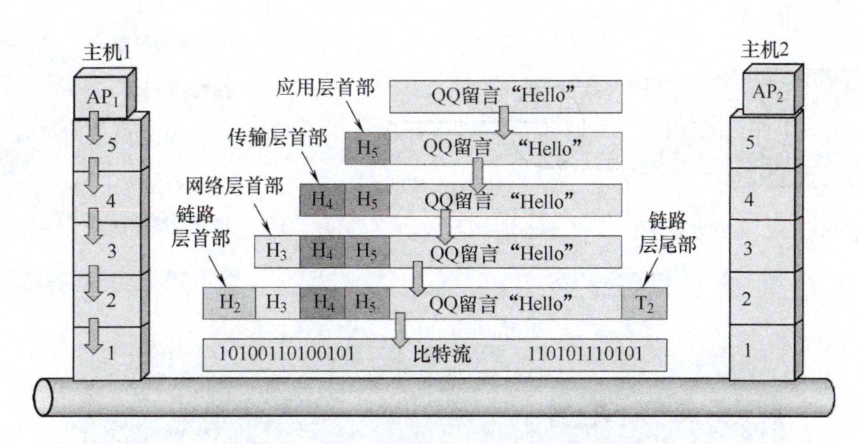

图 3-7　网络协议的实现过程

应的传输介质的关系如图 3-8 所示。根据承载电磁波的物理载体形态不同，可以分为有线通信和无线通信。无线通信依靠在自由空间中传播的电磁波，包括无线电波、红外线、紫外线、X 射线、γ 射线等形式。当电磁波在导线中传递信号时，就是有线通信，导线主要有双绞线、同轴电缆和光缆等。

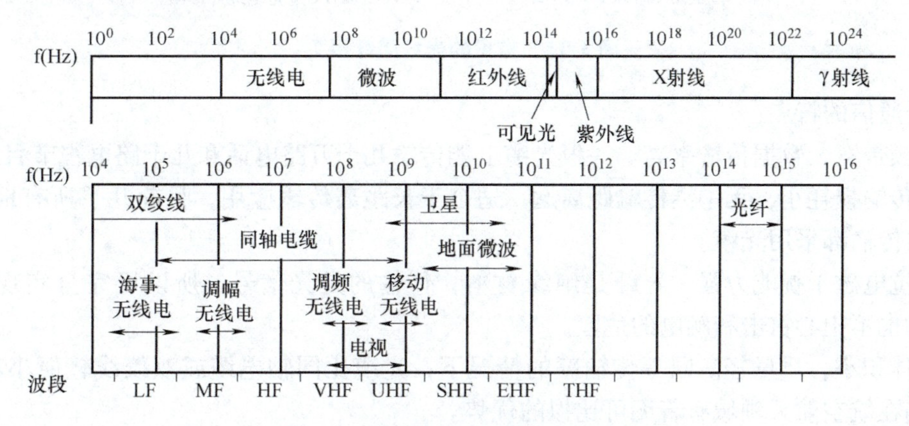

图 3-8　电磁波的频谱及对应传输介质

双绞线（Twisted Pairwire）是常用的一种传输介质，它由四组两根具有绝缘保护层的铜导线按一定规格互相绞扭在一起，使导线在传输中辐射的电磁波相互抵消，以降低串扰。双绞线电缆在现有传输媒体中价格最为低廉，因而应用也最广。

同轴电缆（Coaxial Cable）由两层同心的导体构成，中心导体是硬铜线，外层是密织的网状导体，两层之间是一层绝缘材料，最外层包覆一层保护橡胶或塑料护套。同轴电缆的这种结构，使它具有高带宽和极好的抗干扰特性。家庭常见的有线电视电缆就是同轴电缆。图 3-9 展示的是同轴电缆结构。

光缆（Fiber Optic Cable）的核心是光导纤维，简称光纤。光纤通信是通过光信号的有无来表示二进制 1 或 0，因此光纤是典型的数字信道。光缆可以由单股或多股光纤构成，由中间的加强芯和外层塑料护套提供必要的强度，光纤与塑料护套间的空隙可用泡沫、细线或液体胶等物来填充。图 3-10 是一束四芯光缆的剖面图。

光缆与光纤收发器采用专门的尾纤接头连接，常见的光纤尾纤接头如图 3-11 所示。

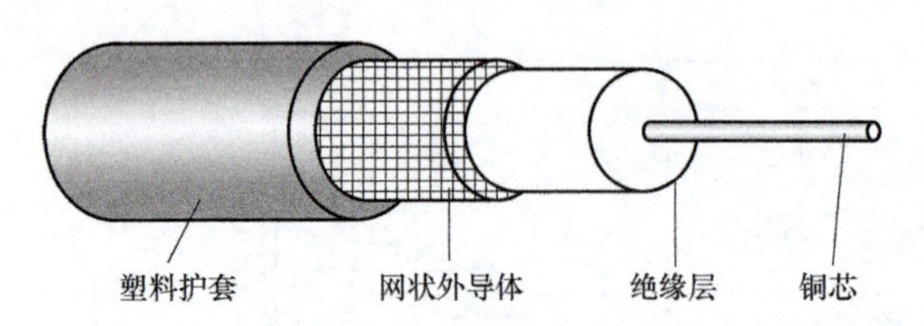

图 3-9 同轴电缆结构

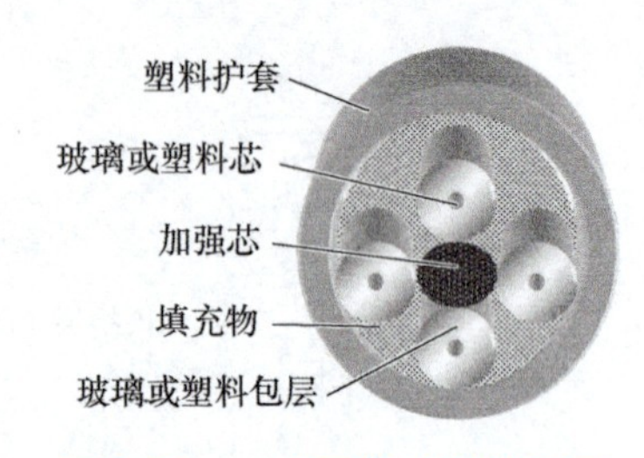

图 3-10 一束四芯光缆剖面图

FC-PC型光尾纤接头外形图

SC-PC型光尾纤接头外形图

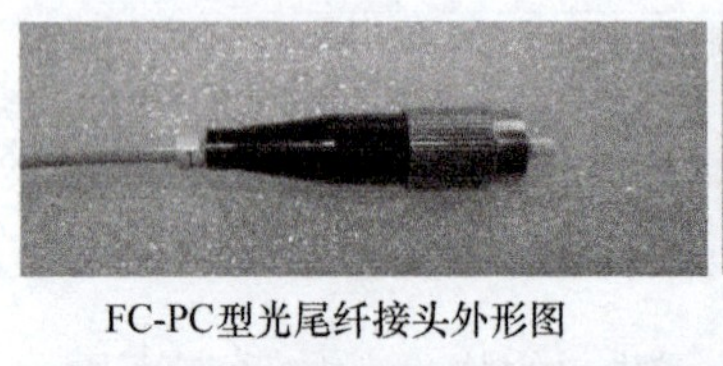

ST-PC型光尾纤接头外形图

FC/PC-SC/PC型光尾纤外形图

图 3-11 常见的光纤尾纤接头

光纤通信的特点：

1）频带宽，数据传输率高。一根光缆上能传输几十万路电话和几十路电视节目。

2）传输损耗小，无中继传输距离远。适合于长距离传输应用，目前几乎所有地面和海底的干线传输都采用光缆。

3）抗电磁干扰能力强。光纤是绝缘材料，传输的是光信号，所以可完全实现电气隔离，同时也不担心雷击和触电的危险。

4）体积小，质量轻。同等传输率的情况下，光缆比同轴电缆或双绞线轻便小巧很多，因此应用在航空航天领域有着无可比拟的优势。

5）由于光纤是玻璃制品，可以节约金属材料，具有耐腐蚀的优点。

3. 宽带技术

（1）数字用户线路　DSL是数字用户线（Digital Subscriber Line）的缩写。ADSL是最常见的一种宽带接入技术。通常下行数据传输率在32kbit/s～6.4Mbit/s之间，而上行数据传输率在32kbit/s～640kbit/s之间，其接入示意图如图3-12所示。

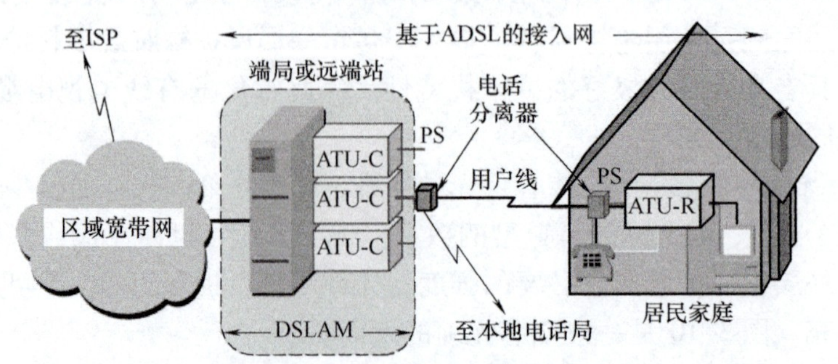

图 3-12 ADSL宽带接入示意图

（2）光纤接入技术　云计算的客户体验和网络终端的网速息息相关，不论是简单的云存储，还是云视频，数据量的传输是巨大的，大带宽的光纤接入技术被提上了前台，逐步成为接入网的主流。

其中最主要的是光纤到大楼、光纤到路边、光纤到用户等三种形式。随着相关设备的升级和成本降低，光纤到户已经很普遍。如图3-13所示。

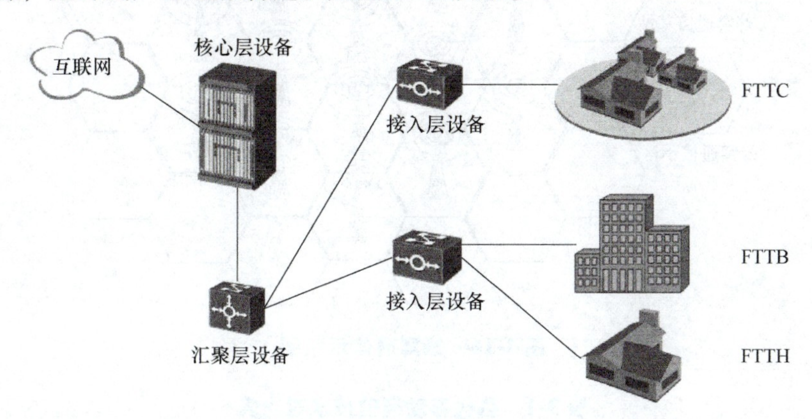

图3-13　光纤接入示意图

4. 移动通信技术

（1）无线局域网

WLAN： Wireless Local Area Network（无线局域网络）。是使用无线通信技术将计算机设备互联，构成可以互相通信和资源共享的局域网络。WLAN具有构建灵活、接入方便、支持多种终端接入、终端移动灵活等特点。目前，主流数据传输可达54Mbit/s。

AP： Access Point（无线接入点）。AP设备主要是用于和有线以太网进行连接，同时AP还进行无线信号的发射。终端设备可以通过无线网卡和AP进行通信等数据交换操作。

Wi-Fi： Wireless Fidelity。Wi-Fi认证是WLAN领域中对符合Wi-Fi标准的产品的一种认证，该标准由Wi-Fi技术联盟进行制定和修改。通过Wi-Fi认证的产品能够在WLAN环境中使用并保持与其他Wi-Fi认证产品的兼容性。目前常见的Wi-Fi认证有IEEE 802.11b、IEEE 802.11a、IEEE 802.11g等。

WEP： Wired Equivalent Protocol（有线等效协议）。是IEEE 802.11b认证中的安全加密协议。WEP在开启的状态下会对传输数据进行加密，从而保证WLAN环境中数据传输的安全性和完整性。

（2）蜂窝通信技术　**蜂窝通信**是采用蜂窝无线组网方式，在终端和网络设备之间通过无线通道连接起来，进而实现用户在活动中的相互通信，其示意图如图3-14所示。

移动互联网技术的蓬勃发展正是得力于蜂窝通信技术的发展，从2G时代移动数据服务起步，经历3G的过渡，到移动互联网应用遍地开花的4G时代，移动互联网技术的快速发展为移动网络应用提供了便利，一部手机解决衣食住行正成为中国人的日常习惯。

即将到来的5G网络作为第五代移动通信网络（见表3-1），其峰值理论传输速度可达每秒数十GB，这比4G网络的传输速度快数百倍。

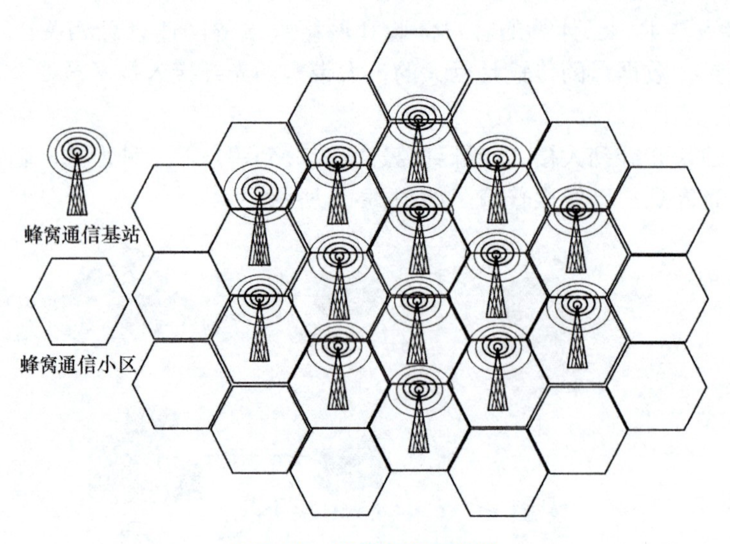

图 3-14　蜂窝通信示意图

表 3-1　各代移动通信技术对比表

序　　号	制　　式	理论网速	典型业务	主要特点
1G	AMPS（美）、TACS（中、欧）	不能提供数据业务和自动漫游	语音	提供区域性语音业务，容量小、制式多、兼容差、通话质量不高，不支持数据业务；设备成本高，质量大，体积大
2G	GSM	9.6kbit/s	语音、短信、WAP上网	保密性强、频谱利用率高、提供低速率的数据业务、标准化程度高、可实现省内外漫游。缺点是传输速率低，网络不稳定，维护成本高
	CDMA	8kbit/s（IS-95A） 64kbit/s（IS-95B）		
2.5G	GPRS	150kbit/s		
2.75G	EDGE	384kbit/s		
3G	WCDMA	下载3Mbit/s 上传384kbit/s	语音、数据服务，及时通信、在线多媒体等	能够同时传送语音及数据信息，基本实现在线视频、高速多媒体和移动网络访问业务；高质量话音业务容量有所扩大
	CDMA2000	下载3.1Mbit/s 上传1.8Mbit/s		
	TD-SCDMA	下载3.6Mbit/s 上传384kbit/s		
	WIMAX	约30Mbit/s		
3.5G	HSPDA	下载8-10Mbit/s 上传384kbit/s		过渡阶段
3.75G	HSUPA	下载10-15Mbit/s 上传5.76Mbit/s		
3.9G（准4G）	LTE	下载300Mbit/s 上传75Mbit/s		

（续）

序　号	制　式	理论网速	典型业务	主要特点
4G	FDD-LTE TD-LTE	低速静态时1Gbit/s，高速移动时100Mbit/s	移动互联网全方位应用	可获得宽带速度的无线服务，快速传输高质量音、视频和图像等数据；互联网协议（IP）通信，不支持电路交换
5G	3GPP，ITU-R等统一标准（预计2019年发布）	预计约20Gbit/s（2020年）	移动互联网、物联网等高速实时应用	万物互联，超高网速，超短延迟。缺点是工作频段高，传输衰减快，易阻挡，蜂窝小区范围小，建网成本增大

根据3GPP（3rd Generation Partnership Project，第三代合作伙伴计划）定义的应用分类标准，**5G应用主要分为移动互联网和物联网两大类**，详细情况如图3-15所示。

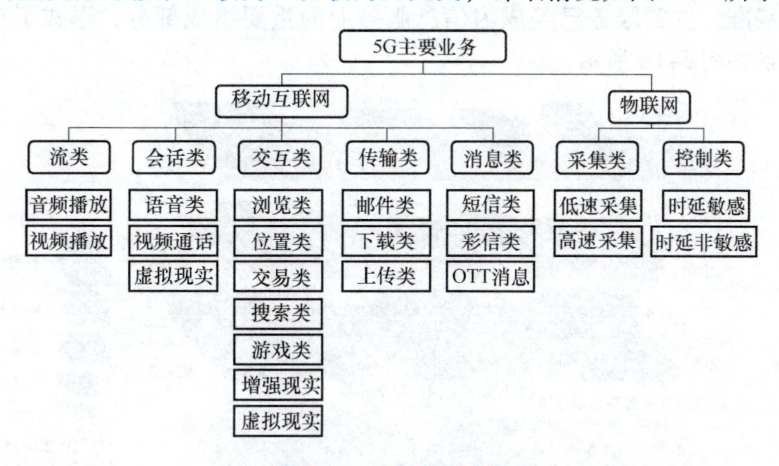

图3-15　5G应用分类

除上述应用场景之外，历经了4G时代移动互联网应用的蓬勃发展，5G网络必将出现更多颠覆性的移动互联网应用，为人们的生活、工作带来变革性的进步。

（3）其他无线通信技术　针对干网光纤化，接入无线化的发展趋势，不同的无线接入方式在物联网发展过程中也慢慢得到业界的认可。

ZigBee是基于IEEE802.15.4标准的低功耗局域网协议。根据国际标准规定，ZigBee技术是一种短距离、低功耗的无线通信技术。其特点是近距离、低复杂度、自组织、低功耗、低数据速率。主要适用于自动控制和远程控制领域，可以嵌入各种设备。

全球微波互连接入（World Interoperability for Microwave Access，WiMAX）是基于IEEE802.16标准的无线城域网技术。WiMAX技术可以支持1～6km的覆盖范围，最大传输速度为20Mbit/s（约等于1.5MB/s。WiMAX与现在常用的Wi-Fi网络可以实现兼容，所以用户终端的设备成本很低，这是WiMAX网络在应用方面的一个重要优势。

低功耗蓝牙技术（Bluetooth Low Energy，BLE）是最新的专注于低功耗（钮扣电池可持续待机半年以上）、快速连接（仅需1～3ms）、长距离通信（50m以上）的新一代短距离无线通信规范，特别注重和优化了小数据包的数据交换，可以说是为物联网不同厂商IOT（互操作测试）时代量身定制的通信手段。

近场通信（Near Field Communication，NFC）又称近距离无线通信，其基础是 RFID 及互联技术。近场通信是一种短距高频的无线电技术，以 13.56MHz 频率运行于 20cm 距离内。其传输速度有 106kbit/s、212kbit/s 或者 424kbit/s 三种。近场通信业务结合了近场通信技术和移动通信技术，实现了电子支付、身份认证、票务、数据交换、防伪、广告等多种功能，是移动通信领域的一种新型业务。

5. 卫星通信技术

卫星通信技术是一种利用人造地球卫星作为中继站来转发无线电波而进行的两个或多个地球站之间的通信。自 20 世纪 90 年代以来，卫星移动通信的迅猛发展推动了天线技术的进步。卫星通信具有覆盖范围广、通信容量大、传输质量好、组网方便迅速、便于实现全球无缝连接等众多优点，被认为是建立全球个人通信必不可少的一种重要手段。

全球导航卫星系统（Global Navigation Satellite System，GNSS）为位置服务提供了技术基础和时空基准，位置服务已经成为信息服务业的重要组成部分，形成了广阔的用户需求，其用户前景如图 3-16 所示。

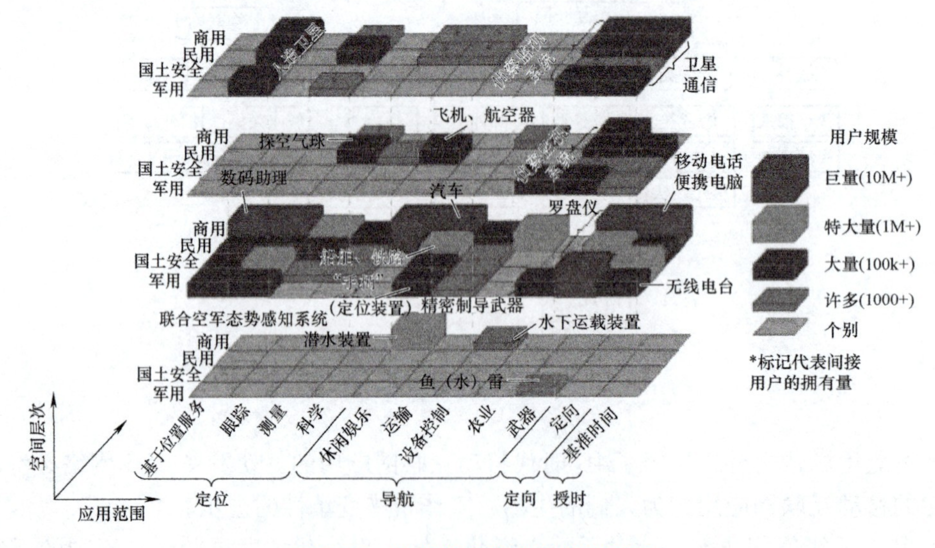

图 3-16　位置服务产业的用户前景

北斗卫星导航系统（BeiDou Navigation Satellite System，BDS）是中国自行研制的全球卫星定位与通信系统，是继美国的全球定位系统（Global Positioning System，GPS）和俄罗斯的**格洛纳斯（GLObal Navigation Satellite System，GLONASS）**之后第三个成熟的卫星导航系统。系统由空间端、地面端和用户端组成，可在全球范围内全天候、全天时为各类用户提供高精度、高可靠定位、导航、授时服务，并具短报文通信能力，已经初步具备区域导航、定位和授时能力，定位精度优于 20m，授时精度优于 100ns，开放定位服务精度 10m。

与卫星导航天基系统对应的，是地面连续运行参考站网络的地基增强系统，又称为**连续运行卫星定位服务系统（Continuous Operational Reference System，CORS）**。CORS 是用于提供高精度定位和导航服务的信息系统，是一类重要的地球空间信息的基础设施，广泛应用于国土、规划、交通、水利等与国民经济密切相关的行业和部门，同时在地球动力学、大气环境科学研究、航空航天等科学研究领域内也有着广泛的应用。武汉大学刘经南院士认为，星基与地基增强技术的一体化、通信与导航功能的一体化是智能时代卫星导航系统的建设方向。

天基信息实时服务系统（Space-Based Real-Time Information Service System）提供定位、导航、授时、遥感、通信服务（Positioning，Navigation，Timing，Remote Sensing，Communication，简称 PNTRC），即**"一星多用、多星组网、天地互联、多网融合、统一基准、关联表征、数据挖掘、知识发现、星地协同、组网传输、智能处理、按需服务"**，其网络结构如图 3-17 所示。针对 PNTRC 需求的分析和中国天基信息系统建设的现状，武汉大学李德仁院士提出中国 PNTRC 发展分两步走的战略。第一步，构建空间信息网络，将现有各类通信卫星、导航卫星、遥感卫星和其他空间平台组网，通过协同观测和传输工作，实现对各类任务协同的灵性服务。第二步，建设通-导-遥一体的天基信息实时服务系统，建设 100 ~ 120 颗同时具有遥感、导航与通信功能的低轨卫星组成的星座，与北斗系统、空天一体化网络及地面网络深度耦合，围绕 PNTRC 系统的关键技术开展协同攻关，引领世界空间信息领域科学技术的发展，支撑中国未来天基信息服务科学技术的可持续发展。

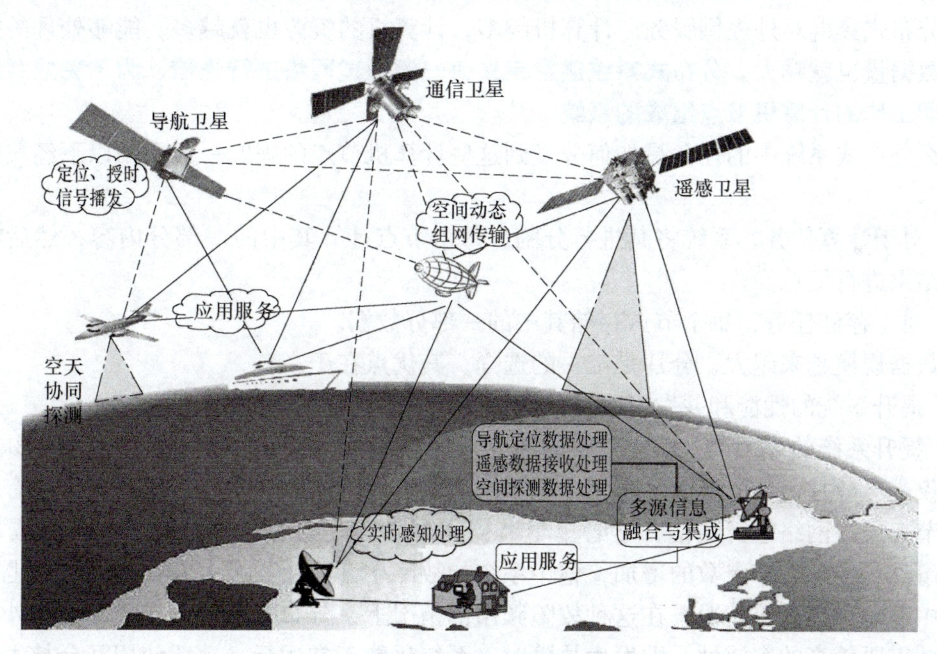

图 3-17　空间信息网络

3.2 分布式技术

加强云计算服务平台建设、构建下一代信息基础设施是 IT 技术演进的重要方向。如何在云中对大规模数据进行高效的计算和存储成为发展中的关键问题，前者是在前端对外部应用进行计算，后者是在后台对应用数据进行存储。分布式是计算机系统、特别是云化的计算机系统的核心思想之一，分布式系统也是分布式计算和分布式存储的支撑主体。

3.2.1 分布式系统

理解分布式系统的概念，首先要了解集中式系统。集中式系统是指一个主机带多个终端的系统，整个系统的数据的存储、控制与处理完全交由主机来完成；每个终端没有数据处理能力，仅仅负责数据的输入和输出。**集中式系统最大的特点就是部署结构简单，**但是，由于采用单节点部署，很可能带来系统过大而难以维护、发生单点故障（所谓单点故障，即单个点发生故障的时候会波及整个系统或者网络，从而导致整个系统或者网络的瘫痪）等问题。比如在大学选课的那一段时间，如果学校的选课系统是部署在基于集中式系统的单机服务器上，那么即便大家不停刷新页面，也可能挤不进服务器，导致选不了课。而基于互联网的应用每天可能会面临百万、千万级的用户需求，无论使用什么样的服务器硬件，都不可能只用一台机器就承载得了。更重要的是，有些应用场景根本无法采用集中式系统解决问题，例如迅雷等基于点对点的下载软件，用户只能从多个分布在各地的其他用户获取数据，无法从中心节点得到数据。

为解决以上集中式系统所面临的挑战，产生了分布式系统的概念。所谓分布式，就是一件事分给多台机器干，所有机器一起合作完成任务。分布式意味着可以采用更多的普通计算机组成分布式集群对外提供服务。计算机越多，计算机的资源也就越多，能够处理的并发访问量与数据量也就越大。**分布式系统通常定义为一组通过网络进行通信、为了完成共同的任务而协调工作的计算机节点组成的系统。**

那么分布式系统中的任务是如何分发到这些计算机节点的呢？一般采用以下经典的分片思想：

1）对于计算任务，系统将其进行分割，每个节点计算其中的一部分内容，然后将所有的计算结果进行汇总。

2）对于存储任务，每个节点存储其中的一部分数据。

当数据规模越来越大，分片是唯一的选择，其优点在于：

1）提升系统的性能和并发度，操作被分发到相互独立的不同分片上。

2）提升系统的可用性，即使其中的部分分片不能用，其他的分片也不会受到影响。

仅仅进行分片仍然不能满足现实情况中的复杂需求。原因在于，分布式系统中有大量的节点，节点通过网络进行通信，尽管单个节点出现故障（进程崩溃、断电、磁盘损坏）是小概率事件，但随着节点数的增加，整个系统的故障率会呈指数级上升，网络通信也可能频繁出现中断、高延迟等情况。在这种故障频出的情况下，分布式系统仍需稳定地对外提供服务，因此需要较高的容错性，即发生故障时，系统仍能正常运行。一般使用冗余技术来提供保障，也就是多个节点负责同一任务。最常见的情况是在分布式存储中，一份数据的多个副本存储在不同的节点上，这样即使某个节点出现问题，系统仍能从其它节点的副本中读取数据来提供服务。

分布式系统的特点可以归纳如下：

1）低成本。1965 年，计算机科学家 Herb Grosch 曾提出了 Grosch 定理，即计算机的性能与它的价格的二次方成正比。付出两倍的价格，可以获得拥有四倍性能的计算机。这也可以解释为计算机呈现规模经济，即计算机的成本越高，性价比就越高。因此低成本的计算机无法在市场上竞争，众多机构都尽其所能地购买最大的单个大型机。

然而，随着微处理机技术的发展，Grosch 定理不再适用。满足需求的单一大型机的价格往往造价高昂令人难以承受，同时人们发现使用多台普通甚至廉价的计算机组成的分布式系统也可以完成同样的任务。借助分布式计算、存储，人们大量地使用廉价的 CPU、硬盘等组成分布式系统来达到目标。分布式系统的性价比远远高于单个大型集中式系统，即分布式系统通过低廉的价格来实现与昂贵的单个大型集中式系统相似的性能。

2）高性能。分布式系统不仅有相对于单个大型集中式系统更好的性价比，而且还能拥有单个大型集中式系统所不能达到的性能。比如淘宝网，每天有千万甚至上亿的用户同时访问，此时单一大型机远远无法承载如此多的访问量。而分布式系统采用大量机器协作，获得了高吞吐量、高并发和低延迟，从而满足了用户的需求，达到很好的效果。

3）多用户。分布式系统不仅可以面向单一用户进行服务，将任务分解并行完成任务，而且可以面向多用户同时工作。分布式系统是由大量的机器组成的，这些机器不仅可以共同用来完成一个任务，也可以分解开来用来完成多个用户的多个任务，随着系统中机器的增多，系统可以承载的用户数及任务数也是海量的。同时分布式系统可以根据不同的任务提供不同数量的资源，不会造成大量的资源浪费。而在单个大型集中式系统中，不同任务之间的切换以及资源的分配往往会造成大量的开销以及资源利用率不高，带来资源的浪费。

4）分布式。分布式系统中的计算机在地理空间上的分布几乎没有任何限制，这些计算机可能放在不同的机柜、机房中，也可能部署在不同的城市、国家甚至大洲。另外，由于一些应用本身是分布式的，所以它们更适合运行于分布式系统上。比如一个公司有多个分公司，每个分公司又有自己的一些服务器与设备等。每个分公司每天都会产生大量的数据以及业务等，它们将其存储在本地以及在本地处理会比较方便和快速。而如果将其所有业务及数据均放在总公司，那么不仅数据的读写以及业务流程的速度会受到网络的波动而产生巨大的延迟，而且总公司的系统需要提供很高的存储以及处理能力来应对多个分公司的海量数据请求与业务请求，极大地增加了复杂度和经济开销。

5）协同工作。协同工作即一组相互之间在物理上距离较远的人员可以一起进行工作，例如，写出同一份报告。火热的网络游戏也是这样的一类系统。位于全国各地的多个游戏玩家使用自己的计算机在网络上进行实时游戏，大家一起协同完成任务，或者相互对抗。这些也都是分布式系统协同工作的例子。

6）高可靠性。相对于集中式系统来说，分布式系统拥有更高的可靠性。分布式系统把工作负载分散到众多的机器上，当出现单台机器故障时，其它机器不会受任何影响。也就是说，当一部分机器出现故障时，系统只是损失了一部分的性能，但仍然可以继续工作。

7）高可扩展性。高可扩展性是分布式系统近年来获得快速发展的一个潜在的重要原因。以前，一般公司都会购买一台大型主机来完成公司的所有工作。公司规模不断扩大，业务、数据以及任务也会不断增多，一台主机将会渐渐不能满足需求。此时公司只能重新购买更大型的机器来进行更换，并且有大量的数据业务要从老的机器迁移至新的机器上，该过程往往耗时很久，严重影响公司的正常运行。同时随着海量的数据以及业务的来临，单一机器无法满足公司内部的需求。如果采用分布式系统，在需求增多的时候，公司仅仅需要在系统中增加一些机器就可以了，几乎没有额外开销，而且该系统可以扩展到几千甚至上万个节点，能更好地满足公司的需求。

3.2.2 分布式计算

利用分布式系统来解决计算问题就是分布式计算。设想一个对航空公司的网页广告精准投送的场景：首先对某航空公司进行需求分析，通过技术平台实现区域定位，然后通过数据筛选，找到目标人群，最后为某航空公司进行精准广告投放。当目标用户在网站浏览时，网站广告位通过快速向某网络广告交易平台发送广告售卖请求，让其可以对用户属性进行快速判断分析，根据某航空公司的品牌需求，对平台所管理的广告位进行匹配，从而决定广告的投放位置，并通过网络竞价，激活这些网页广告位，将动态信息直接定向送到可能有购买机票需求的用户面前。那么，在网页广告投送中如何对大量数据进行实时分析，从而对用户进行精准投送，来大大提高广告的投送效率呢？假设广告精准投送至少需要分析100亿个大小为20KB的网页，总共200TB，按照目前磁盘的读取速度约为150MB/s，需要大约16天才能读完所有的数据，而存储这些数据需要200块普通磁盘。即便是解决了这些问题，想要对这些数据进行分析并从中获取有用的价值，将难上加难。显然传统的计算模式已经不能适应大数据时代的要求了。

通过分析发现，包含上述例子在内的很多应用的数据量虽然很大，但是数据都很有规则，所以一个很直观的解决方案就是用并行分布的方式来对这些数据进行处理，也就是通过以太网或者交换机将大量计算机连接成集群来进行大规模的计算。但是需要解决以下问题：

1）如何将计算任务分布到计算的节点计算机上？

2）怎样更简单、高效地进行分布式编程？

这些问题正是分布式计算需要解决的主要问题。分布式计算系统在两个或多个软件之间互相共享信息，这些软件既可以在同一台计算机上运行，也可以在通过网络连接起来的多台计算机上运行。而分布式计算技术是研究如何把一个需要海量计算能力的任务分成许多小的任务，然后把这些小的任务分配给大量的计算机进行处理，最后通过综合这些计算结果来得到最终结果。分布式计算的特点如表3-2所示。

表3-2 分布式计算的特点

特点	释义
负载均衡	可通过将计算均匀分布在多台计算机上来平衡计算负载
共享性	计算资源可以被多个用户共享
可适配性	可适配最佳的运行环境，针对程序特性与需求将其放在最适合的机器上来运行

目前，分布式计算经典的商业应用解决方案是采用Hadoop MapReduce。Hadoop是一个开源软件工具集，利用通过网络所连接的多台计算机组成的集群来解决大量的数据和计算问题。它为分布式存储和计算提供了软件框架，用户可以在不了解分布式底层细节的情况下，开发分布式程序，并充分利用分布式集群来进行高速运算和存储。

MapReduce是Hadoop中用来在集群上使用并行、分布式计算处理和生成大数据集的软件框架。MapReduce程序由映射（Map）函数和归约（Reduce）函数组成。映射函数执行过滤和排序，比如对学生按姓名顺序进行排序；归约方法则是执行一个汇总操作，比如计算每个队列中的学生数，以及姓名出现的频率。在具体的使用中，MapReduce由包含许多实例（许多映射和归约）的操作组成。映射函数接收一组数据并将其转换为一个键/值对列表，输入域中的每个元素对应一个键/值对。归约函数接收映射函数生成的列表，然后根据它们的键（为每个键生成一个键/值对）缩小键/值对列表。

MapReduce 的具体执行过程如下：

1）映射。用户自定义一定数量的映射任务，每个任务都会被分配一个或者多个来自分布式文件系统的块。这些映射任务将块中的数据转换成键值对作为输入，处理完成并输出用户在映射函数中定义的类型的键值对。

2）洗牌。上一步任务所输出的键值对会被控制器收集，然后根据键进行排序、分组，并被划分给归约任务。默认采用哈希划分，将键相同的键值对划分给同一个归约任务。

3）归约。每个工作节点并行地对每个键进行处理，通过一定的方式将同一个键的值结合到一起。具体的结合方式由用户在归约函数里面定义。

例如，对3000万个英文文档中的词频进行统计。常用的英文单词可能只有4000个。于是，可以使用5000个节点做映射器，200个节点做归约器。每个映射器做6000个文档的词频统计，统计之后把同一个单词的统计中间结果传送给同一个归约器做汇总。比如某个归约器负责词表中前20个词的词频统计，遍历5000个节点，这5000个映射器把各自处理后和词表中前20个词汇相关的中间结果都传给这个归约器来做最终的处理分析。可以发现，MapReduce 的核心处理理念就是分治法，把一个复杂的任务划分为若干个简单的任务分别来做。另外，MapReduce 还需要认真考虑的一个问题就是程序的调度：哪些任务应该分配给哪些映射器来处理。MapReduce 的根本原则是信息处理的本地化，将要处理的数据在其所存放的机器上进行处理，可以极大地减少网络通信的负担。

图3-18用了一个简单例子描述 MapReduce 流程：对“My name is Ann”和“My name is Bob”这两句话进行词频统计。两个映射（Map）任务分别对“My name is Ann”和“My name is Bob”进行词频统计，比如 < My，1 >代表着单词 My 在两句话中出现次数均为1。然后归约（Reduce）任务对两个映射任务进行归约，比如 < My，2 >代表着单词 My 出现总次数为2。

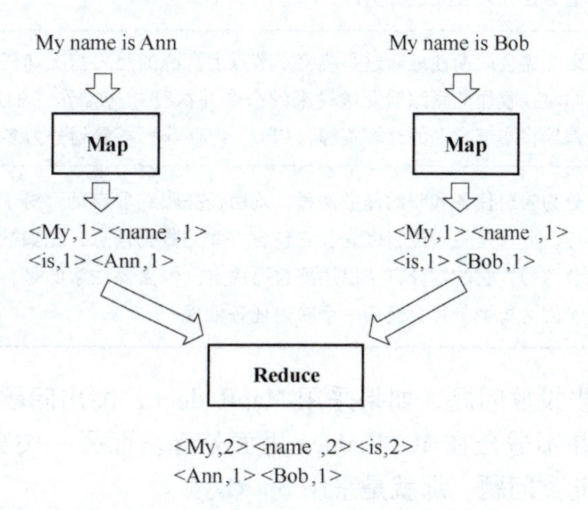

图3-18 MapReduce 实例（词频统计）

Hadoop 的 MapReduce 采用的是主从架构，如图3-19所示，主要包括以下组件：客户端、作业跟踪器、任务跟踪器和任务。

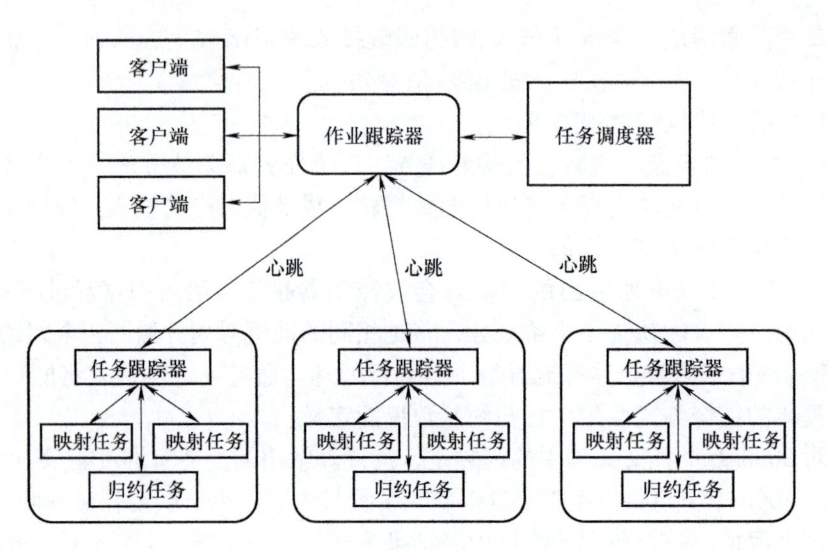

图 3-19 MapReduce 架构图

图 3-19 中各个组件的作用如表 3-3 所示。

表 3-3 MapReduce 各组件及其作用

组　件	系统中的作用
客户端	用户首先向作业跟踪器端提交 MapReduce 程序，然后通过客户端提供的接口查看作业运行状态。在 Hadoop 内部用“作业”表示 MapReduce 程序。一个 MapReduce 程序可对应若干个作业，而每个作业会被分解成若干个映射/归约任务
作业跟踪器	主要负责资源监控和作业调度。作业跟踪器监控所有任务跟踪器以及作业的健康状况，一旦发现作业失败的情况后，其会将相应的任务转移到其他节点；同时作业跟踪器会跟踪任务的执行进度、资源使用量等，并将这些信息告诉任务调度器，而任务调度器会在资源出现空闲时，选择合适的任务来使用这些资源
任务跟踪器	任务跟踪器会周期性地通过心跳将本节点上资源的使用情况和任务的运行进度汇报给作业跟踪器，同时接收作业跟踪器发送过来的命令并执行相应操作（如启动新任务、杀掉任务等）。任务跟踪器将本节点上的计算资源（CPU、内存等）等量划分为多个资源单位
任务	任务分为映射任务和归约任务两种，均由任务跟踪器启动。对于 MapReduce 而言，其处理单位是分片。分片是一个逻辑概念，它包含一些元数据信息，比如数据起始位置、数据长度、数据所在节点等。它的划分方法由用户自己决定。但需要注意的是，分片的数量决定了映射任务的数量，因为每个分片会交给一个映射任务处理

本节开始提到的广告投放问题，如果采用 MapReduce，突出问题之一是计算量非常大，计算速度不够快，因此并不适合在 MapReduce 里面处理。而另一类分布式计算经典的商业应用解决方案可以解决此类问题，那就是采用 **Spark**。

Spark 是加州大学伯克利分校开发的通用内存并行计算框架。 Spark 由一篇论文成果转化而来，是一个从学术界到工业界的成功典范。Spark 是一个围绕速度、易用性和复杂分析构建的大数据处理框架，它以其先进的设计理念，迅速成为大数据社区的热门项目。目前大数据在互联网公司主要应用在广告、报表、推荐系统等业务上。在广告业务方面需要大数据做应用分析、效果分析、定向优化等；在推荐系统方面则需要大数据优化相关排名、个性化推荐以及热点点击分析等。这些应用场景的普遍特点是计算量大、效率要求高。Spark 恰恰满足了这些要求，该项目一经推出便受到开源社区的广泛关注和好评。

Spark 是在借鉴了 MapReduce 的优点的基础上发展而来的。Spark 继承了 MapReduce 分布式并行计算的优点并改进了 MapReduce 的明显缺陷，同时又兼容并包了数据库里面的一些基本思想来实现和发展。具体如下：

1）提升运算效率。Spark 把中间数据存放于内存中，使得迭代运算的效率提升。MapReduce 中计算结果需要保存到磁盘上，这样势必会影响整体速度，而 Spark 支持一类有向无环图的分布式并行计算的编程框架，在迭代过程中减少了在磁盘上读写数据，提高了处理效率。

2）提升容错性。Spark 引进了弹性分布式数据集（Resilient Distributed Dataset，RDD），它是分布在一组节点中的只读对象的集合，这些集合是弹性的，如果数据集中的一部分丢失，则可以根据“血统”（即基于数据衍生过程）对它们进行重建。同时可以通过监测点在弹性分布式数据集的计算来实现容错。

3）提升通用性。Spark 提供了多种数据集的操作类型，而不像 Hadoop 的 MapReduce 只提供了映射和归约两种操作。Spark 的操作类型大致可以分为转换（Transformations）和动作（Actions）两大类，转换包括映射、过滤、取样等操作；动作包括归约、检索、保存等操作。

目前，Spark 在大数据处理中得到了广泛应用（见表 3-4）。

表 3-4　常见的大数据处理场景

大数据场景	处理时间
海量数据复杂的批量处理	数十分钟到数小时
基于历史数据的交互式查询	数十秒到数十分钟
基于实时数据流的数据处理	数百毫秒到数秒

针对以上 3 种大数据的处理场景，均有比较成熟的处理框架：第一种情况可以使用 Hadoop 的 MapReduce 来进行批量海量数据处理；第二种情况可以使用 Cloudera 公司发布的 Impala 查询系统来进行交互式查询；第三种情况则可以用 Twitter 公司发布的 Storm 分布式处理框架处理实时流式数据。不过，以上三者都是相互独立的，同时使用三者的维护成本比较高。而 Spark 可以同时很好地对以上三种大数据场景进行处理，将三个场景统一于同一个平台之下，大大方便了客户的使用以及降低了维护成本。

针对本节开始提到的广告投放问题的案例，该公司借助 Spark 的快速迭代的优势，围绕“数据 + 算法 + 系统”这套技术方案，实现了在“数据实时采集、算法实时训练、系统实时预测”的实时算法，最终成功应用于投放系统上，支持每天上百亿的请求量。通过对比发现，Spark 性能比 MapReduce 提升很多，交互查询响应快，性能比 MapReduce 提高若干倍；广告投放计算效率高、延迟小（与 Hadoop 相比，延迟至少降低一个数量级），极大地提高了计算性能。

3.2.3　分布式存储/数据管理

云计算的核心技术之一就是分布式文件系统和数据库，用于云计算中大型的、分布式的、对大量数据进行访问的应用。随着信息技术的发展，存储技术的发展经历了下面几个发展阶段：

第一阶段是存储和计算部署在一起。存储作为计算主机的一部分，开始是装载着操作系统的个人计算机用文件系统来管理本地存储资源，即数据以文件为单位由操作系统统一管理。人们在信息处理中关注的中心问题是系统功能的设计，因此程序设计占主导地位；随后大型工作站的出现，人们对数据管理技术提出了更高的要求，希望以数据为中心组织数据，数据的结构设计成为存储系统首先关心的问题。单机数据库技术正是在这样一个应用需求的基础上发展起来的，它按照数据结构来组织、存储和管理数据的仓库。

第二阶段是存储和计算分离，或称之为网络存储系统。存储设备通过存储网络与物理主机相连。包括存储区域网络（Storage Area Network，SAN）、网络附加存储（Network Attached Storage，NAS）等。

第三阶段是分布式存储，是将数据分散存储在多台独立的设备上。比起单机数据库或网络存储系统采用集中的存储服务器存放所有数据，分布式存储系统利用多台服务器分担存储负荷，提高了系统的可靠性、存取效率和可扩展性。分布式存储系统发展到现在，对数据进行管理的技术主要包括以下两部分：

1）分布式文件系统（主要针对非结构化数据，比如文件）。

2）分布式数据库系统（主要针对结构化数据，包括五类数据库存储模型，即行、列、键值、文档、图等）。

下面将分别介绍这两种分布式数据管理技术。

1. 分布式文件系统

考虑脸书（Facebook）公司利用分布式文件系统进行数据存储的场景：目前脸书的月度活跃用户数已达20亿，随着用户使用量增加，网站上需要处理和存储的日志文件激增。在这种环境下，文件处理平台必须具有快速的支持系统扩展的应变能力，并且易于使用和维护。脸书起初使用的数据仓库都是在大型数据库系统上实现的，在遇到可扩展性和性能方面的问题之后，脸书开始寻求更适合的分布式文件系统，用以构建高效的海量文件存储和访问管理平台。

分布式文件系统（Distributed File System，DFS）的设计基于客户机/服务器模式，存储在其中的数据被分为很多块，这些块分布于通过网络连接的不同的服务器中，供多个用户进行读写删除等操作。另外，对等特性允许一些系统扮演客户机和服务器的双重角色。例如，用户可以公开一个允许其他客户机访问的目录，一旦被访问，这个目录对客户机来说就像使用本地目录一样。

文件系统是操作系统的一部分，起初运行在单机上。随着网络的普及，出现了文件服务器，采用集中的存储服务器存放所有文件数据。分布式应用对文件系统提出了一系列挑战，逐渐采用分布式系统而不是集中式系统进行文件管理。相对于集中式管理，分布式文件系统面临一些技术难题，其中最本质的问题是如何在多个分布化的存储节点之间保证节点存储的信息一致、节点工作步伐一致、节点状态一致，以及节点间互相协调有序的工作。

例如，设想一下银行转账。扣减掉转出一方账户上的余额，然后增加转入一方账户的余额；如果扣减账户余额成功，但增加对方账户余额失败，那么转出一方就会损失这笔资金。反过来，如果扣减账户余额失败，增加对方账户余额成功，那么银行就会损失这笔资金。那么分布式文件系统如何做到保证两者的信息是一致的呢？

一种经典的做法是基于 ACID 特性来设计存储系统。**ACID 指的是：原子性（Atomicity）、一致性（Consistency）、隔离性（Isolation）和持久性（Durability）。**具有 ACID 特性的存储系统保证每个操作事务是原子的——或者成功或者失败，事务间是隔离的，互相完全不影响，而且最终状态是持久的写入硬盘中的，因此，存储系统会从一个明确的状态到另外一个明确的状态，中间的临时状态不会出现，如果出现也会及时地自动修复，因此是强一致的。

实际上，单机下的集中式存储系统的 ACID 事务特性比较容易实现，而分布式存储的一致性通常用 CAP 原理来维护数据的一致性以及性能等问题，CAP 是指：

1）一致性（Consistency）。在分布式系统中所有数据备份在同一时刻具有同样的值，所有节点在同一时刻读取的数据都是最新数据的副本。

2）可用性（Availability）。良好的响应性能，服务在有限的时间内完成响应。

3）分区容忍性（Partition tolerance）。网络上有部分数据丢失，但系统仍然可以继续工作。

CAP 原理则是：在分布式系统中，不能同时满足 C/A/P 三者，即：要想让数据避免单点故障，就得写多份数据；写多份的问题会导致数据一致性的问题；数据一致性的问题又会引发性能问题。

分布式文件系统必须按照表 3-5 所示特点进行设计，以应对不断快速增长的海量数据以及用户需求。

表 3-5 分布式文件系统的特点

特　点	释　义
高可靠性	提供冗余容错机制，保证数据和服务的高度可靠性
分布式管理能力	包括分布式配置维护、分布式同步等
高可扩展性	可以动态地增添存储节点以实现存储容量扩展

为了满足上述要求，经典的解决方案是采用 Hadoop 分布式文件系统。

Hadoop 分布式文件系统（Hadoop Distributed File System，HDFS）是为了在拥有大量机器的集群中跨机器地对大量文件进行可靠存储而设计的，其被设计成适合运行在通用硬件上的分布式文件系统中。相对于大量现有的文件系统来说，HDFS 有着独特的优势：①高度容错性，适合部署在大量廉价的机器上；②非常高的吞吐量，非常适合那些在大规模数据集上的应用；③可以流式读取文件系统数据。HDFS 的这些优势使其非常适合那些有着超大数据集的应用程序。

HDFS 的设计特点如下：

1）元数据和数据的分离。元数据是描述数据的数据。在传统的文件系统里，因为文件系统不会跨多台机器，所以元数据和数据存储在同一台机器上。在分布式的文件系统中，为了让客户端简单易操作，并且使得多客户端之间的操作不可见，元数据需要与数据分别进行维护。HDFS 的设计理念是拿出一台或多台机器来保存元数据，并让剩下的机器保存文件的内容。名字节点和数据节点是 HDFS 的两个主要组成部分。其中，名字节点对元数据进行存储，而数据节点的集群对文件数据进行存储。名字节点相当于系统的管理者，不仅要管理存储在 HDFS 上内容的元数据，而且要记录一些日志与信息，比如哪些节点是集群的一部分，某个文件有几份副本等。它还要在当集群中的节点发生故障或者数据副本发生丢失的时候决定系统需要做的事情，比如修复或者降级读等。存储在 HDFS 上的每份数据有多份副本，并保存在不同的服务器上。

2）切分文件并均匀分布到多个数据节点上。在 HDFS 中，文件会被切分成大小相同的数据块（通常为 64MB），然后将这些块写入文件系统中。同一个文件的不同数据块一般会保存在不同的数据节点上。当客户端准备写文件到 HDFS 并向名字节点询问文件的写入地址，名字节点会将一批可以写入数据块的数据节点告诉客户端。当写完这批数据块后，客户端会从名字节点获取新的数据节点列表，然后把下一批数据块写到新列表中的数据节点上。这样做可以带来以下好处：首先，当对这些文件执行运算时，能够通过并行方式读取和处理文件的不同部分；其次，可以并行地写入来提升写的效率。

3）检测硬件故障并恢复所造成的丢失数据。数据节点会周期性发送心跳信息给名字节点（默认是每 3s 一次）。如果名字节点在预定的时间没有收到数据节点的心跳信息（默认是 10min），它就会认为数据节点出现问题了，名字节点会把该数据节点从集群中移除，并且启动一个进程去恢复数据。HDFS 默认采用三副本冗余策略，这意味着所有数据块均有三个部分保持在三个节点上。对于 HDFS 来说，丢失一个数据节点意味着丢失了存储在其上的数据块的副本。此时，HDFS 会把其他数据节点的数据块副本复制到一个新的数据节点上，从而恢复丢失的数据块。

HDFS 的架构如图 3-20 所示，主要包括名字节点、数据节点和第二名字节点 3 个部分，功能如表 3-6 所示。

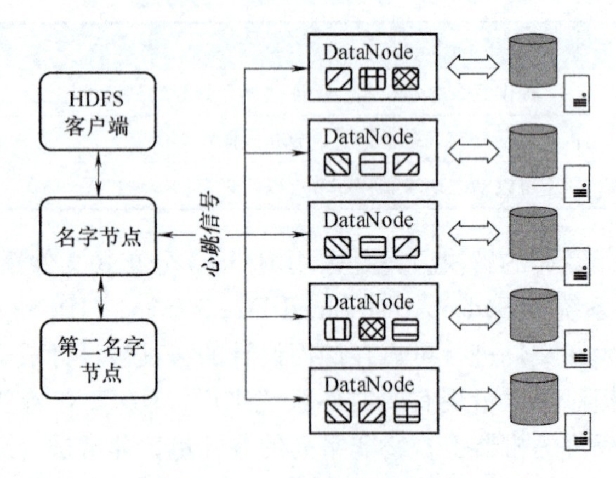

图 3-20　HDFS 的架构

表 3-6　HDFS 主要部件

HDFS 组件	作　用
名字节点	管理数据块映射；处理客户端的读写请求；配置副本策略；管理 HDFS 的名称空间
数据节点	负责存储客户端发来的数据块；执行数据块的读写操作
第二名字节点	保存着名字节点的部分信息（不是全部信息，当名字节点宕掉之后用来恢复数据），是名字节点的冷备份

针对本小节开始提到的脸书存储数据激增的案例，脸书后来部署了一个 HDFS 集群。随

着集群规模和使用量迅速增长，现在脸书正在运行世界第二大 HDFS 集群系统，存放的数据超过了 2PB，每天给它加载的数据超过 10TB。具有 2400 个内核，大约 9TB 的内存，并且在一天之中的很多时间点，这些硬件设备都是满负荷运行的。根据系统的增长情况，脸书能够迅速地进行集群规模扩展。

2. 分布式数据库系统

在很多电商应用中，在其网页上单击任何一个买过的商品，进去后第一个页面就是交易快照，即当时购买时的商品详情页。当发展到淘宝、京东这样的电商规模，快照信息存储问题成为非常严峻的问题。这是因为单条信息数据小，条数多，不能丢，需要持久化保存，还要满足高可靠性要求。那么，在电商平台内，如何构建高效的数据管理平台，以适应快照的高速读取和可靠存储呢？解决方案是采用分布式数据库系统技术支撑该业务的需求。

分布式数据库系统通常使用较小的计算机系统，每台计算机可单独放在一个地方，每台计算机中都可能有数据库管理系统（Database Management System，DBMS）的一份完整拷贝副本，或者部分拷贝副本，并具有自己的局部数据库，位于不同地点的许多计算机通过网络互相连接，共同组成一个完整的、全局的逻辑上集中、物理上分布的大型数据库。

面对急剧增长的海量数据和不断增长的用户需求，分布式数据库必须具有表 3-7 的特征。

表 3-7 分布式数据库系统设计的特点

特　点	释　义
高可靠性	提供冗余容错机制，保证数据和服务的高度可靠性
高并发性	可以及时响应大规模用户的读/写请求，能对海量数据进行随机读/写
高可扩展性	可以动态地增添存储节点以实现存储容量扩展

为了满足上述要求，一类经典的商业应用解决方案是采用 HBase 分布式数据库系统。HBase 是建立在 HDFS 之上，提供高可靠性、高性能、可伸缩和实时读写的分布式列存储的开源数据库系统。该技术来源于谷歌公司 Fay Chang 所发表的论文 “Bigtable：A Distributed Storage System for Structured Data”。Bigtable 是谷歌公司使用的文件系统里的分布式数据存储。类似地，HBase 是 HDFS 里的分布式数据存储，属于 Apache 的 Hadoop 项目的子项目。HBase 不同于一般的关系数据库，它是一个适合于非结构化数据存储的数据库。同时，HBase 是基于列的存储而不是基于行。另外，HBase 中的每张表的记录数（行数）可多达几十亿条，甚至更多，每条记录可以拥有多达上百万的字段，要达到这样的存储能力却不需要特别的硬件，普通的服务器集群就可以胜任。

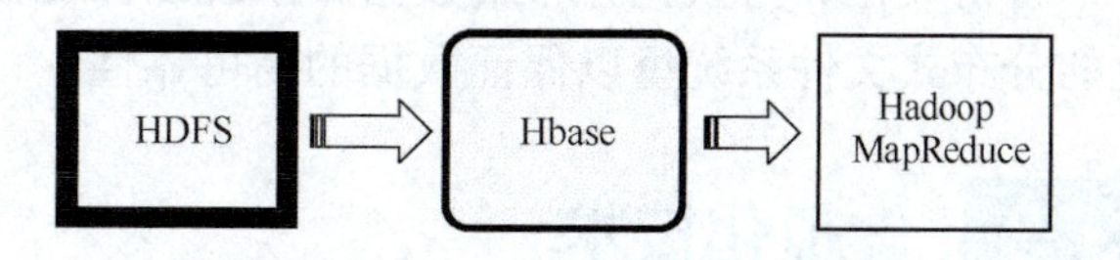

图 3-21 HBase 在 Hadoop 架构中的地位

由于 HBase 依托于 Hadoop 的 HDFS 作为底层的存储单元，所以通过使用 HDFS 的工具就可以看到这些数据以及存储文件夹的结构，还可以通过映射/归约的框架（算法）对 HBase 中的数据进行操作，如图 3-21 所示。

HBase 的架构如图 3-22 所示，各组件及功能如表 3-8 所示。

表 3-8 HBase 各组件及功能

组 件	功 能
HRegion 服务器	负责数据的读写，与客户端进行对话
HMaster 服务器	进行分配 Region、创建表、删除表等操作
ZooKeeper	是 HDFS 的一部分，维护一个活跃的集群状态

HBase 的服务器体系结构遵循简单的主从服务器架构，它由 HRegion 服务器（HBase Region 服务器）群和 HMaster 服务器（HBase Master 服务器）构成。HMaster 服务器负责管理所有的 HRegion 服务器，而 HBase 中所有的服务器都是通过 ZooKeeper 来进行协调，并处理 HBase 服务器运行期间可能遇到的错误。HBase Master 服务器本身不存储 HBase 中的任何数据，HBase 逻辑上的表可能会被划分为多个 HRegion，然后存储到 HRegion Server 群中，HBase Master Server 中存储的是从数据到 HRegion Server 中的映射。ZooKeeper 是一个分布式的、开放源码的分布式应用程序协调服务，为分布式应用提供一致性服务的软件，提供的功能包括：配置维护、域名服务、分布式同步、组服务等。

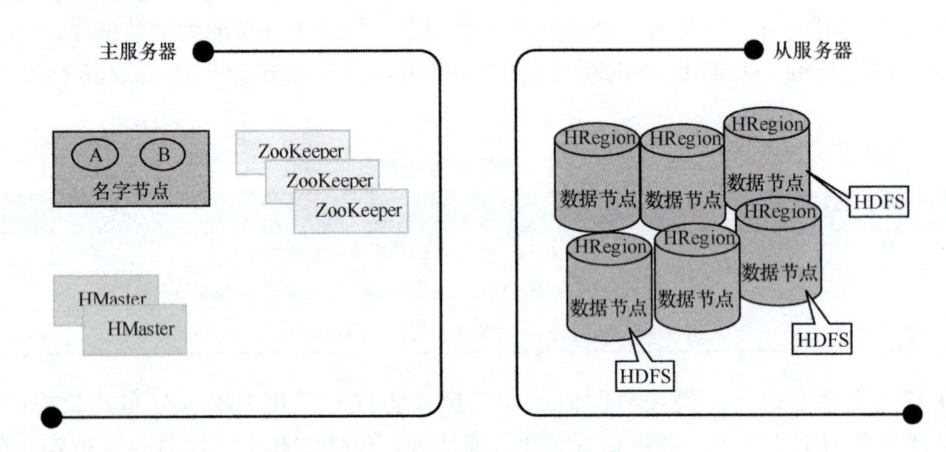

图 3-22 HBase 的架构

针对本小节开始提到的电商快照存储的案例，有电商厂商设计了一个分布式数据库系统存储引擎，包括非持久化和持久化两个部分。其中非持久化部分是一个基于内存的分布式缓存数据库系统，持久化部分是一个基于磁盘的分布式文件系统。于是，该系统可以将快照的一个备份放在非持久化分布式数据库系统以保证数据的高速并行读取，另一个备份放在持久化的分布式文件系统里以保证数据的高可靠性。

3.3 虚拟化技术

云计算的核心技术之一就是虚拟化技术。**所谓虚拟化，是指通过虚拟化技术将一台计算机虚拟为多台逻辑计算机。在一台计算机上同时运行多个逻辑计算机，每个逻辑计算机可运行不同的操作系统，并且应用程序可以在相互独立的空间内运行而互不影响，从而显著提高计算机的工作效率。**

虚拟化技术源于大型机的虚拟分区技术。早在 20 世纪 60 年代，IBM 公司就发明了一种操作系统虚拟机技术，使其能在一台主机上运行多个操作系统，从而让用户尽可能地充分利用昂贵的大型机资源。随着技术的发展，大型机上的技术开始向小型机上移植，但真正使用大型机和小型机的用户毕竟还是少数。

随着 X86 处理器的应用普及，虚拟化技术开始进入更广泛应用的 X86 平台。1998 年，Windows NT 上就支持 Vmware 来启动 Windows 95。许多 IT 人员也开始在个人机或工作站上运用这种虚拟化技术。21 世纪以来，随着多核 X86 处理器的出现，单台 X86 服务器的性能越来越强大，同时大量服务器的资源利用率很低，因此人们开始越来越多地将虚拟化技术引入服务器以整合服务器资源。

如果说分布式技术实现了云计算资源“形散实不散”，那么虚拟化技术则解决了云计算资源“聚散随人意”的问题，云计算对于资源的关键要求包括两个方面：①资源的整合，即通过整合多个数据中心的服务器的资源，使这些资源连在一起成为一个巨大的系统资源池；②统一资源的汇聚，即将同类的服务资源通过汇聚的方式集合起来，实现对外的统一入口。

虚拟化正是一种解决上述要求的核心技术。虚拟化作为一种资源管理技术，将计算机的各种实体资源，如服务器、网络、内存及存储等，予以抽象、转换后呈现出来，打破实体结构间的不可切割的障碍，使用户可以比原本的组态更好的方式来应用这些资源。用户可以构建出最适应需求的应用环境，从而节省成本，并使得这些资源达到最大利用率。这些资源的新虚拟部分不受现有资源的放置方式、地域及物理形态所限制。虚拟化技术还可以用来解决高性能的物理硬件产能过剩或者老旧硬件产能过低的重组重用问题，透明化底层物理硬件，从而最大化利用物理硬件。虚拟化技术的特点见表 3-9。

表 3-9　虚拟化技术的特点

特　点	释　义
分区	大型的、扩展能力强的硬件可被用来作为多台独立的服务器使用；在一个单独的物理系统上，可以运行多个虚拟的操作系统和应用；计算资源可以被放置在资源池中，并能够被有效地控制
隔离	虚拟化能够提供理想化的物理机，每个虚拟机互相隔离；数据不会在虚拟机之间泄露；应用只能在配置好的网络上进行通信
封装	虚拟单元的所有环境被存放在一个单独文件中；为应用展现的是标准化的虚拟硬件，确保兼容性；整个磁盘分区被存储为一个文件，易于备份、转移和拷贝
硬件独立	可以在其他服务器上不加修改地运行虚拟机。虚拟技术支持高可用性、动态资源调整，极大地提高了系统的可持续运行能力。

IT 界的任何一样都可以被虚拟化。虚拟化并不仅仅是一种技术，而是一种思想。这种思想就是所有硬件或者软件以一种“服务组合”的抽象思想来处理，即服务器、存储架构或数据库软件等资源形成一个可被用户灵活调用的资源池，从而实现外部用户业务系统和 IT 软硬件环境的解耦。这意味着，外部用户业务系统无须了解软硬件的实现细节，就能方便地使用各式各样的软硬件资源，就好像这些资源放在一个黑箱里一样，只需通过接口就能访问，感受不到其真正的实体和虚体的区别，而这也通常被称为“用户透明化”。

针对 IT 软硬件两种资源，虚拟化技术分别针对硬件和软件进行了相应的虚拟化技术的发展。硬件虚拟化，主要包括计算能力、存储能力和网络能力的硬件虚拟化形成的各种虚拟化技术（将在3.3.1~3.3.3小节介绍）；软件虚拟化，把软件应用对底层系统和硬件的依赖抽象出来，一类关键性技术就是桌面虚拟化技术（将在3.3.4小节介绍），以及一些当前流行的云平台技术，如多租户、容器等（将在3.4.2和3.4.3小节介绍）。

3.3.1 计算虚拟化

观察一个公有云计算的深度学习平台：某大型IT公司最近发布了一个公有云上基于虚拟化的托管集群的云深度学习平台，旨在让ABC（人工智能AI、大数据Big Data、云计算Cloud Computing）时代下企业和开发者快速获取AI能力。在这里，AI深度学习的能力主要指的是在当前AI最常用的模型之一——深度神经网络上对海量数据进行深度学习训练。

当前，人们常利用图形显示处理器（Graphics Processing Unit，GPU）来训练这些深度神经网络。与单纯使用CPU的做法相比，GPU具有数以千计的计算核心、可实现10~100倍应用吞吐量，因此GPU所能使用的训练集也更大，所耗费的时间大幅缩短，占用的数据中心基础设施也少得多。但是，GPU的价格通常比较昂贵，有很多需要进行深度学习的人，都会遇到一个问题，那就是没有足够的算力去跑自己的网络，而自己去买一块显卡可能又成本太高。

因此，一个公有云计算的深度学习平台就可以为大量深度学习的用例提供AI的计算服务，那么，在该云深度学习平台上，如何让GPU的计算资源能够被不同用户共享和独立使用？计算虚拟化技术可以支撑该业务的需求。

计算虚拟化是指在物理服务器的宿主机操作系统（Host OS）中加入一个虚拟化层（Hypervisor），在虚拟化层之上可以运行多个客户端操作系统（Guest OS）。通过分时及模拟技术，将物理服务器的CPU、内存等资源抽象成逻辑资源，向Guest OS提供一个虚拟且独立的服务器硬件环境，以提高资源利用率和灵活性。

目前数据中心商用的虚拟化软件主要是VMware公司的ESXi，但是开源的、基于内核的虚拟机（Kernel-based Virtual Machine，KVM）虚拟化也成为Linux内核默认的组件，可以运行在各种主流的服务器架构上。KVM主要包括CPU、内存和GPU的虚拟化，其它设备的虚拟化和虚拟机的管理则需要依赖软件实现的虚拟化来完成。下面重点介绍KVM虚拟化。

1. CPU虚拟化

一个虚拟机本质上就是一个进程，在硬件辅助虚拟化的环境中，CPU具有根模式和非根模式，每种模式下又有Ring0和Ring3[⊖]。宿主机运行在根模式下，宿主机的内核处于Ring0，而用户态程序处于Ring3，Guest OS运行在非根模式，Guest OS的内核运行在Ring0，用户态程序运行在Ring3。当处于非根模式的Guest OS需要执行“特权代码”时会主动调用Hypervisor，硬件自动挂起Guest OS，CPU会从非根模式切换到根模式，整个过程称为vm_exit。相反的，Hypervisor通过调用相关指令让硬件自动加载Guest OS的上下文，于是Guest OS获得运行。

计算虚拟化将主机单个物理CPU核虚拟出多个vCPU，这些vCPU本质上是一些运行的

⊖ Intel的x86处理器是通过Ring级别来进行访问控制的，级别共分4层：RING0、RING1、RING2、RING3。Windows只使用其中的两个级别，即RING0和RING3。RING0层拥有最高的权限，RING3层拥有最低的权限。

进程。考虑到需要进行系统调度，所以并不是 vCPU 核数越多越好。图 3-23 给出了 CPU 虚拟化的示意图。

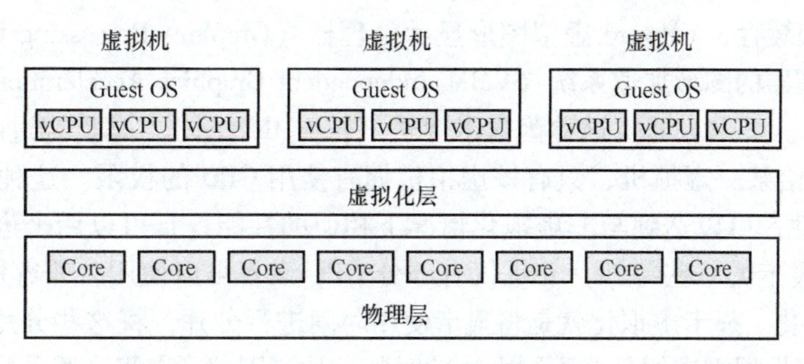

图 3-23　CPU 虚拟化

2. 内存虚拟化

除了 CPU 虚拟化，计算虚拟化的另一个关键是内存虚拟化，通过内存虚拟化来对物理系统内存进行共享，并将其动态分配给虚拟机，操作系统保持着虚拟页到物理页的映射。这里简单介绍物理页和虚拟页：为便于管理，物理内存被分页，就像一本书里面有好多页纸，每张纸上记录了不同的信息。对于 32 位的 CPU 来说，每个物理页大小是 4KB。与之对应的，虚拟页指的是虚拟内存中的分页。

为了实现内存虚拟化，让客户机使用一个隔离的、从零开始且具有连续的内存空间，KVM 引入一层新的地址空间，即客户机物理地址空间（Guest Physical Address，GPA），这个地址空间并不是真正的物理地址空间，它只是宿主机虚拟地址空间在客户机地址空间的一个映射。对客户机，客户机物理地址空间都是从零开始的连续地址空间；但对于宿主机，客户机的物理地址空间并不一定是连续的，客户机物理地址空间有可能映射在若干个不连续的宿主机地址区间。

具体过程如图 3-24 所示。KVM 为了运行多台虚拟机于一台物理机器上，需要实现虚拟内存到物理内存，最后到机器内存的地址转换。客户操作系统控制虚拟地址到内存物理地址的映射，但是客户操作系统不能直接访问实际机器的内存，因此 KVM 需要负责物理内存到实际机器内存的映射。

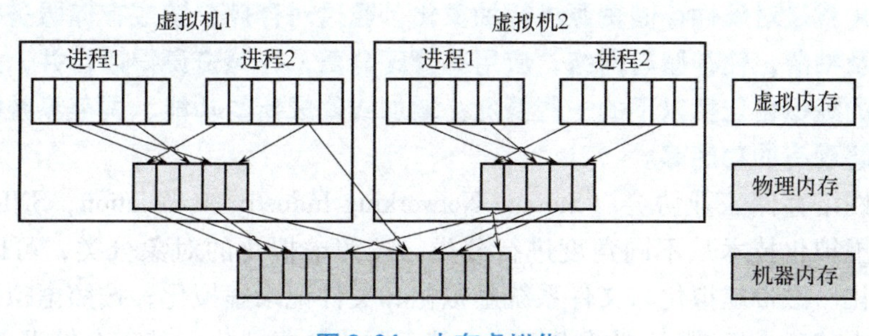

图 3-24　内存虚拟化

3. GPU 虚拟化

计算机图形处理器 GPU 主要进行浮点运算和并行运算，其浮点运算和并行运算速度可以比 CPU 强百倍。目前虚拟机系统中的图形处理方式有以下三种：

1）虚拟显卡。由于专业的显卡硬件价格高昂，当前主流的虚拟化系统往往采用虚拟显卡来对图像进行处理。目前虚拟显卡的技术包括：虚拟网络计算机 VNC（Virtual Network Computing），Xen 虚拟帧缓存，VMware 虚拟图形显示处理器（Graphics Processing Unit，GPU）以及独立于虚拟机管理器的图形加速系统（VMM-Independent Graphics Acceleration，VMGL）。

2）显卡直通。显卡直通也被称为显卡穿透（Pass-through），是指绕过虚拟机管理系统，将 GPU 单独分配给某一虚拟机，只有该虚拟机拥有使用 GPU 的权限。这种方法保留了 GPU 的完整性和独立性，可以达到与非虚拟化情况下相似的性能，且可以用来进行通用计算。显卡直通需要利用显卡的一些特性，并且仅有部分 GPU 设备可以使用，兼容性差。

3）显卡虚拟化。显卡虚拟化就是将显卡使用时间进行分片，将这些分片分配给虚拟机进行使用。一般可以根据需求切分成不同大小的时间分片，因此可以将这些分片分配给多台虚拟机进行使用，其实现原理其实就是利用应用层接口虚拟化，利用应用程序编程接口（Application ProgrammingInterface，API）进行重定向，在应用层进行拦截与 GPU 相关的 API 接口，通过重定向（仍使用 GPU）的方式完成相应功能，再将执行结果返回到相应的应用程序。

针对本小节开始提到的公有云计算的深度学习平台案例，该公司利用了 NVIDIA 深度学习软件为依托的云服务，采用了基于 GPU 虚拟化的托管集群，支持分钟级建立、释放集群，实现 GPU 资源按需使用，从而为深度学习的各种事务提供虚拟化的计算能力。

3.3.2 存储虚拟化

考察某医疗集团的存储需求：由于采用新的医疗工具导致数据量的膨胀，医疗行业成为存储市场新的快速增长点。医院以及其他医疗机构都需要快速增加他们的存储容量，才能够满足新的医学技术的应用需要，这些新的应用包括对医患记录和数码化医疗影像进行存档、传输、诊断及管理。这些新的需求和规定对医疗单位提出了挑战：既要以合理的成本提供足够的保护，又不能降低便利性和专业服务的性能。而对医疗保健专业人士来说，医疗数据的调取速度、可用性和可靠性都可能对患者的病情和生命产生重大影响。对此，某医疗保健集团下属多家医院、专业中心和联合诊所，管理着几百万患者，多达几百 TB 的医疗记录。那么，在该医疗集团里，如何让存储资源的高读写速度、高可用性和可靠性都能得到满足呢？这里，存储虚拟化技术可以支撑该业务的需求。

存储虚拟化就是对硬件存储资源进行抽象化，通过对存储系统或存储服务内部的功能进行隐藏、隔离及抽象，使存储与网络、应用等管理分离，存储资源得以合并，从而提升资源利用率。典型的虚拟化包括以下的一些情况：增加或集成新的功能、屏蔽系统的复杂性、仿真、整合或分解现有的功能等。

根据全球网络存储工业协会（Storage Networking Industry Association，SNIA）的分类方法，可将存储虚拟化技术从不同角度进行分类。按照虚拟化的对象分类，可以分为块虚拟化、磁盘虚拟化、磁带虚拟化、文件系统虚拟化和文件记录虚拟化；按照虚拟化的实现方式分类，可以分为基于主机/服务器的虚拟化、基于网络的虚拟化和基于存储设备/子系统的虚拟化；按照数据流和控制流是否同路分类，可以分为带内虚拟化和带外虚拟化。图 3-25 为 SNIA 对于存储虚拟化技术的分类。下面针对虚拟化实现方式进行详细阐述。

存储虚拟化技术目前主要面临低成本、易实现、灵活性、可扩展性等几方面的挑战。

针对以上不同技术点，以下几种不同的存储虚拟化实现方式是进行权衡后的结果。

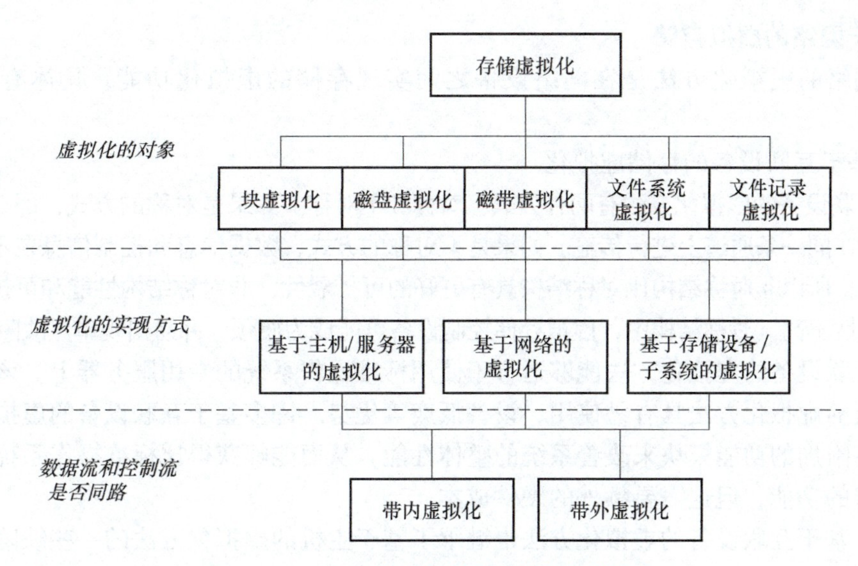

图 3-25　SNIA 对于存储虚拟化技术的分类

1. 基于主机的虚拟存储

基于主机的虚拟存储主要是利用安装在一个或多个主机上的控制软件来实现存储虚拟化的控制和管理。由于运行在主机上的控制软件会占用主机的处理时间，所以该方法的扩展性较差，实际运行的性能不佳。基于主机的虚拟存储方法也有可能影响到系统的稳定性和安全性，比如有时会越权访问到受保护的数据。同时，该方法的控制软件安装在主机上，因此一个主机的故障可能会影响到整个存储系统中数据的完整性。另外，基于主机的存储虚拟化还可能由于不同存储厂商软硬件的差异而带来不必要的互操作性开销，所以这种方法的灵活性也会受到影响。

但是，基于主机的虚拟化方法最易于实现且其设备成本最低，因为不需要增加任何附加的硬件。使用这种方法的供应商一般趋向于成为存储管理领域的软件厂商，而且目前已经有成熟的软件产品。这些软件可以提供图形化接口来方便地对存储系统进行管理和虚拟化，在主机存储和小型存储网络结构中有着良好的负载平衡机制。从这个角度看，基于主机的存储虚拟化是一种性价比良好的方法。

2. 基于存储设备的虚拟化

基于存储设备的存储虚拟化方法利用可以提供相关功能的存储模块来进行虚拟化。如果不使用第三方的虚拟软件，基于存储设备的虚拟化往往只能提供不完全的存储虚拟化解决方案。对于包含多厂商存储设备的存储区域网络存储系统，这种方法的效果并不是很好。同时，这些提供虚拟化模功能的存储模块将会对系统中没有提供存储虚拟化功能的简单硬盘组和简单存储设备进行排斥。因此，使用这种方法来提供虚拟化意味着最终将锁定某一家特定的存储供应商，容易造成供应商垄断。

不过，基于存储设备的虚拟化方法也有一些优势：在存储系统中这种方法较容易实现，容易与某个特定存储供应商的设备相协调，同时由于它对用户或管理人员都是透明的，更易于管理。但是，必须注意到，因为缺乏足够的软件进行支持，这就使得解决方案难以依据客户需求量身定制和进行监控。

3. 基于网络的虚拟存储

基于网络的虚拟化方法是在网络设备之间实现存储的虚拟化功能，具体有以下三种方式：

（1）基于互联设备的存储虚拟化

基于互联设备的虚拟化方法有两种方式：对称和不对称。如果是对称的方式，那么数据信息和控制信息在同一条通道上进行传输。如果是不对称的方式，数据信息和控制信息在不同的通道上进行传输，所以非对称结构比对称结构具有更好的可扩展性，非对称结构性能和可扩展性比较好，但安全性不高。对称结构中，虚拟存储控制设备可能成为瓶颈，并易出现单点故障。

基于互联设备的虚拟化方法能够运行于使用标准操作系统的专用服务器上。该方法相对于基于主机的虚拟化方法具有易使用、设备低廉等优势。许多基于互联设备的虚拟化供应商也提供一些附加的功能模块来改善系统的整体性能，从而能够获得比标准操作系统更好的性能和更完善的功能，但这需要额外的硬件成本。

但是，基于互联设备的虚拟化方法也继承了基于主机的虚拟化方法的一些缺陷，因为它仍然需要一个运行在主机上的代理软件或基于主机的适配器，任何主机发生故障或主机配置不合理都可能会导致访问到不被保护的数据。同时，在异构的操作系统间的互操作性仍然是一个问题。

（2）基于路由器的存储虚拟化

基于路由器的方法是利用路由器的固件来实现存储虚拟化的功能，供应商通常也提供运行在主机上的附加软件来进一步增强存储管理能力。在该方式中，每个主机到存储网络的数据通道中将会通过放置路由器来截取任何从主机通过网络传输到存储系统的命令。由于路由器可以服务于每一台主机，且大多数控制模块存在于这些路由器中，所以该方式相对于基于主机和大多数基于互联设备的方法具有更好的性能和效果。同时，由于不依赖于在每个主机上运行的代理服务器，这种方法比基于主机或基于互联设备的虚拟化方法具有更高的安全性。当连接主机到存储网络的路由器出现故障时，可能会导致主机上的数据不能被访问。但是只有与故障路由器相连的主机才会受到影响，其他主机仍然可以通过其他路由器继续访问存储系统。同时，路由器的冗余可以支持动态多路径，这也为上述故障问题提供了一个解决方法。另外，由于路由器经常作为协议转换的桥梁，基于路由器的方法也可以在异构操作系统和多供应商存储环境之间提供互操作性。

（3）基于交换机的存储虚拟化

交换机的虚拟化是通过在交换机中嵌入虚拟化模块来实现的，由于在交换机中集成有虚拟化功能，交换机易成为系统的瓶颈，并可能产生单点故障问题。不过该结构不需要在服务器上安装额外的虚拟化软件，减少了服务器的负载，同时也没有基于存储设备或者主机环境的安全性问题，具有较好的互操作性。

针对本小节开始提到的医疗集团的存储需求案例，该公司对现有存储设备进行虚拟化管理，在此基础之上进行数据分层，根据设备情况以及业务需要，将整个存储阵列分为两个层次，例如，需要快速访问的患者数据可以放置在高性能的基于光纤的存储系统上（第一层存储），而紧急性稍低一些的数据则可放置在普通的存储系统上（第二层存储）。同时，虚拟化使不同部门都可以在同一台存储设备上拥有自己的逻辑分区。在多层存储上采用虚拟化技术使存储系统能够进行有效的成本管理，同时还降低了风险、改善了服务，大大节约了成本。

3.3.3　网络虚拟化

设想一个大型网络公司跨地域数据中心的网络管理的场景：某大型 IT 公司的网络架构有大量的互联网业务产品，为了给广大互联网用户提供更好的接入体验，数十万服务器分布在全球 10 多个城市的数十个数据中心，数据中心间产生的跨城流量达到数百 G 的规模。在业务类型多样及流量需求规模巨大的情况下，数据中心间网络主要存在如下挑战：首先，从响应业务的角度来看，数据中心间网络链路带宽资源有限，难以满足业务临时性的大容量传输需求，通常需要业务部门自行搭建 VPN 平台并通过公网传输，缺乏灵活性、响应速度慢；其次，从网络管理的角度分析，由于地理分布较广和业务类型众多等原因，一个管理域中设备数量往往接近 1000 台，面对如此大型的网络，完全通过人工方式管理这些分布式的系统需要一个非常复杂的管理体系和风险控制流程。那么，如何在大型网络公司跨地域数据中心里，进行有效的网络管理？网络虚拟化技术可以支撑该业务的需求。

网络虚拟化的具体定义在业界还存在较多争议。目前通常认为网络虚拟化是对物理网络及其组件（比如交换机、端口以及路由器）进行抽象，并从中分离网络业务流量的一种方式。采用网络虚拟化可以将多个物理网络抽象为一个虚拟网络，或者将一个物理网络分割为多个逻辑网络。以虚拟局域网（Virtual Local Area Network，VLAN）为例，VLAN 是一组逻辑上的设备和用户，这些设备和用户并不受物理位置的限制，相互之间的通信就好像它们在同一个网段中一样。

可以说，网络虚拟化是一种类似通道机制的覆盖结构。网络虚拟化会在网络中两个逻辑区之间的物理连接通路之外架设新的连通方式。网络虚拟化可以帮助管理者免于为每一个新接入的域布设物理连线，特别是那些刚刚创建完成的虚拟机系统。因此，管理者不必对已经完成的工作进行频繁变更。在网络虚拟化方案的帮助下，它们能够以全新的方式实现基础设施虚拟化并对现有的基础设施进行调整。

网络功能虚拟化

网络虚拟化通过网络来创建通道、同时利用每一条传输流进行服务，那么接下来需要考虑的就是使这条新的通道可以承载相应的服务。网络功能虚拟化旨在对网络通信互联模型的四到七层功能进行虚拟化处理，其中包括防火墙、入侵检测与防御系统甚至负载平衡机制（应用程序交付控制器）。

网络功能虚拟化是由欧洲电信标准组织（Europen Telecommunications Standards Institude，ETSI）从网络运营商的角度出发提出的一种软件和硬件分离的架构，主要是希望通过标准化的 IT 虚拟化技术，采用业界标准的大容量服务器、存储和交换机承载各种各样的网络软件功能，实现软件的灵活加载，从而可以在数据中心、网络节点和用户端等不同位置灵活地部署配置。

网络功能虚拟化可以帮助人们为虚拟机或者传输流创建一套服务配置方案，并在网络上建立起抽象结构，最终在特定逻辑环境下构建起虚拟服务。只要这一切部署到位，网络功能虚拟化就能够节省大量的手动配置的时间。网络功能虚拟化也能有效地减少配置浪费的情况：客户现在只为需要这部分功能的网络通道进行采购，而不是像以往那样购买整套网络环境，可以节约大量的前期成本投入，同时也能带来切实可见的运作收益。

网络可以通过一种编排好的方式进行分配，类似于服务器、存储和应用程序等其他 IT 组件。其中最重要的影响是软件定义网络可以实现自动化。自动化可以快速地分配服务，同时减少出现人为错误的机率。

基于软件定义网络下的网络虚拟化

软件定义网络（Software Defined Network，SDN）是由 Emulex 提出的一种新型网络创新架构。它开放了数据平面，有别于传统基于分布式协议的封闭网络数据平面的做法。用户可以利用软件定义网络来对网络进行编程，从而构建新的连接方式，而不是像以前那样通过设备来建立网络连接。软件定义网络的核心技术 OpenFlow 通过将网络设备控制面与数据面分离开来，将控制平台（控制网络传输走向）与数据平台（将数据包发送至特定目的地）区分开来，从而实现了网络流量的灵活控制和网络的可编程化，为核心网络及应用的创新提供了良好的平台。

传统的网络虚拟化部署需要手动逐跳部署，其效率低下，人力成本很高。而在数据中心等场景中，为实现快速部署和动态调整，必须使用自动化的业务部署。通过软件定义网络，网络可以通过一种编排好的方式进行分配（即网络编排），类似于服务器、存储和应用程序等其他 IT 组件，从而自动化可以快速地分配网络服务，同时减少出现人为错误的机率。

因此，软件定义网络的出现给网络虚拟化业务部署提供了新的解决方案。通过集中控制的方式，网络管理员可以通过控制器的 API 来编写程序，从而实现自动化的业务部署，快速配置网络资源、降低运营成本以及改善网络可视性，大大缩短业务部署周期，同时也实现随需动态调整。

换句话说，**网络功能虚拟化仅仅完成了物理资源到虚拟资源的抽象过程，为实现完全的网络虚拟化，还需要对不同的租户提供隔离的网络资源。**而软件定义网络下的网络虚拟化，可以通过专门的中间层软件（即网络虚拟化平台），较好地完成物理网络管理和网络隔离。网络虚拟化平台完成了物理网络的管理和网络隔离，并分别提供给不同的租户。它介于数据网络拓扑和租户控制器之间的中间层，本质上具有数据平面和控制层面两种属性。面向数据平面，虚拟化平面就是控制器，将模拟出来的虚拟网络呈现给租户控制器。而面向租户控制器，虚拟化平台就是数据平面，从租户控制器看，只能看到属于自己的虚拟网络，而并不了解真实的物理网络，从而实现了面向租户和面向底层网络的透明虚拟化，完成了物理网络的管理，并向租户提供隔离的虚拟网络。

软件定义网络的商业应用 OpenFlow

随着云计算的到来，网络作为互联互通的基础设施，一个迫切需要解决的问题是，如何实现网络的虚拟化，从而可以支持 IT 工作负载的快速变化和物理基础设施的调配，为工作负载提供端到端的网络资源响应。网络虚拟化的本质是在底层的物理网络上进行抽象，然后在逻辑上对网络资源进行分片或者整合，从而满足各种应用对于网络的不同需求。OpenFlow 尽管不是专门为网络虚拟化而生，但是它带来的标准化和灵活性却给网络虚拟化的发展带来无限可能。基于 OpenFlow 的软件定义网络，可实现控制层和转发层分离，极大地提升了网络的交换速度，满足云计算中高速数据交换和传输的要求。

OpenFlow 是软件定义网络的一种协议实现，起源于斯坦福大学的 Clean Slate 项目组，由斯坦福大学 Nick McKeown 教授于 2008 年 4 月在 ACM SIGCOMM 上发表的一篇论文《OpenFlow：enabling innovation in campus networks》里首先提出来的。它最初的出发点是用于网络研究人员实验其创新网络架构、协议，考虑到实际的网络创新思想需要在实际网络上才能更好地验证，而研究人员又无法修改在网的网络设备，故而提出了 OpenFlow 的控制转发分离架构，将控制逻辑从网络设备中独立出来以便于研究。

如图3-26所示，一个OpenFlow的交换设备通常由下面三个部分组成，各组件功能如表3-10所示。

表3-10　OpenFlow的主要组成部分

组　件	功　能
流表	流表里面的每个条目都会与一个动作相关联，来告诉网络交换设备来如何处理与这个条目相关联的数据流
安全通道	用于连接网络交换设备和远程网络控制器，在控制器和网络交换设备之间互相发送命令和数据包
OpenFlow 协议	提供一个开放标准统一的接口，使得控制器和网络交换设备之间可以相互通信

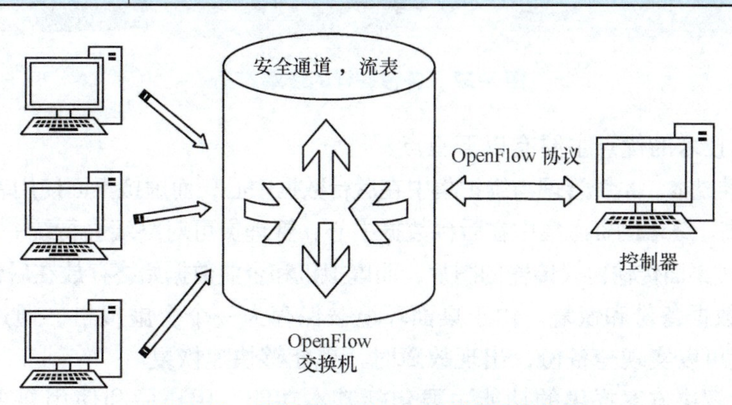

图3-26　基于OpenFlow的网络交换设备

网络交换设备以外的控制器可以通过OpenFlow协议对网络交换设备的流表进行编程和管理。同时，流表支持对远程的访问控制，这样可以将流表的配置与管理从网络交换设备本身中剥离出来，也使得可以对整个网络中的流表进行集中控制与管理，将物理网络和逻辑网络有效地分离开来。

针对本小节开始提到的跨地域数据中心网络管理的案例，基于网络虚拟化的SDN技术将网络配置从单台设备迁移到软件平台，设备本身变得更加简单。网络配置由中央控制器管理，并使用OpenFlow配置下发到网络设备。软件定义网络允许网络工程师更为灵活地控制和管理网络，以便最好地服务需求，从而达到提高响应速度的效果。

3.3.4　桌面虚拟化

设想一个云办公的场景：某银行已经建立起多个办公系统，如邮件系统、内部财务系统、工作审批电子流以及内部通信系统。但这些办公系统都部署在银行内网，在外出差的领导和外勤人员无法正常使用，经常会因为某关键人员在外出差而导致涉及多人共同处理的工作无法按时进行，工作效率不高。而企业内部的办公系统涉及太多的插件、控件，很大部分还是微软公司开发的，平板电脑，特别是IOS操作系统的平板电脑无法使用，客户曾经尝试用二次开发的方式去实现移动办公都不成功。为此，急需一种能快速部署、平滑平移到平板电脑和手机上的移动办公产品。那么，在该银行外部，如何让移动设备可以像在银行内部一样，对内部系统的软件进行直接操作。这里，桌面虚拟化技术可以支撑该业务的需求。

桌面虚拟化将用户的桌面环境与其他的终端设备解耦合。服务器上面存放的是每个用户的完整桌面，用户可以通过任意的终端设备（如个人电脑、智能手机、平板电脑等），在任意时间、任意地点通过网络访问该桌面环境。

随着社会的飞速发展，基于云计算的应用已成为网络信息化发展的必然趋势。将来的终端各种各样，但只要前端采用了桌面虚拟化技术，用户就能够在任何时间、任何地点、以各种方式对后端的云进行信息的处理与管理。图 3-27 是当前使用了桌面虚拟化技术的各种终端产品。注意到它们的形式各不相同，必须要通过桌面虚拟化技术将其整合在一起。

图 3-27　各种各样的终端产品

桌面虚拟化技术的优点主要有以下三点：

1）降低运维成本。系统管理与维护集中在后台数据中心，而虚拟桌面使用者可分布到各地。

2）安全性高。终端的资源集中在后台数据中心，管理员可对终端进行统一认证，终端用户接收到的只是通过桌面传输协议传输的图片，而虚拟机和企业数据始终存放在后台数据中心。

3）易进行数据备份和恢复。由于桌面环境被保存为一个个虚拟机，通过对虚拟机进行快照、备份，就可以实现全备份，出现故障时，也能够快速恢复。

桌面虚拟化解决方案提供的功能主要包括基本功能、用户便利使用要求、应用的虚拟化、维护管理和可靠性等方面。各功能的具体描述如表 3-11 所示。

表 3-11　桌面虚拟化解决方案的功能

功　能	具体描述
基本功能	支持多种方式接入；支持无差别的多应用访问；支持多虚拟机；支持主流操作系统；支持主流存储技术
用户便利使用要求	系统可随时随地访问；支持个性化桌面；支持单点登录；支持网络存储空间的动态分配；支持音频的输入/输出等
应用的虚拟化	应用程序从底层操作系统分离出来；支持虚拟桌面与应用软件虚拟化间的无缝集成
维护管理和可靠性	支持多种部署、维护方式；能提供丰富的管理维护手段；具备电信级兼容性和可靠性

桌面虚拟化的实现方式有以下几种：

1）通过远程登录的方式来对服务器上的桌面进行使用。典型的有基于 Windows 的 RemoteDeskto、基于 Linux 的 XServer 等方式。这种方式的特点是在服务器端运行的是完整的操作系统，所有的应用都运行在服务器端；客户端只需要通过远程的登录界面登录到服务器，就能够看到桌面，并运行程序。

2）通过网络服务器来运行改写过的桌面。典型的有在线 Office 软件或者浏览器里面的桌面。这些软件是通过对原来的桌面软件进行重写，使其能在浏览器里运行完整的桌面或者程序。由于软件是重写的，通常会造成部分功能的缺失。实际上，通过这种方式是可以运行桌面软件的大部分功能的，因此，随着 SaaS 的发展，相应的应用场景也会越来越广。

3）通过应用层虚拟化的方式来提供桌面虚拟化。也就是说通过软件打包的方式，在用户需要的时候将软件推送到用户的桌面，在用户不需要的时候将其收回。

针对本小节开始提到的远程云办公，该银行采用了面向桌面虚拟化技术的金山WPS云办公技术，利用移动终端进行云办公，原来需要在现场采集数据后回公司再次录入的工作现在可以在现场实时录入，大大减轻了工作人员的工作量，提高了工作效率；WPS云办公将所有信息流通全部放在云端，终端、流程、文档、信息和用户都被整合于云上，支持全程云存储，银行职员在办公室处理的文件，回到家后仍能继续处理，让办公更加便捷高效。

3.4 云平台技术

云计算的本质就是将计算能力作为一种较小粒度的服务提供给用户，按需使用和付费，体现了经济、快捷、柔性等特性。云平台技术是支撑云计算的基础技术，本小节介绍了三种主要技术：**服务计算技术、多租户技术和容器技术。**

3.4.1 服务计算技术

设想一个基于云服务的手机游戏开发的场景：游戏创业团队最大的优势可能就是内容上的创新，但是技术能力上的不足却会严重拖累他们的创新，比如自主部署服务器的运行环境等至少需要3~6个月的时间。本来自己拥有一个好的创意，却因为开发周期过长，可能导致这个创意被别人抢先一步发布，这对创业者的打击是十分沉重的。那么，如何大大缩短游戏创业团队的开发周期？答案是利用服务计算技术支撑该业务要求。

互联网的迅猛发展使其成为全球信息传递与共享的巨大资源库。越来越多的网络环境下的Web应用系统被建立起来，利用HTML、CGI等Web技术可以在因特网环境下实现电子商务、电子政务等多种应用。然而这些应用可能分布在不同的地理位置，使用不同的数据组织形式和操作系统平台，加上应用不同所造成的数据不一致性，使得如何将这些高度分布的数据集成起来并得以充分利用成为急需解决的问题。

随着网络技术的发展，出现了一种利用网络进行应用集成的解决方案——Web服务(Web Service)。Web服务是一个用统一资源标识（Uniform Resource Identifier，URI）等标识的软件实体，其接口和绑定可以用XML协议定义、描述和发现。Web服务具有以下优点：

1）良好的封装性。Web服务是一种部署在Web上的对象，自然具备对象的良好封装性。对于使用者而言，能且仅能看到该对象提供的功能列表。

2）标准协议性。Web服务利用标准的因特网协议（如HTTP、SMTP等），解决了面向Web的分布式计算的通信问题，接口规范更加规范化和易于机器理解。

3）松散耦合性。当一个Web服务的实现发生变更时，其调用者不会感到这一点，即只要服务的调用接口不变，Web服务的任何变更对调用者而言都是透明的。

4）高度集成性。由于Web服务采取简单的、易理解的标准Web协议作为组件接口描述和协同描述规范，完全屏蔽了不同软件平台的差异，实现了在当前环境下最好的可集成性。

Web服务技术的发展进一步推动了服务计算在工业界中的应用，下面介绍目前服务计算的一些前沿技术。

（1）面向服务的架构（Service-Oriented Architecture，SOA）

SOA指为了解决在互联网环境下业务集成的需要，通过连接能完成特定任务的独立功能实体来实现的一种软件系统架构。SOA是一个组件模型，它将应用程序的不同功能单元

（称为服务）通过这些服务之间定义良好的接口和契约联系起来。接口是采用中立的方式进行定义的，它独立于实现服务的硬件平台、操作系统和编程语言，这使得构建在各种各样的系统中的服务可以以一种统一和通用的方式进行交互。

SOA 是一种粗粒度、松耦合的服务架构，服务之间通过简单、精确定义接口进行通信，不涉及 SOA 底层编程接口和通信模型。SOA 可以看作浏览器/服务器（Browser/Server，B/S）模式、可扩展标记语言（eXtensible Markup Language，XML）等技术之后的自然延伸。SOA 可以根据需求通过网络对松散耦合的粗粒度应用组件进行分布式部署、组合和使用。在第 2 章的四层两域模型中，服务层是 SOA 的基础，可以直接被应用调用，从而有效控制系统中与软件代理交互的人为依赖性。

SOA 能够帮助工程师们站在一个新的高度来对企业级架构中的各种组件的开发、部署形式进行理解，它将帮助企业的系统架构者以更迅速、更可靠、更具重用性的方式来架构整个业务系统。较之以往，以 SOA 架构的系统可以更加从容地面对业务的急剧变化。

SOA 更加注重通过服务的理念来设计架构；而云计算则通过 IaaS、PaaS 和 SaaS 将各种资源（服务）提供给用户。所以在实际的部署使用中，使用基于云计算的 SOA 这样的架构设计可以使得成本进一步节约并将遗留信息进行整合，这样可以更好地提高企业信息化建设的实际效率。

从图 3-28 中可以看出，SOA 中的角色包括：

1）服务消费者。服务消费者可以是应用程序、软件模块或需要其它服务的服务。它发起对注册中心中的服务的查询，然后绑定查询获得的服务，并且执行服务功能。服务消费者根据接口规约来执行服务。

2）服务提供者。服务提供者是一个可通过网络寻址的实体，它接收并执行来自消费者的请求。它将自己的服务和接口规约发布到服务注册中心，以便服务消费者可以发现和访问该服务。

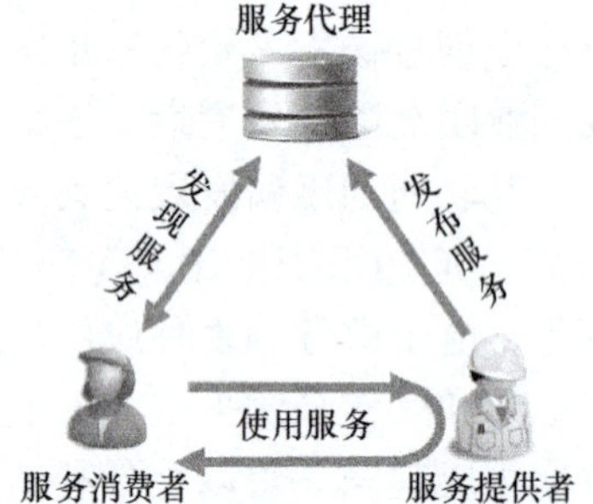

图 3-28 面向服务体系结构

3）服务代理。服务注册代理是服务发现的支持者。它包含一个可用服务的存储库，并允许感兴趣的服务消费者查找服务提供者接口。

（2）微服务

微服务，顾名思义，得从两个方面去理解，什么是“微”，什么是“服务”。微，狭义来讲就是体积小。所谓服务，一定要区别于系统，服务一个或者一组相对较小且独立的功能单元，是用户可以感知的最小功能集。

微服务最早由 Martin Fowler 和 James Lewis 于 2014 年共同提出，通俗地讲，微服务架构风格是一种使用一套小服务来开发单个应用的方式途径，每个服务运行在自己的进程中，并使用轻量级机制通信，这些服务基于业务能力构建，并能够通过自动化部署机制来独立部署，这些服务使用不同的编程语言实现，以及不同数据存储技术，并保持最低限度的集中式管理。

微服务是一种架构模式，它提倡将单一应用程序划分成一组小的服务，服务之间互相协调、互相配合，为用户提供最终价值。每个服务运行在其独立的进程中，服务与服务间采用轻量级的通信机制互相沟通。每个服务都围绕着具体业务进行构建，并且能够被独立地部署到生产环境和类生产环境等。另外，应当尽量避免统一的、集中式的服务管理机制，对具体的一个服务而言，应根据业务上下文，选择合适的语言、工具对其进行构建。

为了明确微服务的特点，首先来说一下传统的单体架构，一个归档包包含了应用所有功能的应用程序，通常称之为单体架构。单体架构在规模比较小的情况下工作情况良好，但是随着系统规模的扩大，它暴露出来的问题也越来越多，所以业界需要改进架构，目前架构已从开始的单体架构演变到今日的微服务架构。

微服务与单体架构的对比，如表3-12所示。

表3-12　微服务与单体架构的对比

特　性	单体架构	微　服　务
可维护性	所有模块全都耦合在一块，代码量大，维护困难	每个模块就相当于一个单独的项目，代码量明显减少，遇到问题也相对来说比较好解决
数据库	所有的模块都共用一个数据库，存储方式比较单一	每个模块都可以使用不同的存储方式；数据库也是每个模块对应自己的数据库
开发技术	所有的模块开发所使用的技术都一样	每个模块都可以使用不同的开发技术，开发模式更灵活

针对本小节开始提到的游戏创业团队的开发周期过高的案例，某云厂商云为中小游戏开发商提供微服务技术，用微服务器替代整体应用程序，或者建立新的应用程序，从而使得这些开发团队有更好的敏捷性，迭代速度更快。微服务器提供的代码不那么脆弱，从而更容易进行更改、测试和更新。为创业团队解决了技术上的困扰，创业者只需要专注于内容创新上的开发就行，从而为创业者节省了大量宝贵的时间。

3.4.2　多租户技术

设想一个政务云办公权限分配的场景：近两年政务云的发展非常迅速，从许多地方政府披露的信息来看，电子政务上云已拓展延伸到乡镇一级，这为提高电子政务效率，最终惠及于民打下坚实的基础。政务云迅猛发展的同时，也出现了新的问题，那就是不少地方的政务云只追求快速上线，而忽视数据安全保障体系的构建，特别是权限设置。比如，如何允许中央领导查看全中国的数据，但限定各省份的领导只能查看本省的数据。那么，如何在政务云中做好不同权限的人员获取不同级别的数据呢？这里，多租户技术可以支撑该业务的需求。

多租户技术（Multi-tenancy Technology）实际是一种软件架构技术，它是在探讨与实现如何在多用户的环境下共用相同的系统或程序组件，并且仍可以确保各用户的数据隔离且业务不互相影响。其主要研究内容为在共用的数据中心内如何以单一系统架构与服务提供多数客户端相同甚至可定制化的服务，并且仍然可以保障客户的数据隔离。

为什么要用多租户呢？开发者开发出一个服务，最好是能够同时提供给多个个人/企业使用，而且这些客户可以共享同一套服务，从而大大降低服务维护成本。另外，还提高了数据安全性，这是因为在云计算环境下，很多应用都放到了云端，导致在应用入口，出现敏感数据泄露、数据访问无详细记录、冒名访问开放接口等问题；在运维入口，开发人员账号混用、操作无详细记录、高危险误操作无法控制、敏感数据泄露等问题，通过多租户数据资源隔离机制，就可以保证数据的安全性。

例如，A、B、C三人合租了一套三室两厅的房子，三人各占一间独立卧室，每间房各配一把钥匙，从而保证每个人都有自己的独立私密空间，如果别人要进入，必须通过权限验证（也就是配套的开门钥匙）才行，但厨房、餐厅、客厅这些资源是共用的。这里的 A、B、C 就是多租户，别的租户要访问必须通过权限验证的独立卧室就是数据隔离，共用的资源（厨房、餐厅、客厅）就是多租户环境下的系统和应用程序、组件。

在多租户技术中，租户包含在系统中可识别为指定用户的一切数据，包括账户与统计信息，用户在系统中构建的各种数据，以及用户本身的自定义应用程序环境等，都属于租户的范围。而租户所使用的是基于供应商所开发或构建的应用系统或运算资源等，基于多租户技术的系统会容纳数个以上的用户在同一个环境下使用；同时为了让多个用户可以同时运行同一个应用程序及运算环境，多租户技术对应用程序与运算环境进行了特别的设计，让系统平台允许多份相同的应用程序同时运行，并保护租户数据的隐私与安全。

多租户技术可以通过许多不同的方式来切割用户的应用程序环境或数据，如表 3-13 所示。

表 3-13　不同切割方式

切割方式	具体做法
数据面	供应商可以利用切割数据库，切割存储区，切割结构描述或是表格来隔离租户的数据，必要时会需要进行对称或非对称加密以保护敏感数据，但不同的隔离做法有不同的实现复杂度与风险
程序面	供应商可以利用应用程序挂载环境，于进程上切割不同租户的应用程序运行环境，在无法跨越进程通信的情况下，保护各租户的应用程序运行环境，但供应商的运算环境要够强
系统面	供应商可以利用虚拟化技术，将实体运算单元切割成不同的虚拟机，各租户可以使用其中一至数台虚拟机来作为应用程序与数据的保存环境，但对供应商的运算能力有更高要求

多租户在数据存储上存在三种主要的方案有：

1）独立数据库。该方案一个租户一个数据库，使用的用户数据隔离级别最高，安全性最好，但成本也高。

2）共享数据库，隔离数据架构。多个或所有租户共享数据库，但一个租户一个数据架构。

3）共享数据库，共享数据架构。租户共享同一个数据库、同一个架构，但在表中通过租户 ID 来区分租户的数据。这是共享程度最高、隔离级别最低的模式。

表 3-14 对三种方案的优缺点进行了介绍。

表 3-14　多租户三种方案的优缺点

方　案	优　点	缺　点
独立数据库	为不同的租户提供独立的数据库，有助于简化数据模型的扩展设计，满足不同租户的独特需求；如果出现故障，恢复数据比较简单	增加了数据库的安装数量，随之带来维护成本和购置成本的增加；如果面对的是银行、医院等需要非常高数据隔离级别的租户，可以选择这种模式，提高租用的定价。如果定价较低，产品走低价路线，这种方案一般对运营商来说是无法承受的
共享数据库，隔离数据架构	为安全性要求较高的租户提供一定程度的逻辑数据隔离，并不是完全隔离；每个数据库可以支持更多的租户数量	如果出现故障，数据恢复比较困难，因为恢复数据库将牵扯到其他租户的数据；如果需要跨租户统计数据，存在一定困难
共享数据库，共享数据架构	维护和购置成本最低，允许每个数据库支持的租户数量最多	隔离级别最低，安全性最低，需要在设计开发时加大对安全的开发量；数据备份和恢复最困难，需要逐表逐条备份和还原

针对本小节开始政务云权限分级别的案例，允许领导查看全中国的数据，但限定各省领导只能查看本省的数据。那么，只需要对各省的领导账户做多租户的设置即可，从而使得不同租户只能够维护自己的数据资源，而不能访问其他租户的数据资源。

3.4.3　容器技术

设想一个平台虚拟化管理的场景：某公司的平台上，一台16核32G内存的虚拟机上，需要跑500个以上用户的应用（每个应用的功能可以认为是一个网站+一系列的RESTful API），有两个事情很重要：①资源隔离。比如限制应用最大内存使用量，或者资源加载隔离等。②低消耗。虚拟化本身带来的损耗需要尽量的低。不可能在一台机器上开500个虚拟机，虽然可以在资源隔离方面做得很好，但这种虚拟化本身带来的资源消耗太严重。那么，如何在平台上，进行虚拟化的有效管理呢？这里，容器技术可以支撑该业务的需求。

虚拟化技术已经成为一种被大家广泛认可的服务器资源共享方式，而虚拟化技术会在本地操作系统之上多加一层Hypervisor层，即一种运行在物理服务器和操作系统之间的中间软件层，可以虚拟化硬件资源，并在虚拟化资源之上安装操作系统，这也就是所谓的虚拟机。然而，Hypervisor虚拟化技术仍然存在一些性能和资源使用效率方面的局限性。首先，每一个虚拟机都是一个完整的操作系统，所以需要给其分配物理资源，当虚拟机数量增多时，操作系统本身消耗的资源势必增多；其次开发环境和线上环境通常存在区别，所以开发环境与线上环境之间无法达到很好的桥接，在部署上线应用时，依旧需要花时间去处理环境不兼容的问题。因此出现了一种称为容器（Container）的新型虚拟化技术来帮助解决这些问题。容器可以把开发环境及应用整个打包带走，打包好的容器可以在任何环境下运行，这样就可以解决开发与线上环境不一致的问题了。可以说，容器是轻量级的操作系统级虚拟化，可以在一个资源隔离的进程中运行应用及其依赖项。容器技术可以在按需构建容器技术操作系统实例的过程中为系统管理员提供极大的灵活性，其主要代表技术就是Docker。

Docker是一个开源的应用容器引擎，让开发者可以打包他们的应用以及应用的依赖包，然后放到一个可移植的容器中，发布到任意机器上以实现虚拟化。容器完全使用沙箱机制，相互之间不会有任何接口。简单地说，Docker容器类似于集装箱。如果一艘船可以把货物规整地摆放起来，并且各种各样货物可以在集装箱里封装好，以及集装箱和集装箱之间不会互相影响，那么就无须专门运送水果的船和专门运送化学品的船了。云计算就好比大货轮，Docker就是集装箱。可以用Docker的Logo来解释，鲸鱼和集装箱，如图3-29所示。那个大鲸鱼（或者是货轮）就是操作系统。把要交付的应用程序看成是各种货物，原本要将各种形状、尺寸不同的货物放到大鲸鱼上，你得为每件货物考虑怎么安放（就是应用程序配套的环境），还得考虑货物和货物是否能叠起来（应用程序依赖的环境是否会冲突）。现在使用了集装箱（容器）把每件货物都放到集装箱里，这样大鲸鱼就可以用同样的方式安放、堆叠集装箱了，省心省力。

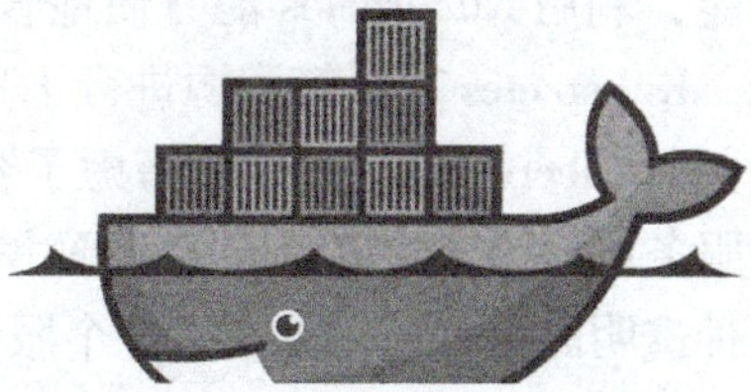

图3-29　Docker的集装箱原理

Docker最明显的特点就是启动快，资源占用小。因此Docker具有快速构建隔离的标准化的运行环境、轻量级的PaaS，构建自动化测试和持续集成环境。相比其他技术，Docker能让更多数量的应用程序运行在同一硬件上，让开发人员易于快速构建可随时运行的容器化应用程序，同时大大简化了应用程序的管理和部署。

Docker 使用客户端/服务器（C/S）架构模式，使用远程 API 来管理和创建 Docker 容器。Docker 容器通过 Docker 镜像来创建。容器与镜像的关系类似于面向对象编程中的对象与类。Docker 主要由客户端（Docker Client）、守护进程（Docker daemon）、镜像（Docker Image）、容器（Docker Container）和仓库（Docker Registry）组成。

如图 3-30 所示，镜像、容器、仓库是三大核心组成部分。镜像就好像容器的源代码，保存了容器各种启动的条件。容器通过镜像来启动，容器是 Docker 的执行来源，容器启动时，Docker 容器可以运行、开始、停止、移动和删除。仓库用来保存镜像。

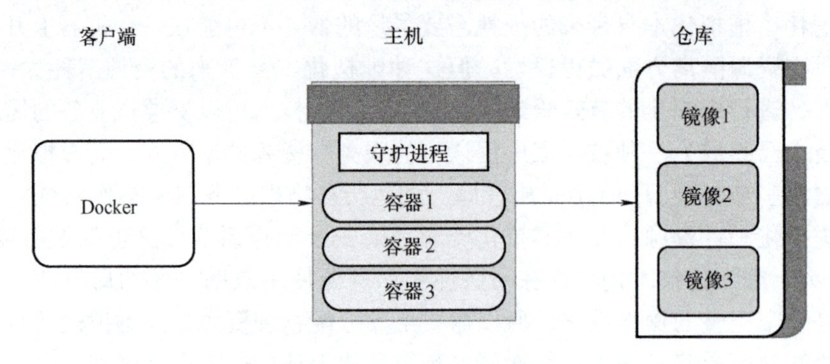

图 3-30　Docker 架构

Kubernetes 是由谷歌公司设计开发的开源容器集群管理项目，项目于 2014 年发布。从第一个版本发布以来，Kubernetes 迅速获得开源社区的追捧，包括 Red Hat、VMware、Canonical 在内的很多有影响力的公司加入到开发和推广的阵营。目前 Kubernetes 已经成为发展最快、市场占有率最高的容器编排引擎产品。

Kubernetes 作为容器集群管理工具，于 2015 年 7 月 22 日迭代到 v 1.0 版本并正式对外公布，这意味着这个开源容器编排系统可以正式在生产环境中使用。与此同时，Linux 基金会联合其他合作伙伴共同成立了 CNCF（Cloud Native Computing Foundation）基金会，并将 Kuberentes 作为首个编入 CNCF 管理体系的开源项目，助力容器技术生态的发展进步。Kubernetes 项目凝结了企业过去十年间在生产环境上的经验和教训，在 Docker 等高级引擎带动容器技术兴起和大众化的同时，为容器集群管理提供了独到的见解和新的思路。

Kubernetes 容器集群管理系统，不局限于任何一种语言，没有限定任何编程接口，是一个完备的分布式系统支撑平台。它构建在 Docker 之上，提供应用部署、维护、扩展机制等功能，利用 Kubernetes 能方便地管理跨机器运行容器化的应用。

Kubernetes 对计算资源进行了高层次的抽象，通过细致的组合容器来交给用户最终的应用服务。Kubernetes 一开始就考虑了容器跨机连接的需求，其支持多种网络解决方案，同时可以在服务层面构建集群范围的 SDN 网络。从而将服务发现和负载均衡放置到容器可达的范围。这种透明的方式不仅方便了各个服务间的通信，而且为微服务架构的实践提供了平台基础。

Kubernetes 保证了云平台中的容器按照用户期望的状态运行，其所采用的方式是通过自主对容器进行管理。比如，用户想让 Apache 一直运行，用户不需要关心怎么去做，Kubernetes 会自动去监控，然后去重启、新建。总之，让 Apache 一直可以提供服务。而且，Kubernetes 也系统地对工具及人性化方面进行提升，使得用户能够方便地部署自己的应用。

习题

1. 常见的计算机主机类型有哪些？
2. OSI 七层协议各层的名称和功能是什么？
3. 常见的存储设备有哪些？请分析其优缺点。
4. 云存储数据中心常用的网络存储技术有哪些？其应用场景和优缺点有哪些？
5. 光纤通信有哪些优点？
6. 知识拓展：5G 通信涉及哪些通信技术？
7. 简单对比一下分布式系统和集中式系统。
8. 简述 MapReduce 的执行过程。
9. 对比 MapReduce，简单说明 Spark 的优点。
10. 简述 HDFS 的设计特点。
11. 简述虚拟化技术的特点。
12. 多租户技术有哪几种实现方式？

综合实践：

利用 MapReduce 方法对输入文件中所有数据按照从小到大的顺序排序。输入文件中的每行内容均为一个数字，即一个数据。要求在输出中每行有两个间隔的数字，其中，第一个代表原始数据在原始数据集中的次序，第二个代表原始数据。

样例输入		样例输出
文件 1	文件 2	
4	5333	1 4
38	22	2 7
651	650	3 15
37	92	4 22
15	26	5 26
1756	53	6 37
33455	7	7 38
		8 53
		9 92
		10 650
		11 651
		12 1756
		13 5333
		14 33455

提示：

映射函数和归约函数代码如下：

```
public static class Map extends
```

```
Mapper<Object, Text, IntWritable, IntWritable> {
   private static IntWritable data = new IntWritable ();
  //实现 map 函数
  public void map (Object key, Text value, Context context)
         throws IOException, InterruptedException {
               String line = value.toString ();
               data.set (Integer.parseInt (line));
               context.write (data, new IntWritable (1));
         }
}
  public static class Reduce extends
     Reducer<IntWritable, IntWritable, IntWritable, IntWritable> {
     //数字为封装 int 的 IntWritable 类型
     private static IntWritable linenum = new IntWritable (1);    //linenum 即次序号
     //实现 reduce 函数
     public void reduce (IntWritable key, Iterable<IntWritable> values,    Context context)
         throws IOException, InterruptedException {
               for (IntWritable value: values) {
                      context.write (linenum, key);
                      linenum.set (linenum.get () + 1);
               }
     }
}
```

其余具体操作详见参考文献［5］《Hadoop 权威指南》。

参考文献

[1] 王庆波，等．虚拟化与云计算［M］．北京：电子工业出版社 . 2009.

[2] Mak Azodolmolky. 软件定义网络：基于 OpenFlow 的 SDN 技术揭秘［M］．北京：机械工业出版社 . 2014.

[3] 周宇辰，刘昕鹏，王夕宁，等．面向服务的计算（SOC）：技术、规范与标准［M］．北京：电子工业出版社 . 2010.

[4] 厄兹叙，等．分布式数据库系统原理［M］．3 版．北京：清华大学出版社 . 2014.

[5] 怀特．Hadoop 权威指南［M］．北京：清华大学出版社．2014.

[6] 李洁琼．海量存储资源管理关键技术研究［D］．武汉：华中科技大学，2011.

[7] 李德毅，林润华，李兵．云计算技术发展报告［M］．3 版．北京：科学出版社．2013.

[8] 谢希仁．计算机网络［M］．7 版．北京：电子工业出版社，2017.

[9] SOMASUNDARAM G，ALOKSHRIVASTAVA．信息存储与管理［M］．2 版．马衡，赵甲，译．北京：人民邮电出版社．2013.

[10] 李德仁，沈欣，迪龙，等．论军民融合的卫星通信、遥感、导航一体天基信息实时服务系统［J］．武汉大学学报（信息科学版），2017，42（11）：1501-1505.

第4章 云计算系统的管理与服务

☞ 导 读

本章首先从内部管理视角和外部评价视角，给出云计算系统的质量评估、云服务能力量化评估机制，随后从云系统运维和云上软件研发运维两个维度，展示云计算系统在研发能力和服务保障能力上的提升及应用实践案例。本章包括云计算系统的管理、云服务质量与评价、云计算系统的运维、DevOps及其实践四部分内容。

☞ 本章知识点

- 云计算系统的软件研发、产品研发管理与传统开发平台的异同
- 云计算系统的服务质量评价与量化标准
- 云计算系统监测、数据分析、资源调度一体化运维体系
- 基于云计算的DevOps高效软件研发机制

4.1 云计算系统的管理

分布式、大规模、异构化的云计算系统是怎么设计、研制和管理的呢？本节从云计算系统内部管理者的角度，给出问题的解答。其中，4.1.1节从硬件的管理和设计，4.1.2节从软件研发的管理和实施，4.1.3节从整体产品体系三个维度，对大规模云计算系统的管理给出立体的解读。

4.1.1 云计算系统的硬件管理

云计算系统的硬件管理和硬件设计机制并非一成不变，而是随着云服务形态和用户需求变化不断迭代。在云计算产业发展的早期，业界强调的是对少量的计算、存储、网络设备进行充分的虚拟化和资源池化，从而压低云计算服务的成本。近年来，云上分布式高性能计算等对云服务需求的性能要求提高，促使云计算突破了IaaS层对硬件的严格隔离，开发出专用于云计算的服务器、存储设备等新兴云设备，本章会给出两个真实的云上实践案例。

1. 云设备选型及供应链管理

在21世纪初云计算服务开始的早期，各个云计算厂商通过硬件的管理实践总结出经验，不约而同对云计算的硬件发展方向达成了通用性、低成本性的共识，主要为满足用户4点核心需求，如图4-1所示。

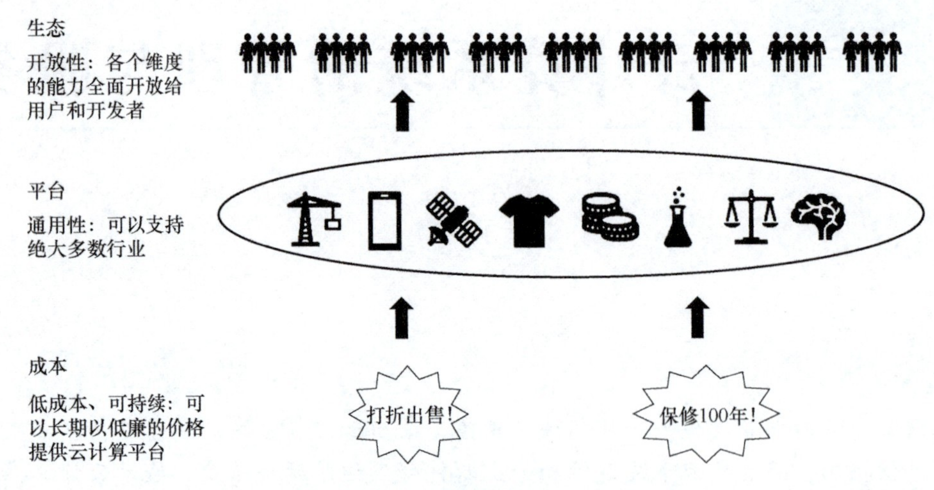

图4-1　云计算用户的核心需求

（1）云计算应该是低成本的　不管是企业用户还是个人用户，使用云计算服务的第一原因，都是因为云计算服务比自己实施要便宜。对于企业用户，特别是传统的非IT企业在上云以前，要维持大规模的IT部门，它们负责服务器采购、网络构建、应用部署，并且需要聘请专业人士随时处理系统故障和业务问题。而通过云计算服务，这样的支出可以大幅削减。个人用户对价格更加敏感，常用的构建个人网站、存储个人数据等，云计算服务若想成功推行，其价格必须比个人使用PC机及一般网络接入的成本更低。

（2）云计算应该是通用性的　用户对云服务商的要求，通常是提供通用的计算、存储、网络、数据库、分布式容灾等能力。自身的业务逻辑和业务数据分析，涉及到商业秘密和个人隐私等原因，用户通常会选择自行研发或者采购专业的软件服务。因此云计算服务商所提供的服务或产品必须与现有的操作系统接口、硬件驱动软件等完全兼容，且应该尽量涵盖所有主流操作系统环境、软件开发和运行环境。

（3）云计算应该是可持续的　企业上云不仅仅是一种部署策略上的调整，更是对未来企业人才储备和资源配置策略的大幅度调整，如果上云被证明不可行，其反向恢复原状的时间和人员成本是非常巨大的。用户对云计算服务商的要求是，其必须能够长时间、稳定、高质量地提供基础设施与系统软件服务，并且投入足够的资源跟进软硬件升级，以及解决用户的稳定性问题。

（4）云计算应该是开放性的　由于对云计算有需求的用户差异性极大，从专业的软硬件研发人员，到普通IT从业者，到每个公司各自的业务人员，涉及面非常广。用户这样的组成模式，需要云计算厂商有能够适应各类用户的开放性接口，把云计算平台建设成一个开放的生态系统。

为保证云上用户这4个核心需求，云计算厂商通常选择市场上大多数供应商均能供货的，通用性强的服务器、存储设备、网络设备，以及必要的安全设备，并把尽可能多的云架构、云服务、云产品通过虚拟化的手段适配到选中的标准化设备上，从而大幅度降低硬件成本，提高采购过程中的议价能力，以提供更有竞争力的云上服务价格。

下面从云设备供应的角度，进一步说明大规模云计算设备的采购特征，这里需要对供应链给出简要介绍。供应链是围绕核心企业，从配套零件开始到制成中间产品及最终产品，最后由销售网络把产品送到消费者手中的一个由供应商、制造商、分销商直到最终用户所连成的整体功能网链结构。供应链是一门非常复杂的学问，本节不会在此特别展开，仅仅总结出云计算对供应链的“多、快、好、省”四大具体优化目标。

1）规模优化（多）。以优化云计算设备品种和规模作为云供应链系统的目标，追求规模效益。云计算领域的生产规模化已经成为一个事实，当前全球主流云计算厂商的物理服务器规模均已突破百万量级。作为基础计算平台，云计算设备供应链应具备应对大规模设备的采购、生产、部署、应用的能力。

2）及时（快）。速度是云供应链的核心指标，因此，及时性是当前云供应链的最核心需求，也是云计算产业发展进步的基础。近几年主流云计算厂商的业务规模始终保持高速增长状态，整个服务器硬件生产的循环周期被大大加速。云设备的物料采购、生产、测试、运输、上线时间越短，速度越快，社会再生产的周期越短，社会进步的速度越快。

3）库存调节（好）。库存调节性是及时性的延伸，也是云供应链管理业务本身的要求。云计算厂商通过消耗自身的大规模资金预先采购云计算设施，从而保证数以万计的企业用户和个人消费者的需求，创造一个良好的上云环境。因此，对于云需求的预测和管理是云计算产业高速发展中非常重要的研究课题。在云供应链领域中正确确定库存方式、库存数量、库存结构、库存分布，以及利用机器学习等方法预测库存走势，都是库存调节中具体而重要的问题。

4）节约（省）。节约是经济领域的重要规律，在云供应链领域中除供应周期缩短等时间的节约外，由于全球运输部署、海关清关、法律规章事务等过程消耗大而又基本上不增加或不提高云基础设施的使用价值，所以依靠产地优化等措施降低投入，是提高相对产出的重要手段。云供应链作为云计算基础设施建设的“地基”，对其优化能够挖掘出大量的利润。

2. 针对云存储需求的云原生存储设备

虚拟化以及资源池化环境下，云设备走向通用性是云计算早期的一大趋势。然而随着产业的进一步发展升级，越来越多的应用场景对于云设备的性能提出了更高的要求，这也触发云硬件管理思路的变化。

随着云上人工智能、大数据需求的迅猛发展，数据中心对存储产品的要求正在发生深刻变化。过去以标准SSD固态硬盘为基础的传统架构，在性能、成本、灵活性、供应以及服务响应等诸多方面，都越来越无法满足下一代数据中心的需求。针对这些问题，云计算服务商需要提供更加先进和多样性的存储硬件，来满足海量云上用户的差异性需求。

为了解云计算厂商的应对方式，需要对相关概念进行解释。

1）固态硬盘。固态硬盘是固态电子存储芯片阵列制成的硬盘，由控制单元和存储单元组成。固态硬盘在接口的规范和定义、功能及使用方法上与普通硬盘完全相同。固态硬盘的存储介质通常使用闪存（FLASH芯片）作为存储介质。它的外观可以被制作成多种模样，如笔记本硬盘、微硬盘、存储卡、U盘等样式。这种SSD固态硬盘最大的优点就是可以移动，而且数据保护不受电源控制，能适应各种环境。

2）非易失性内存主机控制器接口规范（Non-Volatile Memory express，NVMe）。随着计算机硬件的发展，出现了非易失性存储器（NVM），当断电后，所存储的数据不会消失。NVMe是一个逻辑设备接口规范，用于访问通过PCI-Express总线附加的非易失性内存介质。此规范目的在于充分利用PCI-E通道的低延时以及并行性，在可控制的存储成本下，极大地提升固态硬盘的读写性能。

3）Open Channel SSD是一种没有固件闪存转译层（Firmware Flash Translation Layer）的SSD，它把物理固态存储管理接口暴露给了操作系统。通过满足NVM express（NVMe）规范的Open Channel SSD，程序员可以对SSD的读写方式做进一步优化，根据不同的应用层需求专门定制高效的使用策略。

案例：

阿里云面向下一代数据中心的双模SSD（Dual-Mode SSD）架构和全球首个双模SSD产品AliFlash V3，如图4-2所示。AliFlash V3与自主研发的存储引擎Fusion Engine结合，相比传统云上SSD，存储性价比提升一个数量级。这可以为下一代数据中心提供更高效、灵活、可靠的存储能力支撑。

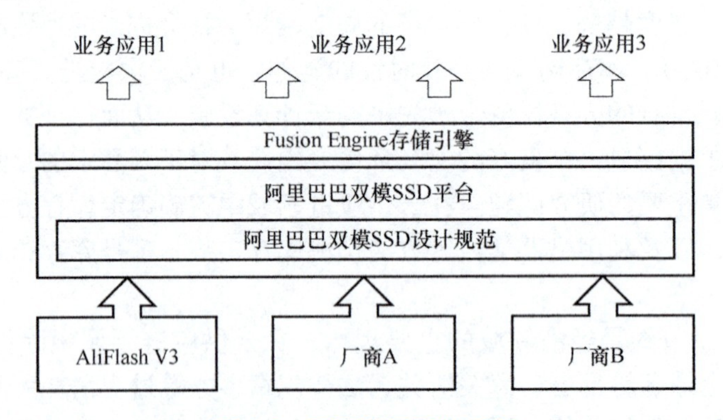

图4-2　阿里巴巴双模SSD

双模SSD架构同时支持开放接口模式和标准NVMe模式，能最大限度覆盖业务需求，利用开放接口模式的灵活性，开放硬件能力，对接阿里巴巴自主研发的商业化用户态存储引擎Fusion Engine，实现软硬件一体优化，帮助云上用户取得极致I/O性能。同时，通过标准化的双模SSD设计规范，形成双模SSD平台，可以让用户更方便地接入其他厂商的产品，实现生态共建和共赢效应。

3. 针对高性能计算需求的云原生计算设备

就如存储设备一样，云上用户对高性能计算的强烈需求，也在挑战着IaaS层的软硬件虚拟化实现。在福特造出汽车之前，人们普遍认为没有什么车子比马车跑得更快；在iPhone诞生之前，人们普遍认为手机应当有物理键盘；而当前的实际用户需要，也在挑战着人们传统认为的服务器应当是标准化的理念。尽管从大型机、小型机到x86服务器，服务器一直在向标准化演进，可是业界已经有大量类似的声音：“云计算的服务器就应该长成今天这个样子吗？标准化服务器对云计算就是好的吗？对虚拟化就是好的吗？”

例如，在搜索引擎上做一次搜索，150ms还是300ms返回结果其实对客户来说没有太大感觉，但是300ms的返回时间会直接把广告的营收拉低20%。对于这些对性能有着极致要求的用户来说，即便是虚拟机已经能够和物理机的性能达到差不多的程度（如 90%，性能波动下的平均值），但性能波动导致的虚拟机性能的损耗会放大在业务层面。

正因为虚拟机有着性能损耗，导致很多高要求的用户选择了物理机。物理机虽然性能具有优势，但存在着很多问题，比如部署周期长、运维复杂、服务速度慢、架构僵化、存在数据安全隐患等。即便是现在有厂商宣称可以 4h 交付物理机，但其中仍旧涉及大量的人工操作，无论交付速度和灵活性都无法和云计算相提并论。

虚拟机和物理机在计算性能，管理运维方面各有优势，又都存在不足，如图 4-3 所示。这对于很多追求极致性能又希望获得云计算诸多优势的企业用户来说，必须要在“鱼”和“熊掌”之间做出取舍，这个过程并不是那么容易，也势必要忍痛割爱。

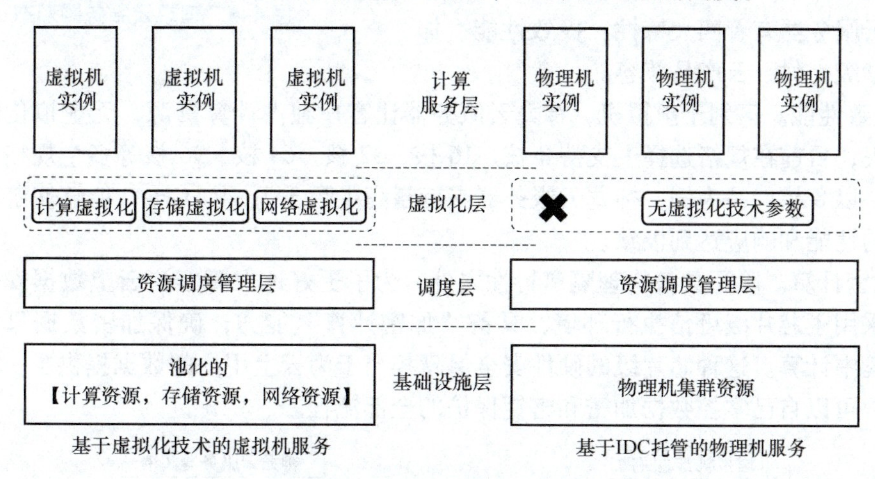

图 4-3　虚拟机与物理机的比较

具体而言，虚拟机和物理机的优劣势比较如表 4-1 所示。

表 4-1　虚拟机和物理机的优劣势比较

	虚　拟　机	物　理　机
优势	1）资源富有弹性：其计算、存储、网络可以根据需要任意伸缩 2）交付速度快：可以在数秒间实现计算资源的快速扩容 3）运维自动化：虚拟机的部署和运维完全基于云系统所提供的自动化监控和运维管理平台 4）接口标准统一：PV 驱动，Virito/FE&BE	1）性能/特性无损：由于使用裸硬件资源直接服务用户，性能上没有损失 2）高隔离性：物理机可以做到硬件级别的隔离
劣势	1）性能/特性损失：虚拟化技术决定了硬件性能的必然折损，其折损率甚至可以达到 30% 以上 2）软件复杂度高：虚拟化系统软件的研发难度高，成本高	1）资源固定无弹性：CPU/内存/网络/存储资源是固定的，难于调整 2）交付速度慢：4h 能够完成交付，是当前业界的标杆 3）托管式运维：运维管理依赖于大批量的 IDC 人工运维

理想的云计算服务器应满足图 4-4 所示的虚拟机和物理机上的所有优势。可是这样的云计算服务器存在吗？如何去设计一个这样的服务器呢？这样的服务器有什么应用场

景呢？

案例：

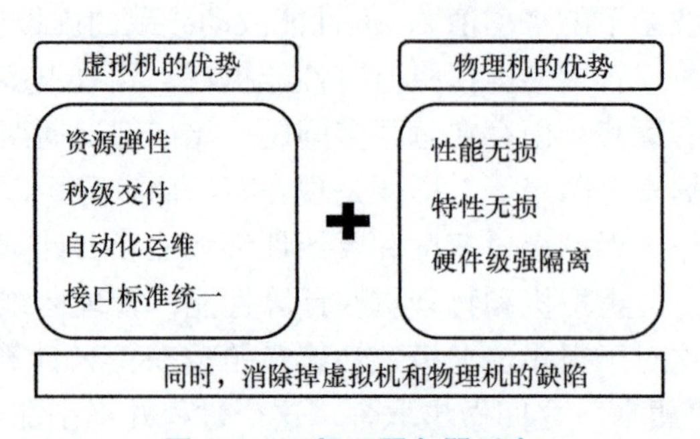

图 4-4　理想云服务器形态

下面以阿里云于 2017 年底推出的神龙云服务器的实践，尝试对以上问题进行回答。神龙云服务器采用了阿里云自主研发的虚拟化 2.0 技术，其最大革新之处在于，不仅支持普通虚拟云主机，而且全面支持嵌套虚拟化技术，保留了普通云主机的资源弹性，并借助嵌套虚拟化技术保留了物理机的体验，如图 4-5 所示。

神龙云服务器有着四大特性：极致性能、加密计算、秒级交付、云产品兼容。

1）极致性能。区别于虚拟机，神龙云服务器让客户独占计算资源，无虚拟化性能开销和特性损失；目前在规格选择上支持 8 核、16 核、32 核、64 核、96 核等多个规格，并支持超高主频。以 8 核产品为例，神龙云服务器支持超高主频 3.7～4.1GHz，能够使游戏以及金融类业务的性能和响应达到极致。

2）加密计算。除了具备物理隔离特性之外，为了更好地保障客户云上数据安全，神龙云服务器采用了芯片级可信执行环境，具备“加密计算”能力，确保加密数据只能在安全可信的环境中计算。这种芯片级的硬件安全保障相当于为云上用户的数据提供了一个保险箱功能，用户可以自己掌控数据加密和密钥保护的全部流程。

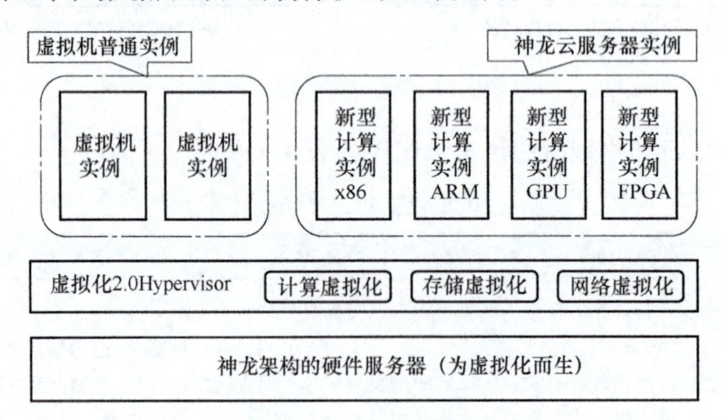

图 4-5　神龙云服务器

3）秒级交付。神龙云服务器在运维管控方面则具备云服务器的优势，使用体验和普通虚拟机保持一致。秒级交付的特性将更好地满足大中型企业的高性能弹性计算的需求。

4）云产品兼容。指神龙云服务器能够与阿里云上其他云产品互联互通，如虚拟机、虚拟网络、负载均衡、数据库、弹性 IP 等，能够提供给用户更多的选择，打造更完整的云端解决方案。

神龙云服务器的一个典型应用场景如图 4-6 所示。由于物理服务器通过采用芯片级可信执行环境（Intel® SGX）可以支持加密计算服务，能确保加密数据只能在安全可信的环境中计算，用户可以完全自己掌控数据加密和密钥保护的全部流程，这为金融云提供芯片级的硬件安全保障。

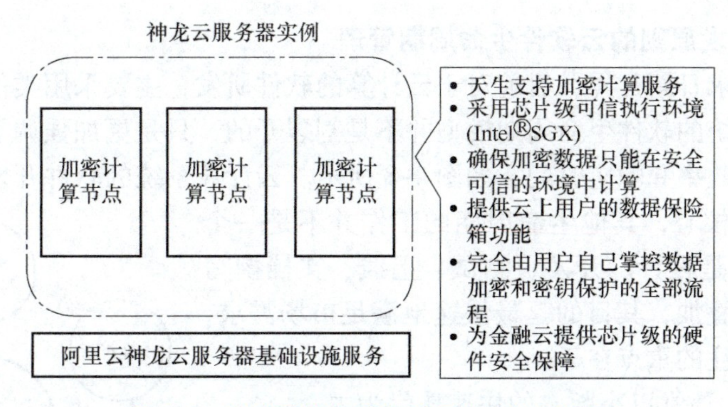

图 4-6　神龙云服务器应用于加密计算场景

4.1.2　云计算系统的软件研发管理

云计算的软件研发管理与传统的软件研发管理有着较高的相似性，而较大的不同点主要在于：云上的软件研发有原生的平台性要求，软件从设计伊始就需考虑通用性、模块化，并能够适应分布式的部署和运维。同时由于云计算新应用、新产品、新功能不断涌现的特性，云计算系统的软件研发通常基于敏捷开发模型实现。本节所说的软件研发管理并非在云计算系统上开发用户自有的软件，而是指云计算系统和平台本身的软件设计与研发工作。

1. 传统软件生命周期管理简述

传统的软件生命周期又称为系统开发生命周期，周期内有问题定义、需求分析、系统设计、编码、测试、部署、维护等阶段，这种按时序严格分程的思想方法是软件工程的核心思想原则，通过贯穿于其中每一步骤间的评审环节，严格把控软件的开发内容、质量和开发时间，提高软件的质量，如图 4-7 所示。

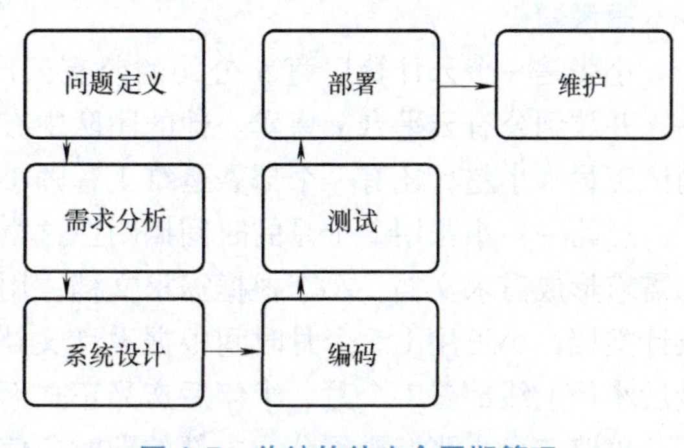

图 4-7　传统软件生命周期管理

软件的生命周期包括 7 个阶段：

1）问题定义。软件开发者和用户的讨论阶段，主要明确软件的开发目标、论证其可行性。

2）需求分析。将软件的开发目标细化为成体系的功能和性能需求。传统的软件研发思路对这一阶段非常重视，软件生命周期中大量的时间会消耗在这里。

3）系统设计。根据需求分析的结果，设计整个软件系统，包括系统框架设计、数据库设计、用户界面设计等。

4）编码。将系统设计方案实现为计算机代码和可执行程序。

5）测试。编码结束后，需要通过测试环节验证软件的功能指标、性能指标，以及编码质量。测试通常为白盒测试和黑盒测试两种。

6）部署。将软件上线运行。

7）维护。软件投入使用后的可用性维护，以及根据用户、运行环境需求做的小规模调整等工作。

2. 基于敏捷开发原则的云软件生命周期管理

由于云计算需求日新月异，目前对于云计算的软件研发，主要采用类似于敏捷开发的方式，敏捷开发与传统的软件生命周期模型并不是割裂开的，只是更加强调了简捷、研发流程的叠加，提升开发效率和响应时间，如图4-8所示。云计算系统的软件开发，以不断变化的市场和用户需求为核心，其他生命周期的工作并不是一个顺序执行工作，而是设计、开发、测试、上线、文档撰写工作的高度交叉和叠加，其目的是最快速地满足市场需求，执行过程中需要关注的重点在于：

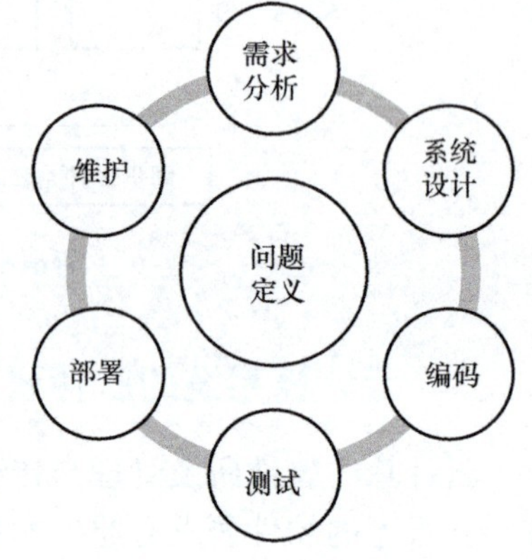

图4-8　云软件生命周期管理

1）快速迭代。通常以小版本的快速迭代为主。

2）架构师、开发人员、测试人员共同参与需求讨论。不限线上线下形式的研讨组，所有人在所有时间都会得到信息同步，保持不间断的沟通。

3）需求文档从用户工作案例出发。使用用户的实际工作场景编写需求文档，而不是系统性的解决方法和实施技术。

4）借助用户的力量。利用好用户公测的机会，在产品正式上线收费前，得到第一手的用户真实需求资料，并投入重兵改进之。

思考题：

小张是一个云计算厂商A公司的公有云产品负责人，他打算将一个新型概念转化成产品，并放到公有云平台上售卖。他的团队中有一个架构师小李、一个软件工程师小王、一个测试工程师小赵，还有一个部署运维工程师小周。他有两种工作思路：

思路一：小张用2个月的时间搞明白这个新概念，明确找到潜在的客户群体，并把他们的需求形成需求文档；小李根据需求文档，用1个月时间将产品系统架构设计出来，并形成设计文档；小王用1.5个月时间根据设计文档写好程序，小赵用0.5个月的时间进行测试；最后小周上线部署1个月。半年后产品正式面见客户。

思路二：小张牵头用公司内部的即时通信工具建立一个群，头脑风暴找到客户群和他们的需求，然后立即开始联动，所有人同时从自己的角色出发做好准备，在2个月后将一个并不完善的产品推出，先由公司内部员工使用；随后3个月小张团队抓紧自测并收集其他同事的使用意见，将软件架构和代码完全重写，形成一个较为完善的产品，对部分潜在客户开放免费公测；最后1个月发力形成一个可以正式商业化的产品。

两种思路的优缺点是什么呢？你是产品经理会选择哪个思路呢？

4.1.3　云计算系统的产品管理

云计算系统作为一个体量巨大、全球化的基础设施，在其上设计产品体系，与传统软件制造商的产品体系架构与管理方法有着根本性差异。本节首先详细分析单个云产品从规划到执行的管理流程，随后对整个云产品体系给出介绍，并以阿里云的产品体系作为案例来详细阐述。

1. 云计算产品规划管理流程

目前，主流云服务商的云产品通常有上百个之多，这些产品如何管理，如何准确理解用户需求，如何更好地触达用户，是一项专业而复杂的工程，本部分对此给出一个简单的介绍。

云计算产品规划管理流程，是云计算产品从需求、研发到发布、传播、售卖的整个管理过程，包括四个阶段，分别是业务需求阶段、产品规划阶段、产品发布执行阶段和信息终端传播阶段。云计算产品规划管理流程的每个阶段都有明确的任务，并输出一定数量的成果，提交给下一阶段，作为下一阶段继续管理的依据，如图 4-9 所示。

1）业务需求。此阶段首要是对业务是否存在市场需求进行判定。一般情况下业务需求都由业务方提出。产品管理者会对业务需求报告进行分析，包括行业现状及预期、目标客户的痛点、市场规模、产品功能、成本及收入等内容，判断业务需求是否存在、是否有必要进行产品立项、是否存在较大风险等。在确定业务需求存在的前提下，针对该产品的竞品进行分析。

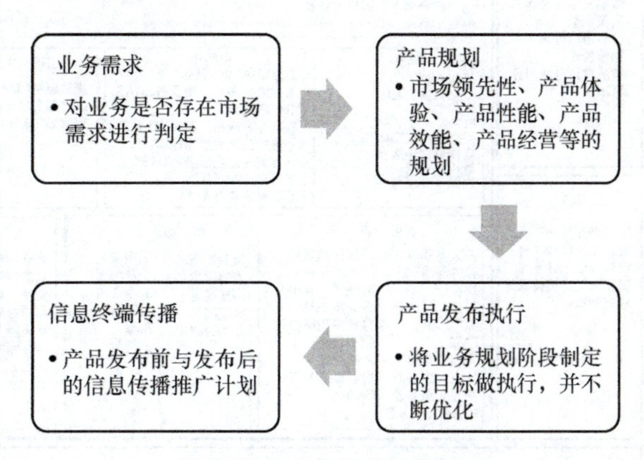

图 4-9　云产品规划管理

2）产品规划。此阶段是业务产品规划的重要阶段，涵盖了产品规划的重要内容，如市场领先性、产品体验、产品性能、产品效能、产品经营等方面。此阶段需要对新产品的解决方案、功能、定位、市场领先性进行进一步的分析，将客户群体和新产品功能对应的应用场景进行更深的细分，明确产品的特性描述和解决的核心问题，判定产品的市场领先性。同时，对新产品的效能、经营策略进行完整的分析，明确降低成本和提升利润率等优化手段，针对用户及产品特性，制定核心的运营策略，包括细分目标用户、产品调价策略等。

3）产品发布执行。此阶段是将业务规划阶段制定的产品各种指标、方案、策略的发布阶段。随着产品的逐步成形，对产品的理解会更加深入，需要对产品规划方案不断地更新，以期更符合客户、市场的需求，若产品规划的计划发生变动，针对产品规划计划安排进行专门的论证，明确产品规划的必要性，确定规划变更的主要原因、应对措施、后续影响及由此产生的一系列不确定因素等。

4）信息终端传播。此阶段是新产品的传播和推广过程，主要包括两个时间点：一个是产品规划阶段制定的传播推广计划，需要对产品进行发布前的产品宣传；另一个是产品已发布，需对已上市发布的产品进行全面的传播推广支持。

2. 云计算产品的分类体系

云计算的快速发展离不开计算能力的升级，企业的数字化转型，业务的数据化，也同样离不开计算能力的更新换代。

下面以阿里云当前的产品体系为例，介绍一个实际的云计算系统产品构成。阿里云为企业、行业在智能新时代进行业务数字化转型提供了一个完整的、全面的云计算技术产品体系。阿里云的云服务产品共计 200 余款，深度面向云基础设施、人工智能、物联网、数据平台四大关键技术，同时与安全技术组成五位一体的产品体系，即 ACID + S（AI、Cloud、IoT、DataPlatform + Security）产品体系，为企业提供生产、商业、客服等一系列链条的智能化云服务，如图 4-10 所示，其中 Cloud 部分为云基础设施与云应用等传统云产品体系，是当前产品全图的一个组成部分，与其余 AID + S 产品共同组成了完整的产品体系，具体包括：

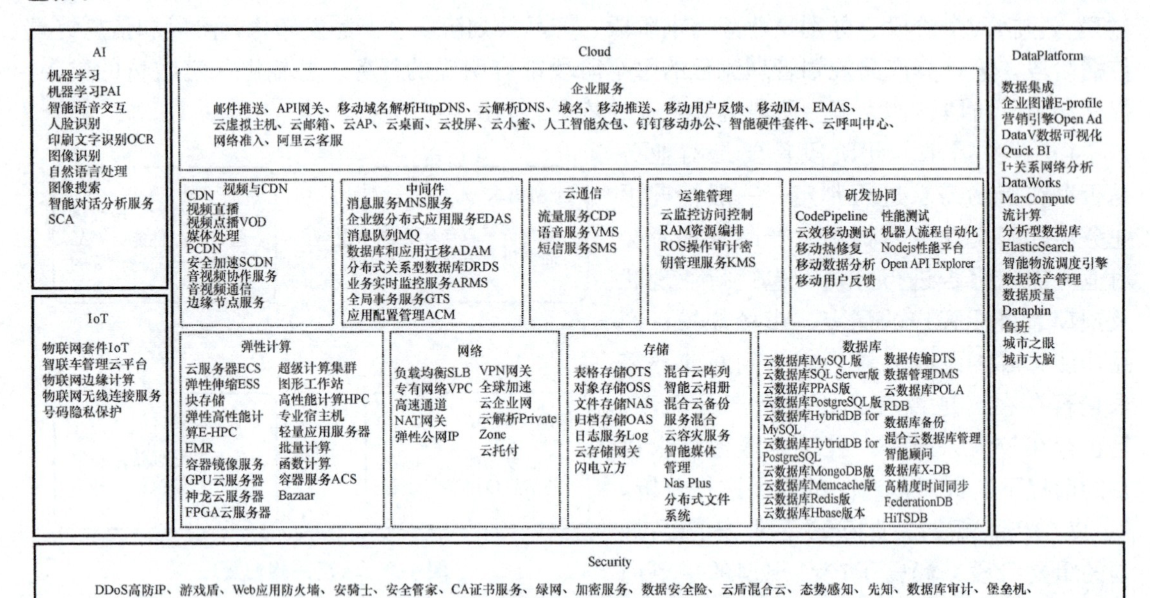

图 4-10　阿里云产品体系

(1) 人工智能 AI

阿里云提供全面的人工智能平台和服务，此类产品提供云原生的机器学习和深度学习技术来应对不同场景和需求。

AI 平台：机器学习 PAI 产品是构建于阿里云 MaxCompute、GPU 等计算集群之上、基于阿里云分布式计算引擎的机器学习算法平台，支持业内主流深度学习框架以及 GPU 分布式计算，提供 100 余种算法组件，包括数据处理、特征工程、机器学习算法、文本算法等，同时实现可视化操作界面及完整的数据挖掘链路，帮助用户快速实现业务 AI 化。

AI 服务：阿里云提供云端的智能语音交互、人脸识别、印刷文字识别（OCR）、图像识别、自然语言处理、图像搜索、智能对话分析服务等人工智能服务产品。同时，还提供 SCA、人工智能众包等人工智能框架性产品。

(2) 云 Could

阿里云提供从下到上不同层次的云服务产品，涵盖云计算基础服务、中间件服务、运维管理、企业服务等产品，主要包括：

1）云计算基础服务产品：包括弹性计算、网络、存储、数据库等云计算常见的虚拟化资源产品。

2）云计算中间产品：包括视频与 CDN、中间件服务、云通信、运维管理、研发协同等产品。

3）企业办公与企业服务产品：包括应用服务、移动服务、企业办公、智能客服等产品。

（3）物联网 IoT

为了实现万物互联，阿里云构建了多种特定的 IoT 产品，例如物联网套件、物联网边缘计算、物联网无线连接服务、号码隐私保护、智联车管理云平台等，这些产品帮助用户收集数据并将其发送到云中，轻松加载和分析该信息以及管理设备，使用户可以专注于开发适合自身需求的应用程序。

1）物联网套件产品：阿里云专门为物联网领域的开发人员推出的一站式设备管理平台，该平台提供性能强大的 IoT Hub，方便设备和云端稳定地进行双向通信，保证全球设备都可以低延时与云端通信，实现多重的防护能力，保障设备的云端安全，同时具备稳定可靠的数据存储能力和功能丰富的设备管理能力，方便用户进行海量数据设备存储、实时访问及远程维护设备。

2）物联网边缘计算产品：一种允许用户以安全方式在互联设备上运行本地计算、消息收发、数据缓存、同步功能的产品，可将阿里云无缝扩展至设备，近乎实时地响应本地事件，以便在本地操作其生成的数据，减少传输到云的原始数据量，最大限度地降低将 IoT 数据传输到云的成本。

3）物联网无线连接服务产品：旨在提供一个安全、稳定、高效的无线连接平台，帮助用户低成本、快速地实现“设备—数据—应用—云服务”之间可靠、高并发的无线连接，无须自己搭建，借助阿里云可实现快速搭建物联网应用平台。

（4）数据平台（DataPlatform）

阿里云 DataPlatform 提供了大量的数据产品，包括数据基础服务、数据分析及展现、数据应用等产品，具体如下：

1）数据基础服务：是阿里云数据服务的基石，解决数据的存、通问题，用相同的数据标准将数据进行正确的关联，进而可以进行上层数据分析及应用，包括 MaxCompute、DataWorks、分析型数据库、流计算、数据集成等产品。

2）数据分析及展现服务：通过数据分析及展现产品，实现现有信息的预测分析和可视化，帮助用户快速获得切实有效的业务见解，包括 DataV 数据可视化、Quick BI、画像分析、I + 关系网络分析等产品。

3）数据应用服务：连接用户、数据及算法，为用户提供基于阿里云数据的应用解决方案，包括推荐引擎、公众趋势分析、企业图谱 E-profile、营销引擎 Open Ad、智能物流调度引擎、鲁班、城市之眼、城市大脑等产品。

（5）安全（Security）

阿里云提供专业的安全产品和服务云盾，确保云计算产品实现业务、数据、应用、服务器、网络、管理等不同层次的安全能力，具体包括业务安全、数据安全、应用安全、服务器安全、网络安全、安全管理等功能。

4.2 云服务质量与评价

云计算系统的服务水平，包括为个人用户、企业用户、开发者用户的服务水平，那怎么衡量呢？本节试图给读者一个整体的云服务质量与评价感受，从云计算系统的外部用户角度，给出云服务能力的评价体系。

4.2.1 云服务SLA

服务水平协议（Service Level Agreement，SLA）是服务商与用户间定义的一种约定，用以保障服务的性能和可靠性。目前主流云服务商在与用户签署服务合同的时候，都会向用户给出SLA保证，并会写明如果SLA未能满足会给出的补偿。一个完整的SLA实际上是一份服务合同，它应当包括所涉及的当事人、协定条款、违约的认定、处罚、仲裁机构、政策、双方的义务等法律条款。

1. SLA要点介绍

SLA的法律属性导致其内容繁杂，文字的书写也会以法律层面上更加清晰为准，而不会更多考虑可读性的问题。本节不会对SLA的细节给出深度介绍，而是对其关键内容做重点说明。

（1）SLA的核心保障内容　SLA一方面要保障服务的有效性，如故障解决时间、服务超时等；另一方面，还要对服务的性能给出保障，如线上系统可用率等。SLA的保障是以一系列的服务水平目标（Service Level Objectives，SLO）的形式定义的，SLO主要规定服务的实现时长和比例。例如：在早上9点到下午6点间，网站访问保证在10000个页面请求的强度下，异常访问的情况不超过全部访问量的1%。

（2）SLA的第三方监测　SLA涉及服务保障的效果及异常情况下的赔付问题，因此其监控也是非常重要的。为保证公平，在有条件的情况下监控的责任应该由第三方完成，以客观保证SLA的承诺和责任归属，保持需求合规。这与现实生活中的房屋建设是同样的道理，买房的客户与房屋的建筑商之外，还需要规定独立的工程监理单位，三方共同努力才可以保证房屋的质量。

（3）SLA条款的书写方式　SLA指标如果在合同周期内根本无法测量，则这种SLA的协定就没意义了，因此SLA指标的绝大部分均为定量给出。同时这些指标的计算方法与测量方法也需要尽量清晰，避免有指标但由于测量方法双方不一致导致验收结果出现偏差而发生法律纠纷。

2. 云计算的SLA现状

近年来有大量的企业在考虑把部分甚至全部业务服务交给云计算服务商运行，同时还有大量的个人用户将其私人网站或私人数据上云。上云的原因一方面是云计算更便宜，但更重要的是在出现问题的时候，可以通过云服务商的技术人员和客服人员保障数据的安全和系统的可用性。

云服务已经大众化，然而云计算的复杂性，使得能够稳定提供公有云等大众化服务的服务商数量不可能太多，这就导致了一种不平衡的状态。一方面，普通大众没有足够的法律知识与专业能力判定SLA条款的合理性；另一方面，也导致云服务商SLA条款变成了一种“take it, or leave it”的铁板，只能全盘接受。那对于一个要上云的用户，应该重点考虑哪些问题呢？

案例：下面从一个传统公司的首席信息官（CIO）小李的角度给出一个评估云服务商SLA的案例。

为了避免签署的SLA更多保护云服务商的利益，而不是保护客户，小李决定重点关注SLA条款中的三个方面：数据安全、服务持续性、服务费用，如图4-11所示。

1）数据安全是一切的重中之重，如果数据安全不能在SLA条款中得到充分保证，则上云是不可能的。具体哪些数据应该被重点保护，如何确保它们的安全，这个是小李必须重点思考的。

2）服务持续性也必须考虑，一方面，云服务商要保证具体业务的不间断，并对特殊情况下宕机后的情形给出充分的应对预案；另一方面，选定的云服务商必须具有雄厚的经济实力，能够保证持续不断的开展云计算基础服务。

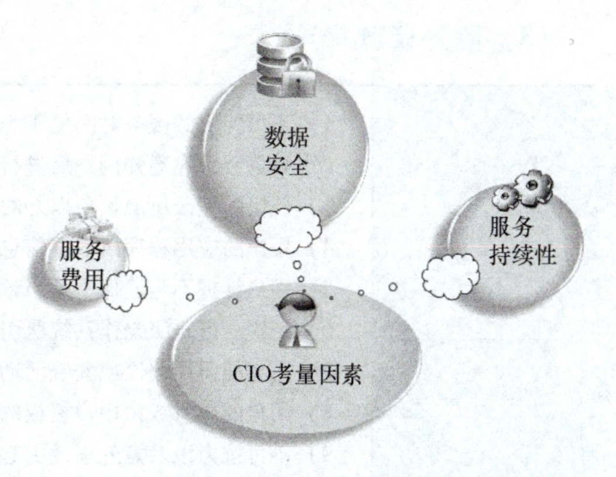

图 4-11　传统厂商上云的 SLA 签署注意事项

3）有些令人意外，事实上价格因素只能位居第 3 位，因为价格只涉及公司利润的多寡，而数据安全和服务持续性则关乎公司的生死。很多运营商会将价格单独拆分到独立的合同条款中，小李需要和财务部门共同分析，从业务上为花费这笔上云的费用提供合理解释。

3. 三大云计算厂商的 SLA 条款比较

前两部分从 SLA 概念和 CIO 上云的 SLA 思考做了介绍，下面通过比较世界云计算前三强亚马逊 AWS、微软 Azure 和阿里云的 SLA 条款以及计算方法，帮助大家理解真实的 SLA。表 4-2 给出了三大运营商的可用性 SLA。需要说明的是，月度 99.95% 的 SLA，意味着每个月服务出现故障的时间只能占总时间的 0.05%，如果这个月是 30 天，那么故障时间就不能超过 21.6min。

SLA 中最容易被人关注的是赔偿问题，那如果发生故障，三大公有云厂商是如何具体规定赔付标准的呢？表 4-2 为具体 SLA 条款。

表 4-2　微软 Azure、亚马逊 AWS 和阿里云的 SLA 条款比较

运　营　商	计量周期	可　用　性
阿里云 ECS	每月	99.95%
AWS EC2	每月	99.95%
Azure 虚拟机	每月	99.95%

（1）故障定义

阿里云 ECS	ECS 所提供的服务在连续的 5min 或更长时间不可使用方计为不可用时间
AWS EC2	用户的所有运行实例均无外部连接
Azure 虚拟机	最大可用分钟数中没有外部连接的总累计分钟数

（2）计算公式

阿里云 ECS	每服务周期单台云服务器所有可用时间/(每服务周期单台云服务器所有可用时间 + 每服务周期单台云服务器所有不可用时间)
AWS EC2	“月度正常运行时间百分比” 系指 100% 减去本月中 Amazon EC2 处于 “区域不可用” 状态的时间所占百分比之后的余值
Azure 虚拟机	(最大可用分钟数 − 停机时间)/最大可用分钟数 × 100

(3) 除外条款

阿里云 ECS	1) 不可使用的服务时间低于5min的，不计入不可用时间； 2) 阿里云预先通知用户后进行系统维护所引起的，包括割接、维修、升级和模拟故障演练； 3) 任何阿里云所属设备以外的网络、设备故障或配置调整引起的； 4) 用户的应用程序或数据信息受到黑客攻击而引起的； 5) 用户维护不当或保密不当致使数据、口令、密码等丢失或泄漏所引起的； 6) 用户自行升级操作系统所引起的； 7) 用户的应用程序或安装活动所引起的； 8) 用户的疏忽或由用户授权的操作所引起的； 9) 不可抗力以及意外事件引起的； 10) 其他非阿里云原因所造成的不可用。
AWS EC2	1) 无法合理控制的因素； 2) 用户或任何第三方的任何作为或不作为，包括未对恢复卷进行确认； 3) 用户的设备、软件或其他技术和/或第三方的设备、软件或其他技术； 4) 并非由区域不可用性导致的个别实例或卷失败； 5) 根据《AWS 协议》提供的任何维护。
Azure 虚拟机	1) 超出我们的合理控制范围的因素发生的网络或设备故障； 2) 使用不是由我们提供的服务、硬件或软件，导致的与第三方软件或服务相关的问题； 3) 在我们建议用户修改对服务的使用之后，用户未听取建议进行相应修改； 4) 在服务、功能或软件的预览版、预发行版、测试版或试用版期间或与这些版本相关的问题或与使用微软订阅信用进行的购买相关的问题； 5) 用户执行未经授权的操作或未执行必要的操作； 6) 用户未能遵循任何必需的配置，未能使用支持的平台，未能遵守可接受使用的任何政策，或者用户以与服务的功能和特征不一致或与我们发布的指南不一致的方式使用服务。

(4) 赔偿比例

阿里云 ECS	每个 ECS 实例按不可用时间 100 倍赔偿，赔偿仅限故障 ECS 实例服务时长的补偿，不用于折算现金及代金券
AWS EC2	月度正常运行时间百分比低于 99.95% 但等于或高于 99% 服务费积分比例 10%； 月度正常运行时间百分比低于 99% 服务费积分比例 30%
Azure 虚拟机	每月正常服务时间百分比 <99.95% 服务费用减免 10%； 每月正常服务时间百分比 <99% 服务费用减免 25%

(5) 索赔方法

阿里云 ECS	通过工单系统或阿里云主动赔偿，在阿里云的 SLA 协议中没有提及
AWS EC2	在所涉事故发生后的第二个计费周期届满前送达，在 AWS 支持中心开立案例，包括： 1) 主题行中有“《服务水平协议》服务费积分申请”的字样； 2) 用户主张的每一不可用事故的发生日期和时间； 3) 受影响的 EC2 实例标识符或受影响的 EBS 卷标识符； 4) 用户记录出现的错误并证实用户所主张的运行中断事故的请求日志。

（续）

Azure 虚拟机	在索赔缘起事件发生的账单月份结束后的两个月内收到索赔提交： 1）详细的事件说明； 2）与停机时间和持续时间有关的信息； 3）受影响用户（如果有）的数量和位置； 4）对用户在事件发生时为解决事件所做的尝试的说明。

4.2.2 用户接口设计使用评价机制

云计算系统的产品、服务功能体量巨大，为满足较为复杂的用户需求，将多种产品组合成为一个云上的业务系统，实现定制化的功能是非常常见的需求。这需要用户有一定的系统研发能力，或者聘用专业的技术团队帮助其实现自身业务需求。与此同时，还需要云计算系统本身提供庞大的用户接口，将系统的能力暴露给程序开发者。用户接口就变成了云计算系统一个非常重要的窗口，通过这一窗口，云计算系统不再是一个封闭的系统，而是一个共享的资源库，一个开放的生态系统。

本节对用户接口的设计方式和评价机制给出提要性介绍。在实际程序设计实践中，用户编程接口的设计首先要明确各个功能模块的职责，并将边界划分清楚。设计合理的接口可以大幅降低云计算产品中数以百计的产品之间的相互依赖关系，降低功能模块间的耦合程度，从而降低编程难度，提高可维护性。在设计用户接口时，应考虑用户的如下需求：接口性能、接口功能、可靠性、安全性、易用性等。

（1）接口性能评价　由于是暴露给程序员的编程接口，用户接口必须考虑性能上的能力，重要的因素包括：请求响应时间（从用户发起的一个请求开始，到用户接收到返回的响应结束，这个过程所耗费的时间）、事务响应时间（向用户给出业务操作结果的响应时间，是直接衡量系统业务能力的参数）、并发量（系统并行处理请求的数量，是衡量系统处理能力的重要指标）等。

（2）接口功能评价　接口功能评价主要明确用户接口的功能是否满足云计算系统大部分用户的需求，其不仅需要关注用户接口功能的覆盖性，以及性能指标要求，还需要更加关注各个云产品与功能模块之间的协同工作情况，充分考虑到用户接口的可能应用场景，如业务功能覆盖是否完整、业务规则覆盖是否完整、参数验证是否达到业务要求、接口异常情况是否已考虑周全等。

（3）可靠性评价　针对使用频率较高、资源消耗较大的用户接口，应特别考虑持续性高并发条件下，接口承受压力的情况，主要观察并发量、响应时间等指标。在有条件的情况下，还可以从云计算服务商处查验对应服务器的 CPU/内存消耗等重要性能指标。

（4）安全性评价　安全是云计算系统的基础，用户接口的安全性必须得到保障，因此在设计和评价接口时，首要考虑的是保证接口的安全性，主要包括：对受限资源的身份授权（重要接口服务要对每个访问的请求进行身份验证）、身份认证（对请求做身份认证，防止身份篡改）、记录访问日志（记录每次调用接口的重要信息，如操作者、操作时间、动作类型等，用于追踪、还原用户行为和合规审查等审计操作）等。

（5）易用性评价　规模越大的云服务，用户接口数量就越多。用户接口的可读性、易用性决定了用户接口设计的质量高低，高易用性的用户接口能为用户带来良好的代码阅读体验以及高效的开发效率。一般从命名、兼容性、异常信息提示可读性、可扩展性等方面对用户接口的易用性做出评价。

思考题：

云计算系统的各个模块常常存在功能交叉，以最常见的 IaaS 层云资源为例，一个虚拟机的接口中应该包含对虚拟网络的配置接口、存储器的查询和配置接口等。同理，一个虚拟网络中也应当有网络内部的虚拟机参数配置接口，如虚拟网卡、弹性 IP、本地路由表等。

在设计云计算用户接口的时候，服务商应该如何组织这样的功能交叉接口呢？是按照传统的树状结构设计，将计算、存储、网络服务的接口分开组织，并用嵌套的方式实现功能交叉，还是将所有接口扁平化，通过增加单个接口的参数列表来实现功能交叉。

两种思路的优缺点分别是什么呢？如果你是云系统用户接口设计师，你会怎么做呢？

4.2.3　售后服务体系

云计算，特别是公有云，对云服务的配套售后工作非常重视，将售后服务水平视作公有云的生命线。因为公有云的最重要的存在价值即为便宜且易用，如果售后体系跟不上，则公有云存在的价值亦不存在了。本节对公有云的整体售后服务体系做出说明，私有云由于其高度定制化的属性，售后的情况千差万别，在此略过。

公有云由于公共基础平台的属性，其用户的差异性很大，因此在传统的电话中心售后的基础之上，云售后服务还应根据不同用户的能力和特点，给出定制的服务。除此之外，云服务商在培训认证、技术生态方面也需要投入，如此才能构建一个良好的云技术环境。下面分别详述云用户的分类服务体系、开发人员的培训服务，以及技术生态构建方面的情况。

1. 用户分类服务体系

云上用户可以被分为如下三大类：

1）普通用户。为自己的网站、数据、计算需求寻找便宜可靠的供应商。

2）开发人员。有开发能力的人员，如受雇于技术公司、利用云资源为企业搭建业务系统的人员。

3）企业。将生产系统部署在云上的企业，云系统故障会对这类企业产生重大影响。

云计算厂商对如上三类用户，应当灵活给出不同的服务模式，构建支持计划体系。云计算厂商应配备经验丰富的技术支持工程师，服务内容涵盖技术、产品、解决方案及架构，支持方式包括网站、即时通信工具、邮箱、电话等，全年全天候为用户提供支持。支持体系适合不同规模和技术能力的用户，帮助用户基于云厂商提供的产品和功能进行产品使用、方案设计、应用开发及数据管理等。

案例：

表 4-3 以阿里云的支持服务作为一个例子，其中基础级、商用级级别适合于普通用户，商用级、企业级标准版、企业级至尊版级别适用于不同需求的企业级用户。

表 4-3　阿里云售后服务案例

支持目录		基础级	商用级	企业级标准版	企业级至尊版
电话支持（95187）		√	√	√	√
企业电话专线		×	×	×	√
工单支持	云产品技术支持	7×24 小时	7×24 小时	7×24 小时	7×24 小时
工单支持	案例严重性/响应时间		业务不可用<40min 业务受损<3h 系统异常<8h 使用咨询<16h	核心业务不可用<12min 业务不可用<40min 业务受损<3h 系统异常<8h 使用咨询<16h	核心业务不可用<12min 业务不可用<40min 业务受损<3h 系统异常<8h 使用咨询<16h
案例处理	处理人员	技术支持	售后工程师	技术专家	资深技术专家
IM 企业群支持		×	×	√	√
第三方软件支持		×	配置指导以及故障排除	配置指导以及故障排除	配置指导以及故障排除
服务经理		×	×	√	√
技术经理		×	×	×	√
云上护航服务（标准版）		×	×	1 次/年 （包年有效，每次不超过一个工作日）	3 次/年 （包年有效，每次不超过一个工作日）
云产品架构咨询		×	×	×	2 次/年（包年有效），每次不超过两个工作日
阿里云培训	阿里云 ACP 培训	×	×	2 人/门/年（包年有效）	6 人/门/年（包年有效）
API 与 SDK 支持		√	√	√	√
帮助与文档		√	√	√	√
社区支持		√	√	√	√
订阅支持		√	√	√	√

2. 培训认证体系

对企业用户而言，使用云基础设施开发项目、发布服务，需要有云上开发知识和背景的专业人才。一方面，需要有人梳理云上的知识经验，将其系统化为有基础课程、有专业应用课程的课程体系；另一方面，也需要有全面的人才能力认证制度，让企业在招聘的时候能够有快速的参考系来评判潜在的员工，就如外语、音乐的考级一样。

目前教育行业也正在全力推进对未来技术人才的培养，云计算、数据科学等新专业方向如雨后春笋般在各级高校建立起来，如果高校的人才培养能够与掌握新兴信息技术学科主流技术的大型科技公司的培训需求更紧密的结合，无论对学生、老师、公司而言，都是有利的。

案例：下面以阿里云为例，从云计算服务商的角度给出具体的培训体系实践。到2018年，阿里云发展出云计算、云安全、大数据三个领域的“助理工程师、认证工程师、认证高级工程师”进阶式的认证体系，并且根据公有云服务的特点，面对上云用户经常遇到的实际场景，开发出近70款在线场景化、轻量级的认证，命名为Apsara Clouder认证，每个认证均包含在线视频课程、实验或文档，开发者在线随时随地学习，学完后可进行在线考试，通过即可获得证书。阿里云认证体系如表4-4和表4-5所示。

表4-4 阿里云进阶式认证体系

认证等级	认证类型	认证说明	认证对象
阿里云认证助理工程师	云计算助理工程师	是面向使用阿里云基础产品的专业技术认证，主要涉及阿里云的计算、存储、网络、安全类的核心产品	主要面向学生群体及初级开发者、初级运维人员及初级大数据工程师
	大数据助理工程师	是面向使用阿里云大数据产品的专业技术认证，主要涉及阿里云的大数据计算、存储、开发平台，数据应用类的基础产品	
	云安全助理工程师	获得此认证可证明掌握阿里云安全产品的核心功能和应用技能	
阿里云认证工程师	云计算认证工程师	是面向使用阿里云云计算产品的架构、开发、运维类人员的专业技术认证	主要面向专业的企业级IT架构设计和应用开发部署工程师、云上系统运维人员，以及大数据专业工程师
	大数据认证工程师	是面向使用阿里云大数据产品的架构、开发、运维类人员的专业技术认证	
	企业级互联网架构Aliware认证工程师	是面向使用阿里企业互联网架构平台（Apsara Aliware，阿里巴巴企业级中间件技术）的架构、开发、运维类人员的专业技术认证	
	云安全认证工程师	是面向如何使用阿里云安全产品增强云端系统安全、数据安全的专业技术认证	
阿里云高级认证工程师	云计算架构师高级认证	是验证参加考试人员利用阿里云平台，合理、有效地设计和部署具有高扩展性、安全性、高可靠性的企业级分布式应用与架构的综合技术能力	面向高级系统架构、开发与运维技术专家

表4-5 阿里云场景式认证体系

领域	等级	认证内容
云计算领域	入门	网站建设：部署与发布 网站建设：简单动态网站搭建 云服务器管理运维 云数据库管理与数据迁移 云存储：对象存储管理与安全 超大流量网站的负载均衡

（续）

领　　域	等　　级	认证内容
云计算领域	进阶	根据业务量弹性使用云资源 云端专有网络构建与管理 通过 CDN 为网站提速 容器化应用生命周期管理 批量云计算资源管理和自动化运维 云端搭建点播直播服务 上云迁移实战
云安全领域	入门	云平台使用安全 云上服务器安全 云上网络安全 云上数据安全 云上应用安全 云上安全管理
	进阶	网络层安全认知 网络层安全防护 Web 应用安全认知 操作系统安全认知 Windows 下 Web 安全加固 Linux 下 Web 安全加固 远程运维安全 恶意代码防护 数据备份和恢复 搭建入侵检测系统 网站开发中敏感信息加密 云上视频内容的安全保护 实现全站 HTTPS 加密 综合扫描及安全评估 Web 站点安全监控
大数据领域	入门	企业数据质量核查 构建企业级数据分析平台 制作实时销售数据可视化大屏 制作企业数据分析报表 基于机器学习 PAI 实现精细化营销 搭建个性化推荐系统 使用时间序列分解模型预测商品销量 MOOC 网站日志分析
	进阶：大数据分析	基于房源的画像分析 基于机器学习进行销售预测分析 共享单车骑行分析 股票交易策略部署

（续）

领　域	等　级	认证内容
大数据领域	进阶：大数据分析	利用元数据管理数据质量 基于工业数据的检测分析 基于机器学习的客户流失预警分析 通过客户特征进行客户分群 外卖点餐数据分析 在线教育学生数据分析
	进阶：大数据开发	电影评价数据的采集 基于 LBS 的热点店铺搜索 搭建社交好友推荐系统 使用 TensorFlow 框架进行图片识别 模拟搭建数据中心 数据仓库系统的运维优化 搭建运营工单数据分析系统 海量电力设备监测数据的存储和特征分析
阿里集团通用技术	基础技能认证	阿里巴巴编码规范（Java） 码栈搭建自动化应用（可视化模式） 阿里巴巴编码规范（Android）
	人工智能岗位认证	云小蜜人工智能训练师

3. 技术生态与技术体系

云上的长期用户，特别是使用服务的开发者都会有一种体感，仅仅参考云产品说明书，电话咨询使用中遇到的问题，或者在搜索引擎上搜索前人的经验，都不能完全解决自己的问题。事实上大多数问题都是业内资深的专家、开发者讨论后提出来的。因此需要有一个供所有开发者、技术爱好者、厂商专家等在一起深度讨论，涵盖传统 BBS、公众号、微博等交流功能于一体的技术讨论平台。这样的平台通常是由各大云计算厂商自行构建的，出于商业目的考虑，在保证用户的使用体验的同时，也能够通过高级开发者的对话，给出下一代产品的研发和改进方向。

各个主流云计算厂商均有官方的技术交流社区，这里介绍几个典型社区。

1）云栖社区。为阿里云经营的云技术交流平台，广大开发者通过这些官方社区提供的管道，发布技术帖，并通过互动功能讨论技术问题。社区的组织者还经常组织线下活动，进一步促进开发者形成良性的互相学习交流机制。

2）亚马逊 AWS 技术社区。AWS 的中文技术社区活跃于 CSDN 的 AWS 频道，而不是下挂在 AWS 中国区的官方网站上，其组织频道包括博客、论坛、技术视频、应用案例等常见形式。

3）微软 Azure 技术社区。微软 Azure 社区是微软官方的技术支持网站，其组织形式与门户网站有些类似，一方面集成了自有的解决方案、文档、培训频道，还将 MSDN 技术论坛、Stack Overflow 技术问答中关于 Azure 的技术文章整合在一起。

4）华为云社区。为华为云的官方技术资料分享平台，内设博客、论坛、问答、专题、云市场热点等频道，并有大量的视频课程帮助用户上手华为的云服务产品。

5）其他第三方云计算技术社区。网络上还有多家涉及云计算技术相关的第三方技术交流平台，包括开源中国社区、CSDN 等。

4.3 云计算系统的运维

全球数以百万计的云服务器及其骨干网络所组成的云计算平台，日常是如何运维管理的呢？本节主要从云自身的维度，简述云计算系统的运维体系的要点。

4.3.1 云产品运维准入标准

云产品运行在大规模云平台上，其产品设计运维准入标准要比普通软件产品严苛许多，本节从产品设计准入、运维工具等角度简述。

1. 产品设计运维准入

对于一个动辄数百万个用户可见的产品，以及支撑这些用户产品的大量的后台软件所组成的云计算平台，运维的主要工作不是在产品上线后，而必须要在产品的设计开发阶段就要作为核心的任务来考虑。

产品在设计时需满足以下几点：

1）热升级。云产品必须支持热升级，升级过程中对业务的影响要小于一个极小的比例，且导致的错误客户端能正确处理。

2）模块服务冗余。产品相关模块不存在单点故障，所有模块均要有冗余，且单台机器故障（包括宕机、网络不通、磁盘故障、磁盘满等）不能影响服务可用性。

3）数据容灾。单台机器故障（包括宕机、网络不通、磁盘故障、磁盘满等）不能导致数据丢失，关键数据支持多机房或者异地灾备。

4）过载保护。云产品必须设计过载保护，不能因为压力过大导致服务不可用。过载保护包括每秒访问次数（Query Per Second，QPS）和每秒访问次数限制等。

5）安全防攻击。对公有云提供服务的业务，都必须考虑接入安全防攻击体系。

2. 产品线上的监控级运维工具

云产品在上线时，需接入基础监控以及应用级别的监控：

1）基础监控。包括系统级别的 CPU、内存、网卡、负载等，具体报警阈值由各个产品的特点来定；还必须包括进程、端口、JVM（Java 虚拟机）等的监控。

2）应用级的监控。包括整体应用的工作状态、负载情况监控等，其具体的监控实现方式包括运行日志关键字类型的监控等。监控添加完毕，必须验证监控的可用性。

云产品，尤其是公有云上的产品，为提高其监控响应时效，应当构建全链路监控体系，完成对所有服务模块的端到端的数据采集。最好是能够从网络（交换机）、操作系统、中间层、各个产品模块、数据库整个链路收集到详尽的系统运行数据，高效发现系统服务变坏的趋势，在更短的时间内做出响应。为提高系统监控的可读性，还可以引入大数据可视化的研究工作，构建云计算系统监控大盘，直观地将运行状态和潜在系统故障隐患表达出来。

思考题：

小赵是一个大型云计算平台上某款产品的产品经理，他所负责的产品部署在全球30个主要节点上，有100万用户在24h不间断地使用。按照产品的开发进度，每3个月会做一次线上的大规模热升级，应该尽可能不影响用户的使用。

请问小赵应该如何设计产品升级的策略呢?

4.3.2 数据中心自动化运维

数据中心是云计算的基础设施，服务器资源分配、带宽分配、业务支撑能力、流量防护和清洗能力，都是基于数据中心的大小和其带宽的容量，数据中心分布在不同的核心城市，辐射到周边城市，提供基础支撑。云计算系统的数据中心运维策略，就是要在数据中心的基础上找到尽量高效利用云资源的方法。

数据中心运维自动化是一组将静态的设备结构转化为根据数据中心服务需求动态弹性响应的策略，目的就是实现数据中心运维的质量，降低成本。可以说自动化一定是数据中心运维最重要的属性之一，并且需要与之配套的一系列软硬件平台环境及体系。

传统模式下，运维人员的工作模式是被动等待问题发生，然后再进行故障处理。根据有关数据统计，运维人员平均每天计划内的工作只占50%左右，剩下的时间都是在到处“救火”。随着云数据中心规模快速增长，运维人员需要处理的事件量越来越大，人工“救火”将力不从心。这就需要一个自动化的智能运维平台，利用大数据关联分析与机器学习技术为运维系统赋予人工智能，提供从故障预防到故障定位，再到故障闭环的智能保障能力。

当前的常用的自动化运维技术包括：

（1）主动故障预防 故障处理再迅速也不如不产生故障，尤其是在大规模云数据中心场景下，即便很低的故障率也会产生一定规模的故障，为了避免到处“救火”，最好的方法是做好“防火”工作。

1）减少人工操作引入故障。根据华为公司IT部门的统计，变更操作是故障的导火索，超过50%的故障是由变更中的人工操作引发的。大多数的重大事故都由变更引起，主要原因是变更操作复杂，人工处理容易产生误操作。因此，通过变更自动化避免人工处理引发故障，是降低故障发生率的一个非常重要的举措。

2）系统亚健康智能分析，提前发现故障隐患。利用大数据技术，结合故障特征库进行跨数据领域关联分析，提前发现隐患、预测故障，与自动化策略执行系统集成联动，在用户发觉问题前将问题解决，避免对业务造成影响。

（2）及时故障发现 云数据中心由于技术堆栈层次多、技术架构复杂，如何识别故障是个很大的难点。构建一个从资源到租户体验端到端的监控体系，全面掌握系统运行状态数据，有助于准确识别出业务系统响应慢、查询速度慢、产品质量差（问题多、交易失败率高）和用户数量少/资源利用率低等问题的根源，推动技术团队不断改进，达到持续优化的运维管理目的。

1）构建全链路、主动、智能的全方位、多手段和多指标监控体系。运维系统需要支持从机房设施、物理基础设施、跨数据中心骨干网络、虚拟化资源池到云服务和应用的统一管理，实现多数据中心和多维度的集中监控。当数据中心出现故障时，通过系统运行状态可视化，可以快速获取每个数据中心中资源和云服务的当前和历史运行状态，可以查看的信息包括性能容量、关联对象与告警，以及拓扑与各类日志信息。

2）系统运行状态可视化。在重点业务的服务运营保障中，通过可视化展示应用拓扑及其健康状态，可以使云基础架构与业务应用的各项运行指标和变化趋势一览无余。通过提供各类运维对象的性能容量、告警统计与分析、资源利用率的报表，以及健康度和容量预测报告，IT运维人员与管理人员可以利用这些信息来支撑月度/季度的运维质量分析和年度IT架构规划。

（3）智能故障定位 云时代由于分布式和微服务化软件架构的流行，业务调用关系越发复杂，出现故障后，对故障的快速定位是很大的挑战。

1）利用业务流跟踪系统快速故障定界。针对云服务微服务化后调用关系复杂和故障定位难的问题，需要有辅助定位工具来提高故障定位效率。通过对服务调用各环节SLA的监控来快速定位故障点，可以将故障定位的时间从小时级缩短到分钟级。

2）构建专家诊断系统，智能根因定位、已知故障自动恢复处理。例行进行故障总结分析与持续积累，通过专家诊断系统将专家经验固化，可以实现故障定位的智能化和已知典型故障的自动恢复操作。

（4）自动故障修复 云数据中心规模的扩大带来了一个很大的问题——故障数量的提升。根据华为自己的数据中心运维经验，一个较大规模的云数据中心，如果不进行故障的自动化归类和处理，每日各种级别的故障单可能超过上千个。因此，迫切需要运维系统能够识别常见的故障，并有相关的故障自愈策略进行匹配。当故障发生时自动执行闭环策略，对于常见故障无须人工干预即可自动闭环解决。

案例：

某云数据中心有百万级的服务器规模，在保障服务99.95%可用性甚至更高服务质量的前提下，试图大大提高运维效率，使得人均维护效率大大提高。通过公司自行研制的自动化与智能化运维系统，目前已做到了11个运维人员即可维护10万台设备的效果，资源使用率从10%以下提升至40~50%。

4.3.3 数据中心灾备

案例：

“911”事件发生后，摩根士丹利在世贸大厦25层的办公场所全毁，3000多员工被迫紧急疏散的情况下，半小时内就在灾备中心建立了第二办公室，第二天就恢复全部业务，可谓金融灾备的典范。与之相反，纽约银行（Bank of New York）在世贸大厦的数据中心全毁，通信线路中断后，缺乏灾备系统和有力的应急业务恢复计划，在一个月后不得不关闭一些分支机构，数月后不得不破产清盘。

在云时代，大量的金融、能源等核心行业的核心业务已经完全迁上云端，如果云数据中心灾备系统失灵，蒙受重大损失的就不是单个企业，而是企业群了。金融机构聚集的世贸大厦里的大量数据化为乌有，这样的灾难在云计算时代如果发生，损失之大，是没有人承受得起的。

没有人能保证软硬件设备永远不出问题，也没有人能保证数据中心所在的地点不会出现天灾人祸等极端事件，作为云服务的基础设施，云数据中心必须做好技术和应急处置方案。**数据灾备全称为数据灾难备份，是指为防止出现操作失误或系统故障导致数据丢失，而将全**

系统或部分数据集合，从应用主机的硬盘或阵列复制到其他存储介质的过程。

两个关键概念：

1）复原时间目标（Recovery Time Objective，RTO），是指灾难发生后，从IT系统宕机导致业务停顿之时开始，到IT系统恢复至可以支持各部门运作、恢复运营之时，此两点之间的时间段。

2）复原点目标（Recovery Point Objective，RPO），是指从系统和应用数据而言，要实现能够恢复至可以支持各部门业务运作，系统及生产数据应恢复到怎样的更新程度，这种更新程度可以是上一周的备份数据，也可以是上一次交易的实时数据。

RTO、RPO均无限接近于0，这是所有灾备产品的终极目标。

数据中心整体灾备技术可以分为以下四大类：

（1）冷备 冷备技术是中小型数据中心或者承载业务不重要的节点经常使用的灾备技术。冷备技术使用的通常是空闲设备，一般用于紧急情况，或者仅仅是布线、通电后的设备。用这种方式，数据中心业务恢复的时间难以保证，有时临时搭建的平台也可能因为不稳定而再次出现中断。这种方式不必准备大量的空闲设备，维护成本可以忽略不计。目前，冷备技术已经越来越无法适应数据中心高要求的发展，逐渐成为一种淘汰的技术方式。

（2）暖备 暖备技术是在主备数据中心的基础上实现的，前提是拥有两个一主一备的数据中心。备用数据中心为暖备部署，应用业务由主用数据中心响应，当主用数据中心出现故障造成该业务不可用时，需要在规定的RTO时间以内，实现数据中心的整体切换。当实现主备数据中心切换时，需要断开主用数据中心路由链路，并连接备用数据中心路由链路，保证同一时间只有一个数据中心在线。暖备技术还是手工方式，操作时需要有人24h值守才能完成，工作效率较低。

（3）热备 相比暖备，热备最重要的特点是实现了整体自动切换，其它和暖备实现基本一致，实现热备的数据中心仅比暖备的数据中心要多部署一个软件，软件可以自动感知数据中心故障并且保证应用业务实现自动切换。业务由主用数据中心响应，当出现数据中心故障造成该业务不可用时，需要在规定的RTO时间内，自动将该业务切换至备用数据中心。

（4）双活/多活 通过双活技术可以实现主备数据中心均对外提供服务，正常工作时两个数据中心的业务可根据权重做负载分担，没有主备之分，分别响应一部分用户，权重可以是按地域划分，或数据中心服务能力或对外带宽。当其中一个数据中心出现故障时，另一数据中心将承担所有业务。除了双活技术还有多活技术，多活就是业务在多个数据中心上同时运行，当有一个或多个数据中心故障时，其他数据中心将自动接管所有应用业务。在具体实现上，多活技术部署了很多种检测故障的方式，还可以实时检测服务器的运行状态、服务器负载均衡的情况，即使在没有故障的时候也可以根据应用业务量在多活数据中心之间调整。多活的最大特点是不会造成数据中心的资源浪费，数据中心都承载应用业务运行，但投入成本较高，实现技术也更为复杂，现在金融行业、互联网行业的数据中心都乐于采用多活技术。

四种灾备技术的对比如表4-6所示。

表 4-6　四种灾备技术对比

	冷　备	暖　备	热　备	双活/多活
RTO	恢复时间长，不可预知	恢复时间较短	恢复时间较短	恢复时间短
硬件成本	几乎可以忽略	一般	一般	一般
软件成本	几乎可以忽略	几乎可以忽略	较低	较高
实现复杂度	简单	简单	较易	复杂
运行稳定性	低	较低	较高	高
自动化	人工	人工	软件自动	软件自动
运维成本	低	低	较高	较高

4.3.4　绿色数据中心

数据中心不仅仅是一些服务器的集合，还包含数据通信连接、环境控制设备、监控设备、冷却系统以及各种安全设备，而且可根据用户的需要提供全天候无间断服务，因此一个云数据中心的耗电量是非常惊人的，大型数据中心的用电量几乎与一座中型城市相当。调查发现，全球各大网站数据中心的用电功率，相当于 30 个核电站的供电功率，而根据 IBM 公司的统计表明，能源成本占数据中心总运营成本的 50%。

PUE（Power Usage Effectiveness）可用于表示数据中心能源的使用效率，为数据中心所有消耗的能耗与实际负载使用的能耗之比，如式（4-1）所示。PUE 是国际上通行的数据中心电力使用效率的衡量指标，国内也很常用。PUE 越接近 1，表示数据中心越节电。机房平均负载率越高，意味着配电系统和空调系统的使用效率越高，PUE 值越小。但是在什么地方计量数据中心的全部能耗？在什么地方计量 IT 负载使用能耗，式（4-1）并没有给出，对于同一个机房，如果计量点不同，得到的 PUE 值肯定不同。为此国家标准《数据中心　资源利用　电能能效要求与测量方法》GB/T32910. 3-2016（以下简称 GB32910. 3）给出了更为详尽的计算数据中心机房电能使用效率（Data Center Electric Energy Usage Effectiveness，EEUE）的计算公式和计量位置图，如图 4-12 所示，其中“其他系统能耗”主要指室外照明、办公区能耗。国家标准 GB32910. 3 定义的 EEUE 是：同一时间周期内数据中心总电能消耗量与信息设备电能消耗量之比。其计算公式如式（4-2）所示。

$$\mathrm{PUE}=\frac{\text{数据中心全部能耗}}{\text{IT 负载使用能耗}} \tag{4-1}$$

$$\mathrm{EEUE}=\frac{\text{数据中心总电能消耗量}}{\text{信息设备电能消耗量}} \tag{4-2}$$

数据中心高耗能会带来诸多方面的问题。第一，高耗能给数据中心周边的供电能力提出了很高的要求。该因素将极大地制约国内单个数据中心的规模以及数据中心的分布密度。第二，高耗能会极大地增加运营成本，降低企业的利润率，不利于企业的发展。第三，高耗能意味着大量的二氧化碳排放，将造成生态环境恶化。

因此业界提出了绿色节能的概念，国际上普遍通过应用节能、节水、低碳等技术产品以及先进管理方法建设绿色数据中心，实现能源效率最大化和环境影响最小化。常见的绿色节能技术包括：

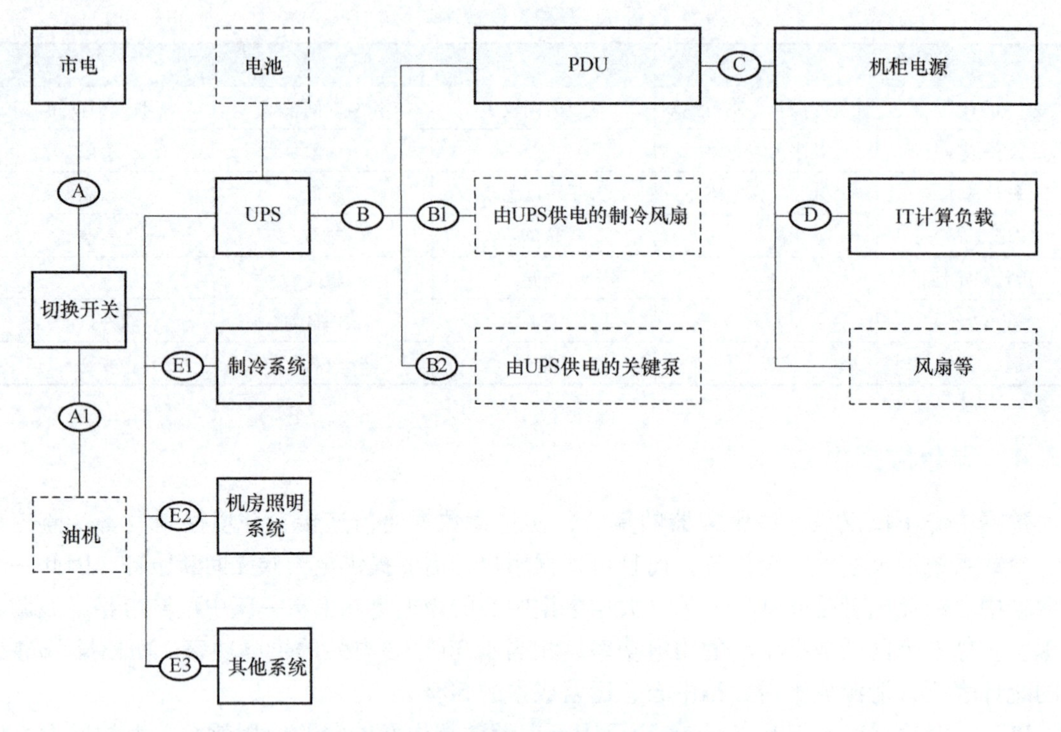

图 4-12　数据中心电能消耗测量点

1）**处理器节能技术。**主要通过电压、功率的调节，通过使处理器的运算速度“变慢”，或者动态关闭处理器上的部分构件，来提升能效，也可采用集中式的电源提供，压缩损耗。

2）**服务器节能技术。**主要通过虚拟化技术中的软硬件分离特性、动态启动和调整特性、动态迁移特性，灵活配置和管理资源以节约能耗。

3）**存储系统节能技术。**任何一种磁盘功耗管理策略均遵循一个事实，即磁盘可以工作在满负荷的高功耗模式以及负荷较轻的低功耗模式。通过二者之间的状态转换，可以寻找一个能耗与性能的平衡。

4）**网络节能技术。**主要通过将网络流量整合到少量的链路上，并将空闲的链路关闭以实现节能。

5）**面向制冷系统的节能技术。**制冷系统是数据中心耗电量最大的基础设施。目前数据中心制冷的常用方式有风冷、水冷以及机架内利用空气—水热交换制冷等。

案例：

谷歌作为全球最大的搜索引擎，拥有以太级别的数据，依靠的是遍布全球的 36 个数据中心，而仅仅是美国俄勒冈州达拉斯的云计算数据中心，每天的耗电量与瑞士日内瓦相当。谷歌在达拉斯市的哥伦比亚河畔的数据中心，通过在河畔建造大型冷却塔为数据中心制冷，节约了大量的能源。

案例：

阿里张北云计算基地计划占地 630 亩，预计规模为数十万台服务器。阿里云选址在张北建设数据中心，原因之一在于张北丰富的风能和太阳能资源，该地区目前风电装机容量达 233 万千瓦以上、签约光伏开发总规模 14 万千瓦、年风电光伏发电量达 60 亿千瓦时，为

100%清洁能源。此外，该地区常年低温、平均温度 2.6℃，预计全年只有两周需要开启传统的压缩机空调制冷，仅制冷能耗就能降低近 60%。张北两座数据中心的设计 PUE 均低于 1.25，最低可以达到 1.13，达国际领先水平。

其中，阿里张北数据中心的自研分布式电源储能技术和能源互联网技术，能实现最大程度的新能源供电，并保证机械制冷与自然风冷之间的精确控制调换。特别地，冀北电网希望租用当地老百姓屋顶发展太阳能，实现分布式发电，而阿里数据中心能就地消费这些光伏发电的电能。

4.3.5 海量日志数据管理与分析

日志数据是系统健康状况评估、问题诊断的第一手资料，因此对日志数据的分析是特别重要的事情。当前世界上的主流云计算厂商拥有巨大的服务器规模以及用户规模，其日志总量或每日新增的日志量都是惊人的。传统的领域专家结合计算机辅助的方式根本无力应对如此庞大的日志数据，必须借助大数据和人工智能技术，才有可能有效挖掘日志中的重要信息，对全球化的云计算系统有及时、第一手的状态评估，并从数据中挖掘更多有商业价值的信息。

日志数据的管理分析体系主要分为数据采集、数据计算、数据服务和数据应用四大层次。

1）数据采集。收集云计算系统中从数据中心监测数据，到虚拟化的云设备运行数据，再到业务层数据，并能够及时对收集上来的日志数据做清洗，以日志文件或数据库的方式保存。

2）数据计算。利用大数据和人工智能分析方法，通过数据建模或者规则过滤等方法将日志数据中有规律、有价值的信息挖掘出来。计算的方式可以细分为离线计算和实时计算，其中离线计算通常适用于对时效性要求不高的复杂计算问题，而实时计算通常适用于对精度要求不高，但是要求立即有可接受的结果的情况。

3）数据服务。将以上有价值的信息，以及相应的原始日志数据归集到一个集中的服务系统中，打通各个日志来源之间的天然壁垒，通过全链路全生态的综合数据服务呈现方式，让日志的数据服务产生更大的价值。

4）数据应用。将数据服务的结果，映射到实际业务中去。实际的业务需求可以是对云计算系统内部的需求，也可以是对使用云计算系统的外部用户的需求。

案例：

下面以阿里巴巴对日志数据的分析实现为例给出说明。

由于阿里是一家多业态的互联网公司，在底层有完全自主开发完成的云计算系统和全球部署的云平台，在应用层有从电商，到娱乐，再到线下生活在内的多样化业务，各条业务线的系统每时每刻都在产生海量的数据。海量数据的分析与处理对其具有深远的意义。阿里的日志分析系统的架构如图 4-13 所示。

阿里巴巴拥有一套标准的数据采集体系方案并将其传输到大数据平台，日志采集体系有多个方案来共同实现。数据采集完成日志归集后交由数据计算平台跟进，数据计算层包括两大体系：数据存储及计算云平台（离线计算平台 MaxCompute 和实时计算平台 StreamCompute）和数据整合及管理体系。阿里巴巴的大数据工程师在这一体系下，构建统一、规范、

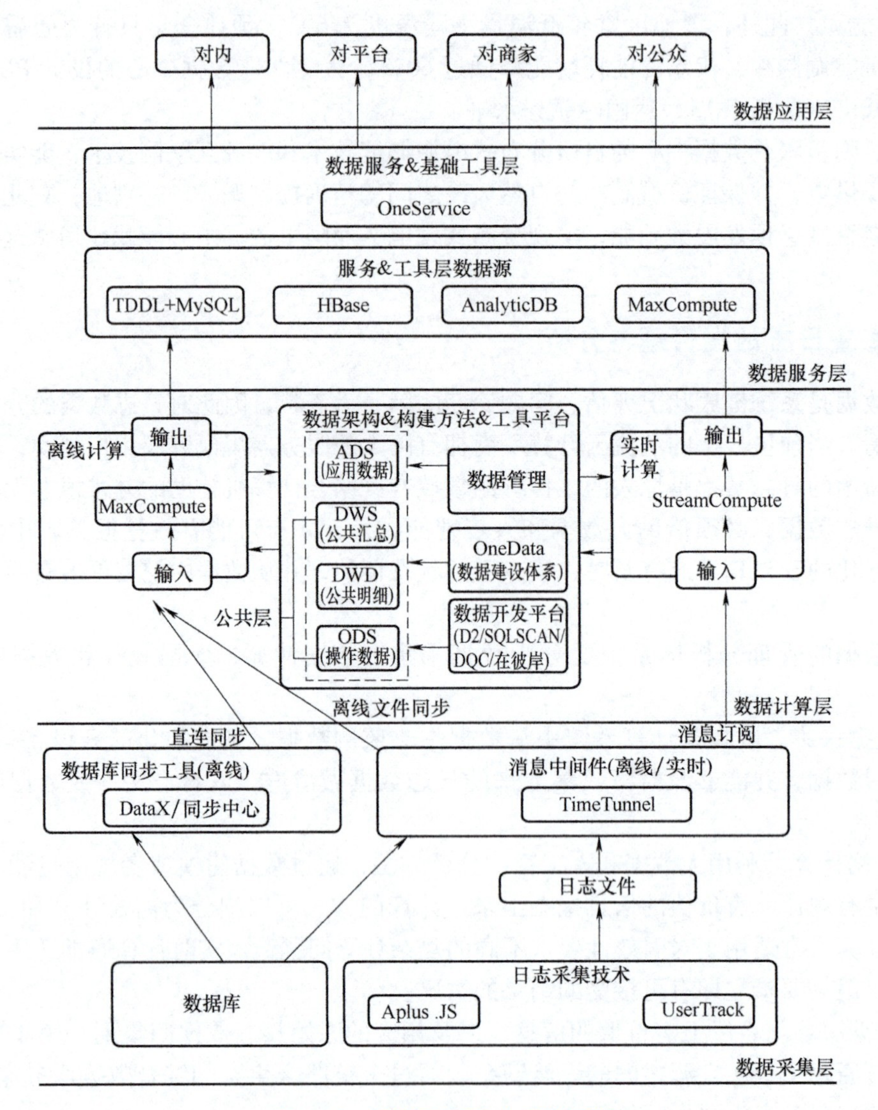

图 4-13　阿里巴巴日志系统示意

可共享的全域数据体系，避免数据的冗余和重复建设，规避数据不一致性。借助这一统一化数据整合及管理的方法体系，进一步构建了数据公共层。为了有更好的性能和体验，阿里巴巴构建了一个专门的数据服务层，通过接口服务化方式对外提供数据服务。数据已经准备好，需要通过合适的应用提供给内部和外部用户，让数据最大化地发挥价值。阿里对数据的应用表现在各个方面，如搜索、推荐、广告、金融、信用、保险、文娱、物流等。

通过大数据日志分析与应用，阿里云计算系统的稳定性得到了大幅度的提升，构建于阿里云平台之上的各个业务应用，在收入增长方面也达到了一个井喷状态。

4.3.6　云资源弹性调度

4.3 节前面 5 部分分别从数据中心、云产品、海量日志角度讲解了云计算系统的运维。本节以此作为基础，重点描述云计算系统在资源弹性调度方面的综合能力与实际应用表现。

所谓资源弹性调度，指根据不同时刻、不同功能和性能要求，云计算资源的自动化增加和移除的调度方式。资源的弹性调度可以应用在有周期性规律的场景，也可以应用在临时突发的资源需求场景下。满足这样要求的云计算系统底层软件环境，称之为弹性操作系统。

在弹性大数据操作系统架构方面，以轻量级虚拟化和容器技术为基础，将数据源接入、异构数据源操作、新型计算资源、新型数据组件系统等都通过容器进行包装，从而形成统一的资源管理和调度单位，通过去中心化的调度模型降低大规模数据中心任务调度的相应延迟，提升数据中心资源的利用率。

在弹性操作系统内核管理方面，着重于数据全处理流程管理、全生命周期管理、层次化权限管理。重点支持根据数据和分析任务的重要性、安全性、急迫性，为价值高的数据或分析任务分配高效率资源，对价值低的任务分配低效率资源甚至进行压缩存储或者放入等待队列。

弹性操作系统内核引擎主要组成如图 4-14 所示，具体模块包括：

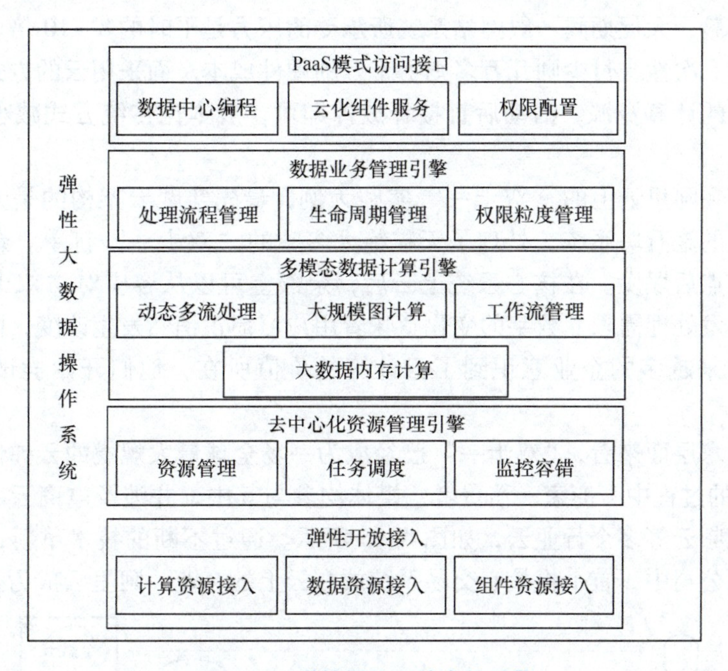

图 4-14　弹性操作系统内核引擎

1）弹性开放接入技术。弹性开放的关键技术，包括计算资源的弹性扩展、数据资源的弹性扩展，以及数据组件的弹性扩展。通过开放式的扩展引擎为整个云计算系统提供灵活、强大的数据、资源、功能扩展能力。

2）数据业务管理引擎。在处理层面，面向数据存储、计算、分析、挖掘、抽取、转换、加载等数据全处理流程的弹性架构，为资源利用的最大化提供架构设计保证；在数据层面，面向多源数据、离线数据、在线数据、目标数据、历史数据等数据全生命周期的弹性架构，为资源效益的最大化提供灵活的管理策略。

3）支持多模态数据计算的弹性引擎架构。提供面向高速流式数据环境下实时性要求的弹性计算框架以及通用的流式数据查询语言和分析操作能力，大幅度降低响应延迟和数据价值流失率。

4）去中心化的资源管理引擎架构。云计算平台的规模和部署方式，使得传统的基于中心节点的调度策略在性能上受制于节点和任务的规模，在性能上会有较大的问题。去中心化的调度技术能够适应大规模节点和任务管理的需要，提供低延迟的任务调度保证。

5）支持 PaaS 模式访问的对外服务接口。将弹性操作系统的功能汇集到一个 PaaS 平台，对外提供数据中心编程、云化组件服务以及权限配置接口。通过弹性大数据操作系统资源虚拟化和资源管理调度引擎，完成对大数据分析的计算和存储资源的统一调度和管理，为多租户、多应用提供 PaaS 级的海量数据分析服务。

案例：

下面以阿里巴巴“双十一”的云资源调度作为一个实践案例。2017 年阿里巴巴“双十一”当天系统交易创建峰值达到 32.5 万笔/s，支付峰值达到 25.6 万笔/s。零点钟声之后仅仅 3 分钟成交即达到了百亿人民币。这种瞬间爆发式的交易量对于电商平台来说无疑是一种巨大的考验，云计算的弹性特性在这其中发挥了重要的作用。

根据过往经验，大促期间一般网站系统所承受的压力是平时的 8～10 倍。如果采用传统架构，商家需要一次性支付少则几万多则上千万的硬件成本。而采用云的方式后，只需要在活动期间开通新的计算资源，活动后直接释放掉即可，成本比传统方式减小了不止 1 个数量级。

以阿里电商在阿里云上的“双十一”实践为例，最先实践云架构的是天猫自己。搭建在阿里云平台上的聚石塔系统，处理了天猫绝大多数的“双十一”订单。余额宝的清算压力同样集中在零点后爆发。在核心系统上云后，余额宝可以从容应对“双十一”规模的资金变动及海量并发处理需求。数字的变化意味着用户习惯正悄然发生改变，网购人数的裂变式增长，也让越来越多的企业意识到了云计算的价值所在，他们开始尝试拥抱云上电子商务。

从背后的技术层面来看，“双十一”已经成为一场全球最大规模的云弹性架构实践，在“双十一”实现的过程中，商家、消费者、媒体均参与其中，并涉及电商云、金融云、物流云、移动云、视频云等多个行业云，如图 4-15 所示。通过不断的技术革新，阿里巴巴成为全球大型互联网公司中，首个将核心交易系统放在云上的企业，阿里云成为全球最早有能力

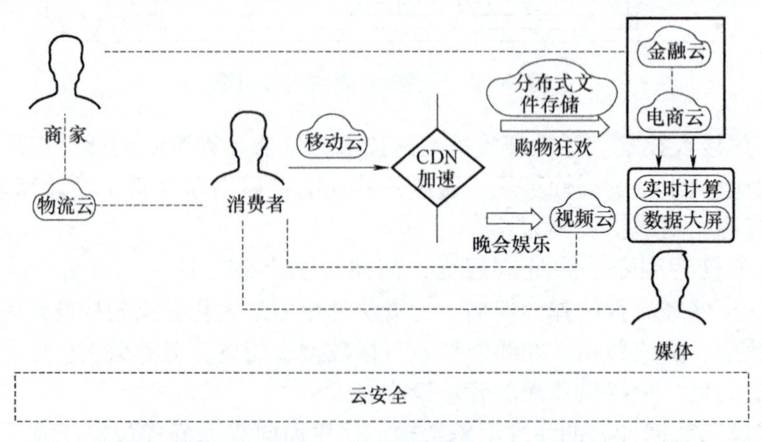

图 4-15 “双十一”购物狂欢节上云示意

支撑核心交易系统的云服务商之一，阿里云通过在自身最重要商业环节中的实践，验证了云计算的安全性和可靠性，向世界证明云计算的优势。

4.4 DevOps 及其实践

云计算平台具有如此强大的能力，传统企业如何才能把自己的系统和业务更快地搬到云计算平台上呢？本节主要从使用云计算技术的，有开发能力的用户角度，给出云上软件研发的 DevOps 机制。

4.4.1 DevOps 概念及其内涵

自 2017 年开始，DevOps 的概念热度在企业和开发者中迅速上升，很多企业都想利用 DevOps 加速自身业务的上线，从而提高企业的生产能力和效益。然而很多人都没有搞清楚 DevOps 到底是什么，这里把 DevOps 的定义往后面放一放，首先分析一下其内涵：DevOps 实际上是一种新的开发文化，鼓励在开发的全过程中更好地通过交流和协作，从而构建可靠性更高、质量更好的软件，如图 4-16 所示。DevOps 通过自动化的技术支持，和沟通、合作、整合的内在力量，实现一件事情的快速迭代，这种迭代甚至并不限于云计算或计算机软件本身，而是一种通用的工作方式。

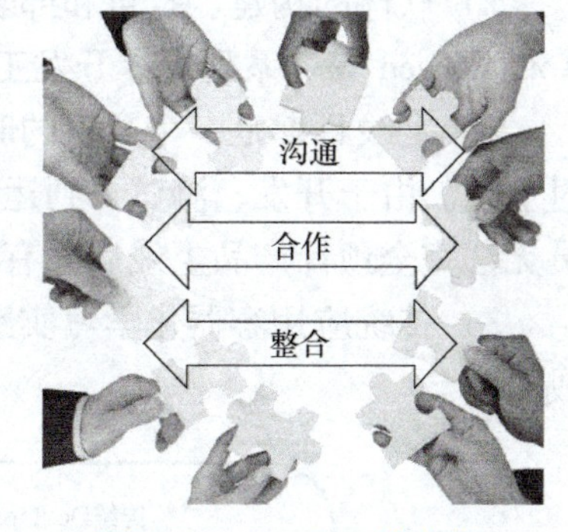

图 4-16　DevOps 的内涵

对于计算机软件研发行业，DevOps 可以被定义为一种提倡开发环节和运维环节之间高度协同，从而在完成高频率部署的同时，提高生产环境的可靠性、稳定性、弹性和安全性的研发方式。

有对开发比较了解的读者可能会问，DevOps 与敏捷开发看起来很像，它们是不是一回事呢？如果不是其不同点在哪里？软件的敏捷开发模型，其基本原则就是以更快的频率交付最小化可用的软件。在敏捷流程中，每一个迭代周期结束的时候都应当出现一个可交付或者可用的结果。这样必然会导致高频率的部署运维工作，而要让软件的最终用户满意，部署运维工作出了问题，或者延期了，整个软件的好评度就没有办法提升。

软件研发过程中的 DevOps，则正好要理顺开发和运维这一流程，保证敏捷开发出来的新的功能和性能，能够通过系统性的框架保障其更快速、更稳定地顺利上线。因此，可以说 DevOps 和敏捷软件开发是相辅相成的关系，因为它拓展和完善了持续集成和发布流程，可以确保代码是生产上可用，并且确实能给客户带来价值的。

DevOps 模式通常会被应用于如下几个情形中：

1）开发→部署：代码开发、集成、测试、信息安全环境等与部署环境要互相兼容。

2）部署→开发：建立重大部署时间表和要求，并同步这些信息给开发者。

3）开发→运维：开发人员投入到运维的工作中，并且为运维人员提供交叉培训，增加其处理问题的能力。

4）运维→开发：将运维的流程、资源同步给开发，帮助开发尽早了解运维过程中可能出现的问题。

思考题：

小张是一个经验丰富的运维工程师，承担了 10 多项公司重大项目的运维工作。在工作中他发现不同项目由于开发者的习惯不同，对部署运维的要求也不统一，导致小张的工作效率很低。请问小张应该怎么解决这个问题呢？

4.4.2 传统企业实现 DevOps 上云

如今，企业上云使用云已是常态，云计算和容器技术从基础设施层面进一步解开了研发运维的枷锁，除了传统的配置管理类型诸如 Puppet、Chef 等 DevOps 工具，也出现了多种其他类型来源的 DevOps 工具和解决方案，大多都面向和基于云基础设施和容器，以最大限度地提升 Dev 和 Ops 的效率，加速业务创新。

传统企业为什么要借助 DevOps 上云呢？主要有如下三个原因：

1）软件的构建、打包和部署是发布中的关键步骤，企业级开发者往往需要依赖 Make、Ant、Maven 等一系列编译开发工具才能完成源代码的编译和链接。

2）上线日期是一个严格的时间，研发时间紧张的情况下，常常不得不以质量为代价按时上线。由于开发、测试再到运维的整体流程没有打通，导致可见性和透明度不好，开发人员无法完全预计产品上线后会有哪些意外发生。

3）传统应用容器化学习实践成本高，应用容器化搬迁需要专人手工处理，时间和财务成本高。

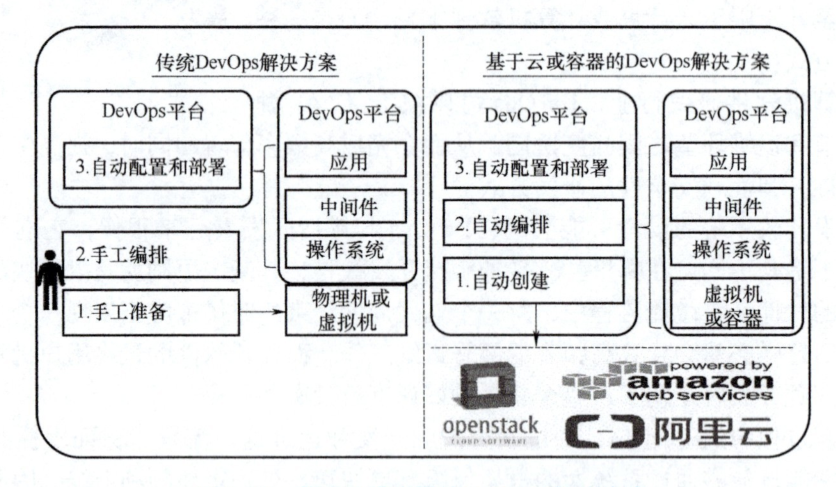

图 4-17 基于云或容器的 DevOps 解决方案

与仅仅基于容器技术的上云方式相比，基于 DevOps/容器结合的上云方式最大的变迁在于环境与应用的自动化部分：从配置管理（Configuration Management）扩展为基础设施自动化（Infrastructure Automation），从应用部署（Application Deployment）扩展为应用生命周期管理（Application Lifecycle Management）。

具体来说就是，从局部、静态的配置管理和部署交付，转变为实现了全方位开发和运行环境一致的自动化部署交付。自动化范围纵向上既涵盖下层资源环境也覆盖上层应用，横向上涵盖面向物理机、虚拟化、公有云、私有云各个基础设施环境的管理，管理过程涵盖产品的整个生命周期。

另一方面，为了让容器技术更加匹配企业快速上云的需求，容器本身和大规模容器的组织调度架构（容器编排）也在不断地演进过程中。旧有的开源将容器技术以及编排管理技术（如 Docker 与 Kubernetes 等）在企业落地过程中，往往仅适用于企业增量业务，面对帮助企业存量业务如何拥抱新技术方面时，一直很难找到一座合理的桥梁。阿里巴巴在这方面做了一些有意义的尝试，推出了 Pouch 容器（PouchContainer），并在“双十一”、蚂蚁金融、阿里云专有云等大量的业务场景中得到了实战检验。

PouchContainer 的富容器技术，主要用来解决“开发运维侵入性”的问题。其不但具有容器的优势，还能兼容传统虚拟机时代的应用开发运维模式。容器技术没有权利定义业务开发运维模式，而 PouchContainer 的富容器技术，则为行业容器技术做了至关重要的补充，通过预启动钩子（Prestart Hook）和后停止钩子（Poststop Hook）将运维环境直接挂载到了容器环境中。另外，富容器技术并不是 PouchContainer 的默认模式，传统模式依然被友好支持，用户完全可以按需灵活选择模式。

PouchContainer 管理一个富容器，其生命周期从启动至停止，可以分为 6 个阶段，如图 4-18 所示。

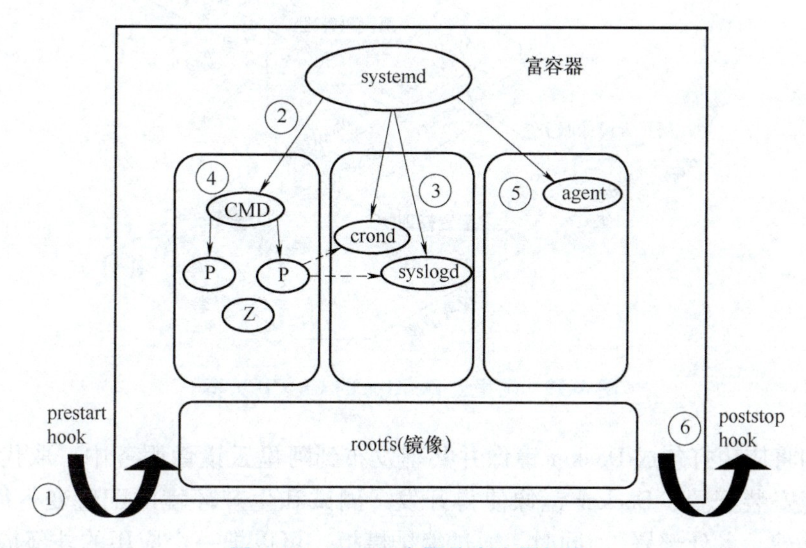

图 4-18 Pouch 容器的富容器技术

1）执行 prestart hook。任务初始化，比如初始化运维环境，如配置网络路由等。

2）启动富容器内部的 systemd。启动容器内部的 systemd 进程，该进程的 pid 为 1，具有容器内部的管理能力。

3）启动富容器内部的系统服务进程。富容器根据实际需求启动系统服务。

4）启动富容器内部业务应用。通过特定配置，保证一旦业务应用在运行过程中产生僵尸进程，systemd 有能力对其进行回收。

5）启动富容器内部用户指定的运维组件。用户指定的运维组件需要在最后时间运行完毕，以保障在业务运行过程中所需要的业务运维需求。

6）富容器开始执行 poststop hook。当业务完成或者出现异常，poststop hook 帮助容器在停止前完成必要的清理工作。

案例：

某国外客户落地中国，后台有几种语言编写的数十个应用，需要短时间内完成从国外到国内的迁移。用户将应用打包成 Docker 镜像，部署在阿里云容器服务上。整个过程无须修改程序源代码即可完成。在实施上，采用 DevOps 的组织更有可能做到按需部署，并会优先考虑流程自动化，而不是仅仅考虑实施敏捷开发。

客户上云使用了持续集成/持续部署（Continuous Integration/Continuous Deployment，CI/CD）方案，如图 4-19 所示。该方案将所有相关人员、环境、基础设施集成到同一个大的解决方案中。用户在每个步骤阶段都有对应的工具，具体而言其作用如图 4-20 所示。首先通过 Derrick 等容器工具实现客户应用的容器化，随后通过 CodePipeline 等 CICD 工具协助完成复杂烦琐的持续集成/持续部署工作，进而通过镜像服务简化 Registry，支持全球多点的运维工作，最后通过业内最流行的 Kubernetes 和 Swarm 两种容器编排机制持续稳定运行客户的系统。

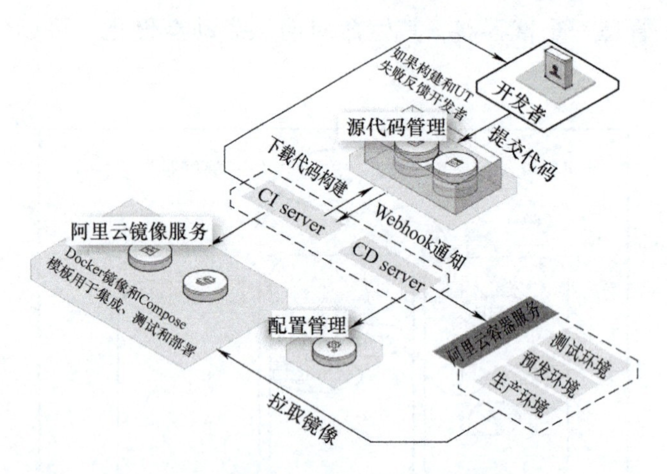

图 4-19　阿里云 DevOps 的 CI/CD 方案

工程师们将应用打包成 Docker 镜像并共享发布到阿里云镜像服务中，取代了传统的程序分发及环境安装配置，Docker 镜像使得开发、测试和生产环境的配置变得简单而高效，实现“一处构建，各处部署”。同时，通过编排模板，可以把一个应用的外部依赖、服务之间的关联，全部变成可追踪的代码，并且对版本管理进行更好的管控，以便快速上线和回滚。通过编排，以及与上层应用无关的不间断发布等发布策略的支持，极大提高了线上应用的可用性，降低了发布风险，提高业务系统的迭代速度。

最后的效果如何呢？用户将应用打包成 Docker 镜像，部署在阿里云容器服务上，整个过程无须修改程序源代码即可完成，其主要好处在于：

1）针对多种主流应用框架轻松实现容器化搬迁。采用阿里云容器服务 + Derrick 自动化搬迁工具，轻松实现高效应用容器化构建及搬迁（将非容器化应用转变为容器化的过程，并上云）。

2）容器化构建及搬迁过程完全自动化。实现从代码变更到代码构建，镜像构建和应用部署的全流程自动化。自动完成从代码提交到应用部署的 DevOps 完整流程，确保只有通过自动测试的代码才能交付和部署，高效替代业内部署复杂、迭代缓慢的传统方式，即容器技术负责交付的不仅是代码，还有基于不可变架构的运行环境。

3）统一运维流程。

4）普通容器化手段节约 80% 的时间。

5）可以按需或每天多次部署代码。

业界也有普遍的统计数据：GitLab 发布的 2018 年全球开发人员报告显示，软件专业人士共同认识到在高度协作的 DevOps 风格环境中工作的价值，并体会到了这样做的好处。65% 的受访者表示，DevOps 节省了大量时间，如果只关注于管理人员则更是高达 81%。虽然开发人员和管理人员可能在文化上保持一致，但工作流程和工具障碍会延迟交付并阻碍团队发挥其全部潜力。

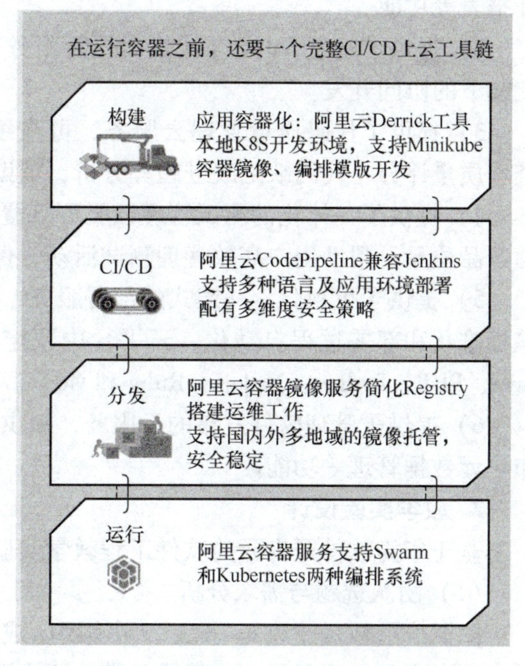

图 4-20　阿里云 DevOps 云工具链

4.4.3　实验设计——软件工程开发云

为了让读者更深刻地理解 4.4 节关于 DevOps 的内容，本节给出一个 DevOps 的实验设计。

1. 华为软件开发云介绍

华为软件开发云是华为公司通过云服务的方式面向中小软件企业、软件外包企业、双创企业、互联网企业、高校和广大的软件开发者提供的一站式云端 DevOps 平台，能够支持 Web 开发、移动 App 开发和云服务开发等。开发团队可以基于云服务的模式按需使用，在云端进行项目管理、配置管理、代码检查、编译、构建、测试、部署、发布等，如图 4-21 所示。主要功能包括：

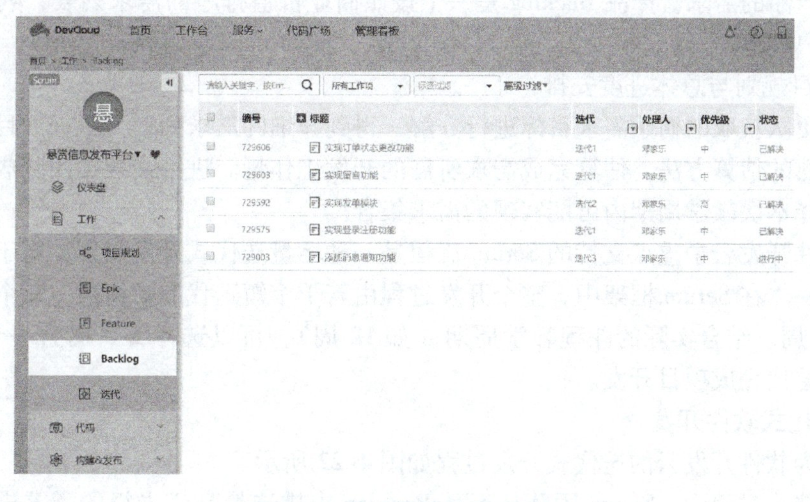

图 4-21　华为软件开发云平台

1）提供了多项目管理、敏捷迭代管理、需求管理、缺陷跟踪、社交化协作、多维度统计报表等功能。

2）提供了基于 Git 的在线代码托管服务，在开发完毕后可以一键推送至云端，实现线上线下的协同开发。

3）提供了代码质量管理云服务，可在线进行多种语言的代码静态检查、代码安全检查、质量评分、代码缺陷改进趋势分析，辅助用户管控代码质量。

4）提供了一体化的测试管理云服务，覆盖测试需求、用例管理、缺陷管理，多维度评估产品质量，帮助用户高效管理测试活动，保障产品高质量交付。

5）提供了可视化、一键式的部署服务，支持并行部署和流水线无缝集成，实现部署环境标准化和部署过程自动化。云平台中预定义了主流编程语言的部署模板，包括 Tomcat、Java、PHP、Python、Nodejs、Ruby 和 Go。

6）提供了管理软件发布的云服务，提供软件仓库、软件发布、发布包下载和上传、发布包元数据管理等功能。

2. 教学实验设计

基于华为软件开发云的软件工程教学实验包括如下环节：

（1）团队选题与需求分析

团队成员数量建议 4 ~ 6 人，明确团队成员在项目中扮演的角色，如项目经理、开发人员、测试人员、质量保证小组成员等。要求团队成员从自己、同学或亲朋好友的实际需求出发，选择合适的题目，然后对每个成员收集到的选题从软件开发的意义、软件的竞争性、开发可行性、开发时间与成本约束等角度进行对比分析，明确团队最终的选题。

选择合适的需求获取方法，如访谈法、研讨会法、调查问卷法、阅读法等手段，通过与目标用户进行沟通，理解用户的业务目标和具体需求，明确用户需求的应用场景，并进一步确定需求的优先级。利用用户故事（User Story）或用例模型等方式对用户需求进行记录和建模，完成初始的需求规格说明设计。

通过华为软件开发云新建“Scrum 流程”，管理整个开发项目的流程，建立产品 Backlog 来管理软件产品的需求。产品 Backlog 是一个按照商业价值排序的需求列表，列表条目的体现形式为用户故事。

（2）项目规划与总体进度安排

对项目团队获取的初始需求目标进行分解，得到详细的需求列表。根据项目组的历史开发经验或成熟的估算方法，估算完成需求所需的开发工作量。进一步根据团队成员的可用工作时间，选择本次教学周期内可能实现的需求集合。

华为软件开发云中重点支持的 Scrum 流程是一种增量迭代式开发过程，属于主流的敏捷开发方法之一。在 Scrum 框架中，整个开发过程由若干个短迭代周期组成，每个迭代的建议长度是 1 ~ 4 周。结合实际的课程教学周期（如 12 周），可以选择每 3 周为一个迭代周期，并开展 3 次迭代完成项目开发。

（3）迭代式软件开发

基于华为软件开发云的迭代式开发过程如图 4-22 所示。

在每次迭代过程中，Scrum 团队从产品 Backlog 中挑选最高优先级的需求进行开发。挑选的需求在迭代计划会议上经过讨论、分析和估算得到相应的任务列表，即迭代 Backlog。

开发过程中，利用华为软件开发云提供的代码托管服务和代码质量管理服务，对团队代码进行管理；利用部署服务和测试管理服务对当前产品进行部署和测试，同时邀请最终用户（需求提出者）进行试用和确认测试，最终修复测试中发现的 bug。

在每次迭代结束时，Scrum 团队将提交潜在可交付的产品增量，同时，讨论下一次迭代将要完成的任务。

在每次迭代完成后，需要提交的报告如下：

1）每日报告。团队在迭代开发周期内，每天完成一次每日报告，包括：每个人的工作、昨天已完成的工作、今天计划完成的工作、工作中遇到的困难、立项目燃尽图。

2）迭代版本测试报告。基于华为软件开发云的测试模块，写出软件的测试过程和测试结果，包括发现的 bug 数量和类型、建立测试矩阵、开展面向最终用户的场景测试等。

3）迭代版本发布说明。列出当前版本相对于前一次迭代版本的新增功能（如有）、列出这一版本相对于前一次迭代版本修复的缺陷（如有）、预期的典型用户、当前版本的功能描述、对运行环境的要求、安装方法、描述已知的问题和限制、列出软件的发布地址等。

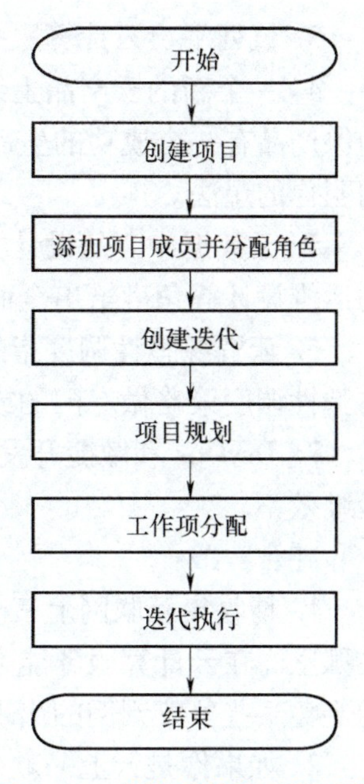

图 4-22　迭代式软件开发过程

（4）项目发布与总结　经过几轮迭代式开发，在最终用户确认测试的基础上，利用华为软件开发云平台的软件发布服务进行项目的发布，并提交完整的用户手册和项目总结。在项目总结报告中，需要涵盖如下内容：

1）团队开发的软件是面向哪些用户的，解决哪些问题。

2）团队是如何进行项目管理的，开发过程是否按照预期计划完成的，有什么风险是开始没有估计到的。如未按计划完成，请分析原因。

3）团队成员是如何分工协作的，有哪些经验教训，在开发过程中如何解决组员的不同意见。

4）用户对软件功能的接受程度是否和预期的一致，对最初目标的完成程度如何。

5）项目开发过程中面临最大的困难是什么，哪些方面完成的比较好。

6）通过这个项目实施，团队有哪些收获，还有哪些需要改进的地方。

通过上述教学实验可以帮助学生体验企业实际的开发流程，建立工程化、团队化和用户至上的软件开发意识，能支持 Web 开发、移动 App 开发和云服务开发。

习题

1. 云计算系统早期的服务器为什么会选用标准化的管理模式，后来为什么又会出现非标准化的服务器，你觉得都有哪些云计算场景需要特殊的硬件设计？

2. 请任意选择一个境外主流云计算服务商和一个境内主流云计算服务商的官方网站，首先比较两者对产品分类的方式有什么相似性与不同，然后将其售卖的产品清单提取出来并进行比较，尝试总结两至三条国际国内云计算服务商产品的差异。

3. 试列举出云计算服务的主要售后服务形式，并详述每一种形式的具体实现方式。

4. 一个新的云产品上线前，如果你是最后需要把关的人，你会设置什么样的标准来确保产品有一个成功的生命周期呢？试从产品的目标用户、软件设计、系统运维等多角度阐明你的想法。

5. 云数据中心的设计方案，需要重点考虑哪些因素。试从灾备设计、节能设计、自动运维设计等角度给出全面的设计报告。

6. 云资源弹性调度指的是什么，你认为在互联网服务的哪些场景下，需要对云资源的弹性调度策略做专门的或者提前的优化措施。

7. DevOps 和敏捷开发的不同点在哪里，两者如何配合才能更好地提高开发、部署、运维效率。

综合实践：

1. 请收集互联网上三个关于云服务 SLA 的争议索赔案例，并尝试分析双方的争议点在哪里。在云计算服务能力逐渐集中于主要厂商手中，而用户却大众化的现状下，怎样才能避免某些争议判例的出现呢？

2. 如果你是云上一款名为“计算器”产品的产品经理，你怎样利用 DevOps 来提高开发效率？请详述具体工作思路并给出计划书。

参考文献

[1] 过敏意，等. 云计算原理与实践［M］. 北京：机械工业出版社，2017.

[2] 阿里云计算有限公司. 阿里云官方网站产品频道［OL］. URL：https://www. aliyun. com. 2018 年.

[3] KIM H J，et al. NVMeDirect：A User-space I/O Framwork for Application-specific Optimization on NVMe SSDs［C］. Denver：7th USENIX Workshop on Hot Topics in Storage and File Systems，2016.

[4] DINGSØYR，TORGEIR，et al. Agile Software Development Methods：Review and Anaysis［M］. New York：Springer. 2010.

[5] PHILIPP WIEDER，et al. Service Level Agreements for Cloud Computing［C］. Conference Proceedings. Springer. 2011.

[6] 阿里云计算有限公司. 云栖社区［OL］. URL：https://yq. aliyun. com. 2018 年.

[7] 华为软件技术有限公司. 华为云社区［OL］. URL：https://bbs. huaweicloud. com. 2018 年.

[8] 张帆. 弹性云计算资源调度进化式仿真优化研究［D］. 北京：清华大学，2011.

[9] 荣国平，等. DevOps 原理、方法与实践［M］. 北京：机械工业出版社. 2017.

第 5 章 云计算安全

☞ 导 读

1）云计算安全基础知识。首先从云计算系统的服务模型（IaaS、PaaS、SaaS）、部署模型（公有云、私有云、混合云）等角度分析云计算中的安全问题；然后从传统信息安全的角度出发，针对云计算服务模型和资源池的特征，介绍云安全与传统信息安全的区别和联系；之后概要性地分析云计算系统中的安全威胁以及云计算给安全技术带来的机遇。

2）云计算安全技术。从云安全基础知识介绍的各个部分出发，针对云计算中虚拟化安全、数据安全（包括云存储和计算安全），以及安全即服务等方面讲解国内外现有的解决技术，并以技术手段的概要介绍和浅层次分析，来呈现解决方案的基本思路。

3）云计算安全标准。介绍国际组织（ISO、ITU、NIST、CSA 等）和国内组织（包括全国信息安全标准化技术委员会、中国通信标准化协会等）制定的云安全标准。

4）云计算安全法律法规。介绍国内外近年来发布的有关云计算系统安全的法律法规，包括欧盟的一般数据保护条例 GDPR、《美国国防部云安全要求指南》、《中华人民共和国网络安全法》和中国云计算安全政策和法律蓝皮书等。

☞ 本章知识点

- 云计算安全的概念及特点
- 云计算安全与传统信息安全的关系
- 云计算中全新的安全威胁和机遇
- 云计算中保证虚拟化安全、数据安全和安全即服务的关键技术
- 云计算安全的标准和法律法规

5.1 云计算系统安全的基础

5.1.1 什么是云安全

1. 云安全的概念

云计算为我们带来方便快捷的服务的同时，也带来了许多安全问题，并且

云计算在逻辑上的集中性使得这些安全问题变得更加致命。近年来，云安全问题层出不穷，例如2017年2月，著名的网络服务商CloudFlare就曝出“云出血”（Cloudbleed）漏洞，导致包括优步（Uber）、密码管理软件1password、运动手环公司FitBit等多家企业用户隐私信息在网上泄漏。总的来说，云安全已经成为云计算进一步发展道路上必须要解决的问题。与此同时，由于云计算充分整合了存储和计算资源，其全新的服务模式也为安全技术的发展提供了机遇，例如，基于云的在线病毒查杀服务。接下来，本书从云安全的基本概念出发，从不同的角度来呈现云安全的内容。

云计算安全指的是为了保护云环境中的数据、应用程序，以及逻辑和物理层面上的基础设施而制定或实施的策略和技术手段。在云安全中，安全即服务也是一类重要的服务模式，它指的是云服务提供商为用户提供基于云的安全服务，例如，基于云来保护用户终端或应用系统的安全。在云计算的框架中，不同的角度对云安全理解的侧重点不同。**对用户来说，云安全是数据的安全和隐私的保护；对云平台来说，云安全涉及数据的存储和传输安全、数据的合法访问、用户身份认证和防止恶意攻击等；对于云计算的虚拟化来说，云安全关注虚拟化特权提升、虚拟机隔离机制破坏和虚拟环境信息泄漏等。**

云安全在不同的场景下往往对应着不同的含义，针对美国国家标准与技术研究院（National Institute of Standards and Technology，NIST）提出的云计算的三种服务模型，包括SaaS、PaaS和IaaS，云安全对参与云计算的各个实体分配了不同的安全职责，图5-1形象地指出了用户和云提供商在维护安全的过程中的职责侧重点是如何变化的，具体描述如下：

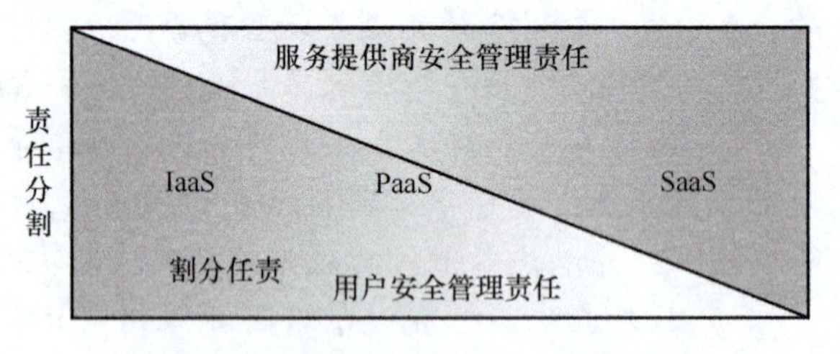

图5-1　不同服务模型下的安全职责

1）SaaS。在这种服务模型下，云服务提供商负责几乎所有的安全性，因为云用户只能访问和管理其使用的应用程序，并且无法更改应用程序。云服务提供商需要在提供服务的同时解决安全问题来消除云用户的顾虑，例如，云服务提供商要保障用户在使用过程中的隐私安全、数据的机密性等。

2）PaaS。在这种服务模型下，云服务提供商负责平台的安全性，而用户负责他们在平台上所部署的应用，包括所有安全配置。可以看出在这个服务模型下，整个系统的安全性需要通过云服务提供商和用户之间执行各自的安全职责来协同维护。例如，在数据库云服务中，云服务提供商负责基本的软硬件安全和数据库核心配置，而用户则对数据库中的安全功能、账户管理，甚至是身份验证方法等负责。

3）IaaS。相比于前两种服务模型，该服务模型下的用户需要对于安全性承担更多的责任。例如，在IaaS中，云服务提供商需要更多地承担虚拟平台隔离、通信安全以及数据与记录备份等。用户在PaaS模型中，还要考虑抵御云服务器本身的偷窥威胁。

云安全也会随着云的部署模型而发生变化，目前云的部署模型分为公有云、私有云与混合云。公有云是外部的或者公开可以使用的云环境，它可以被很多的租户一同使用。而私有云是一种定制的环境，它为一些特定的租户提供专门的虚拟化的资源来提供服务。混合云即为混合地提供公有云和私有云服务。可以很容易看出，在公有云部署模型中，云将会面临更大的安全威胁，需要更多的保护措施，例如访问控制、数据机密性、隐私保护等，而私有云可以通过定制化来解决内部的安全问题，例如不妥善的管理、数据隔离等，在采用的安全机制上也可以直接借鉴传统防火墙、入侵检测系统、审计机制等来实现。

2. 云安全与传统信息安全的异同点

从安全原则和需求上来看，云安全与传统安全并没有本质的区别。传统信息安全一般要求保护的对象都是特定的，如企业机密数据、业务运行逻辑等；在云计算时代，与服务商提供的云服务内容虽有不同，但遵循的原则也都由传统信息安全遵循原则进行展开和引申，并使用系统、软件等技术进行落实和保障。可以从三个方面阐述云安全和传统信息安全的异同点。

首先，从应用对象来看，传统信息安全针对的都是用户可以掌控的“安全区域”（例如个人计算机、网站服务器等），所保护的对象也都处于用户可以掌控的范围内。而在云计算中，由于云服务提供商、云平台等新的角色的引入，带来了新的安全场景和威胁。用户的数据、应用程序等都存储或运行在云平台上，而云平台则是用户无法掌控的区域。如何保证用户信息不被其他用户甚至是云服务提供商恶意访问，是云计算安全中十分重要并亟待解决的关键性问题之一。

其次，从使用的安全技术来看，传统信息安全中所面临的诸如软件漏洞、网络病毒、黑客攻击及信息泄漏等信息系统中普遍存在的共性问题，都会在云安全中有充分的体现。而云计算的发展也带来了新安全技术的发展或诞生。例如，云平台中虚拟化技术的广泛使用使得虚拟化的安全问题凸显出来，也带来了虚拟化安全技术的大力发展；云计算场景下对加密数据处理的需求，也在一定程度上刺激了密文计算技术的发展。

最后，从服务模型来看，云计算引入了全新的多租户、数据集中、软硬件资源集中的服务模型。这种服务模型使得包括个人和企业在内的用户能够以较低的价格获得十分稳健和优异的存储或计算服务。当然，与此同时也会带来新的安全需求，例如，云数据的访问控制和虚拟机隔离增强等。在云计算中，每个用户的数据都保存在云端，云服务提供商有义务和责任来保证用户数据免受非法用户的访问。而多租户的特点和虚拟机技术的使用，也使得云服务提供商需要保证不同租户数据和资源之间的隔离或者不同虚拟机之间的隔离。

5.1.2　云安全的威胁

随着云计算的高速发展和广泛应用，其安全问题也越来越多地暴露出来。近年来，云计算安全事件频出使得人们越来越重视云计算的安全性。例如，Facebook 公司的数据泄漏丑闻中，剑桥分析公司从 Facebook 获取了高达 8700 万用户的数据。从某种意义上讲，Facebook 也是作为一个云而存在，只是这个云提供的服务相比于阿里云、谷歌云等较为不同。这个案例展示的正是数据泄漏问题，也是云安全中最为重要的威胁之一。类似的案例还有携程网用户信息泄漏、12306 用户信息泄漏等。

云计算作为一种新型的计算模式，同时也带来了新的安全威胁。相比于传统安全问题，云计算的安全威胁具体表现在以下几个方面：①由物理计算资源共享带来的虚拟机安全问题；②由数据的拥有者与数据之间的物理分离带来的用户隐私保护与云计算可用性之间的矛盾；③云计算服务的安全管理方面的问题。图 5-2 概括了云数据中心可能面临的各种网络威胁，下面从这三个方面介绍云计算的安全威胁。

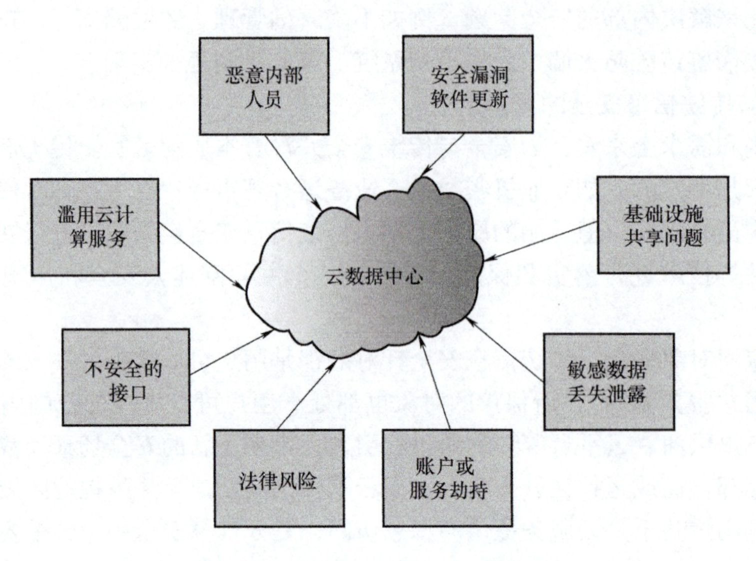

图 5-2 云数据中心面临的安全威胁

1. 虚拟化技术安全威胁

虚拟化技术是在云计算中心实现计算与存储资源高效共享的核心技术。该技术使得云计算相对于传统计算方式具有两个关键的特点：多租户（Multi-tenancy）和快速弹性（Rapid Elasticity），而它们都带来了额外的安全威胁。

多租户表示用户需要与其他租户分享计算资源、存储资源、服务和应用，如图 5-3 所示多租户有不同的实现方法。在方式 1 中，每个租户都有他们专用的实例（在之后所提及的实例都表示虚拟机），该实例是用户定制的，包括一些为了满足用户需求的特殊功能。方式 2 和方式 1 一样，每一个租户使用专用的实例，但是这些实例都是相同的，可能有些应用参数或接口配置不同。在方式 3 中，所有的租户通过分配运行时间来共享同一个实例，应用程序被分为核心应用程序组件和基于当前租户请求加载的额外组件。在方式 4 中，用户通过一个负载均衡器根据当前的实例负载从一组实例中选择一个合适的实例来使用。

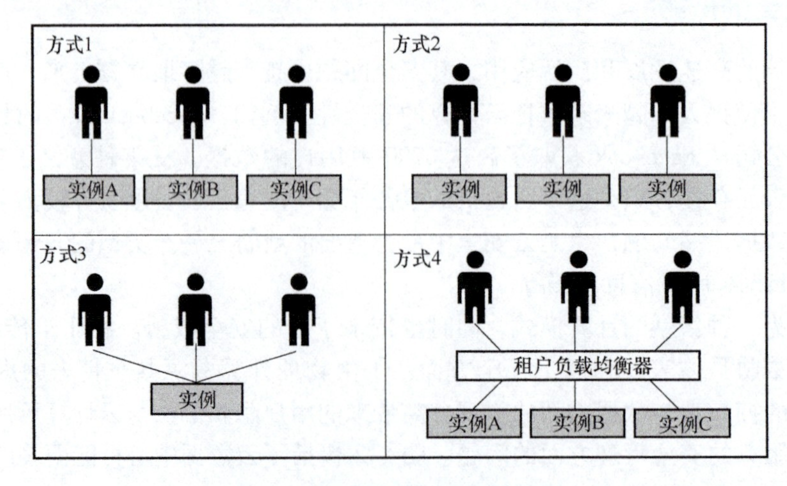

图 5-3 多租户的实现方式示例

从图5-3中可以看到方式3和方式4具有安全风险。所有的租户同时存在于相同的进程和硬件中，这样的资源共享会严重地影响租户在云中的信息安全性。因此，就需要设计安全的多租户机制，必须将不同租户的数据相互隔离（包括存储、处理以及转移），同时需要保证位置（即真实的数据所在的物理主机的地理位置）的透明度，用户没有能力获知他们的资源的位置信息或者控制资源的部署位置，来防止蓄意的攻击者们协同定位想要攻击的资源。

快速弹性是说云服务提供商可以根据当前的需求动态调整分给每个服务的资源，这也意味着租户有机会使用之前被分配给其他租户的资源，这样就会带来机密性的问题。例如，租户A某个时刻需要的资源减少，这时它就会释放部分资源。这些资源倘若分配给租户B使用，租户B就可以通过这些资源推测租户A之前的内容。

同时，由于虚拟化技术借助于虚拟机实现，虚拟机存在的相关安全问题在云安全中也会有具体的体现。

（1）虚拟机自身安全　使用传统的或基于云的安全措施可以避免虚拟机操作系统受到物理服务器本身带来的安全威胁，如恶意软件、病毒等。虚拟机自身的安全，或者说使用安全是租户自身的责任，每一个租户都可以根据自己的需求来部署相应的安全控制、根据风险等级来启用安全管理进程。

（2）虚拟机镜像安全　与物理服务器不同，虚拟机在离线时仍然面临着安全威胁。首先，虚拟机镜像可能被注入恶意代码的虚拟机攻击；其次，虚拟机的模板仍然可能保留着原始拥有者的信息，而这些剩余信息可能泄露给其他用户。

（3）虚拟网络安全　不同租户在相同的服务器或者物理网络里共享网络基础设施，这会增加攻击者利用域名服务器（DNS）、动态主机配置协议（DHCP）和IP协议的攻击可能性，从而导致基于虚拟网络的攻击。

（4）虚拟机监控器安全　监控器可以将物理资源和虚拟化的资源进行相互映射，它是对虚拟机访问物理服务器资源的主要控制器。监控器一旦被攻击，虚拟机的安全便被攻破，因为虚拟机的操作变得可被追踪且加密的信息也会被泄漏。

2. 数据管理失控

在云计算中，用户对放置在远程云计算中心的数据和计算失去物理控制，对于自身的数据是否受到保护、计算任务是否被正确执行等都不能确定，由此带来了新的安全问题。数据安全问题包括存储数据安全、剩余数据安全和传输数据安全等。

存储数据安全考虑的是用户存储在云上的数据的安全性。在使用云计算服务时，许多用户直接将网络数据存储在云端，很少会有人使用加密的手段对数据进行保护，如果用户在使用云计算服务进行数据存储过程中受到攻击，则很容易导致数据泄漏。同时，在发生安全事故时，云服务提供商很难及时告知用户，用户也就无法对数据进行及时的处理，例如，密钥丢失等导致数据无法解密；发生意外灾难但缺乏合适的备份与存档，也会带来严重的数据丢失事故。一些云服务提供商可能为了商业利益和名誉而对数据的丢失或者篡改等隐而不报，这会对用户数据的完整性造成极大的安全威胁。如果预先用传统密码体制加密，云计算中心基本上就无法对密文做任何有意义的计算，从而无法为用户提供除了云存储以外的任何云计算服务了。在传统密码体制下，用户的隐私保护与云计算可用性之间是矛盾的，如何保证数据存储安全的同时充分发挥云计算服务的优势成为云计算安全研究中的重要课题。

剩余数据安全问题是指，用户在使用完云存储服务后退租或动态释放部分资源时，如果只是对用户磁盘中的文件做简单的删除，而下一次将磁盘空间（逻辑卷）重新分配给其他租户时，可能会被恶意租户使用数据恢复软件读出磁盘数据，从而导致先前租户的数据泄漏。

传输数据安全是指数据在传输过程中可能被窃取或篡改。服务商需要通过有效的手段，防止传输数据被窃取或篡改，需要保证数据即使丢失也不易泄密。针对用户未采用加密手段的情况，服务商也应有相应强度的加密措施，保证用户数据在网络传输中的机密性和完整性，同时保证传输的可用性。

3. 云平台安全管理挑战

用户对安全的需求越高，所需付出的代价也就越大；技术只是手段，管理才是根本，信息安全保障依赖“三分技术，七分管理”，信息安全管理覆盖了信息系统的整个生命周期。据统计，有超过半数的安全事件源于内部人员。大多数组织都有可能存在恶意企图的内部人员，在云计算模式下这种风险会增大。因为在该模式下，所有设备或数据都通过云平台在逻辑上集中管理，内部人员拥有的权限往往使得他们更容易获取敏感数据甚至得到系统的控制权。这就要求云服务提供商加强对雇员的审查，把整个信息安全与管理操作规范化。

此外，2017 年云安全联盟（CSA）发布了最新版本的《12 大顶级云安全威胁：行业见解报告》。这一报告反映出了云安全联盟的安全专家就云计算在 2016 年中最重要的安全问题所达成的共识，如表 5-1 所示。

表 5-1　云安全联盟总结的云安全威胁

数据泄漏	高级持续性威胁
身份、凭证和访问管理不足	数据丢失
不安全的接口和应用程序编程接口	调查不足
系统漏洞	滥用和恶意使用云服务
账户劫持	拒绝服务
恶意的内部人员	共享的技术漏洞

5.1.3　云安全的机遇

信息安全领域的发展历程表明，信息技术的重大变革直接影响着信息安全领域的发展进程。图 5-4 给出了信息安全各阶段的发展进程。个人计算机出现之前，信息安全领域以加密和通信安全为主要研究内容；在个人计算机时代，信息安全领域以安全模型分析与验证、信息安全产品与评估为研究目标；在信息技术进入网络时代，深度防御、安全监管、等级保护等信息安全技术成为关注的焦点；云计算是新的计算和存储资源租赁和服务模式，以动态的服务计算为主要技术特征，以灵活的“服务合约”为核心商业特征，云计算给安全技术创新和发展带来了机遇，将引发信息安全领域又一次重要的技术变革。

首先，云服务提供商将数据中心中多个虚拟化集群资源池统一整合为规格更大的逻辑资源池。云数据中心的基础设施资源通过云化和虚拟化技术被整合为统一的逻辑资源池，对外抽象为标准化、可面向外部租户的（公有云场景）和内部租户的（私有云场景）的云服务。资源的集中化、共享化使得云服务提供商具备了资源和能力优势，从而为做好安全服务提供

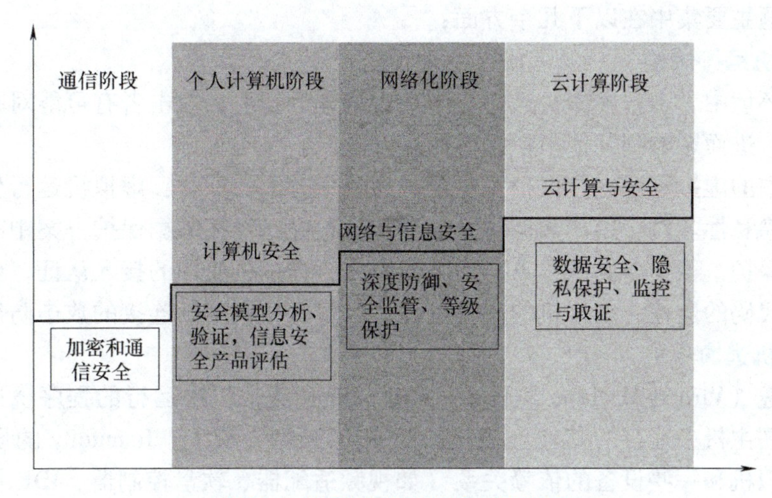

图 5-4　信息安全技术发展阶段图

了可能。

其次，云服务通过网络来提供，各种客户平台，例如手机、笔记本电脑、平板电脑等，使用标准化的机制接入网络，使用云服务。云服务提供商负责云服务与用户之间的网络出口与入口，能够检测、分析网络流量，为安全地提供网络云服务提供技术保障。

再次，用户数据存储在数据中心，云计算系统通过使用附加的测量能力，实现对资源的自动控制和优化。云计算资源的使用可以被统一、全面地监视、控制、报告，对云提供商来说，因此云服务提供商能够更好地为租户提供安全服务。

5.2　云计算系统安全的技术

5.2.1　云系统虚拟化安全

虚拟化是支撑云计算的重要技术基石，云计算中所有应用的物理平台和部署环境都依赖虚拟平台的管理、扩展、迁移和备份，各操作都通过虚拟化层次完成。虚拟化技术打破了各种物理结构之间的壁垒，代表着把物理资源转变为逻辑可管理资源的必然趋势，不久的将来所有的资源都透明地运行在各种物理平台上，资源的管理都将按逻辑方式进行，完全实现资源的自动化分配，而虚拟化技术则是实现这一构想的重要工具。虚拟化为计算资源、存储资源、网络资源等提供了一个逻辑视图，而不是物理视图。虚拟机可以根据其需求弹性增加或减少其分配的硬件资源，提高资源配置的灵活性，以实现资源弹性。虚拟机将整个系统，包括硬件配置、操作系统以及应用等装在文件里，用于系统快速部署、软件发布、系统备份，可以在不同服务器上不加修改直接迁移正在运行的虚拟机，增强系统的可靠性和可扩展性。虚拟化是表示计算机资源的抽象方法，将虚拟化技术用于云计算，特别是公有云模式下，使得企业之间的物理边界不复存在，因而虚拟化导致的安全问题成为牵一发而动全身的关键环节。虚拟化技术使得云计算系统能够支持多租户的计算、存储和网络服务的运行，同时保持各租户之间服务的互不干扰，且云计算平台的资源管控对租户不可见。目前，云计算系统的

虚拟化安全问题主要集中在以下几个方面:

(1) 虚拟机运行保护

在虚拟化环境中，多台虚拟机运行在同一台物理机器上，攻击者有可能对其中某一台虚拟机发起攻击，进而影响到其他虚拟机的运行安全。

对云计算中的虚拟资源进行保护，主要关注两个方面的安全：虚拟机运行保护，用户数据的完整性和隐私性。对于用户数据的完整性和隐私性已经在数据保护方案中有提及，而对于虚拟机运行保护，至少需要从以下几个方面考虑：虚拟机使用的接入认证，虚拟机的完整性检查，恶意代码的监控，虚拟机的高可用性，以及虚拟机网络连接的攻击防御。

(2) 虚拟机逃逸

虚拟机逃逸（Virtual Machine Escape，VME）是指虚拟机中运行的程序绕过底层，利用宿主机，控制在主机上运行的其他虚拟机。2009 年黑帽会议上，Immunity 的研究者提出可以选择利用虚拟机和一些设备的依赖关系（如视频适配器、软盘控制器、IDE 控制器、键盘控制器和网络适配器），从而获得对主机的访问，他们向外界提供了一个被称为 Cloudburst 的工具，能够对 VMware Workstation 6.5.1 及更早期的版本形成逃逸。其后，在 Kortchinsky、iDefense 公司的 Greg McManus 以及 Core Security 等公司的研究者的努力下，先后共发现了多个虚拟机逃逸的漏洞。

虚拟机逃逸被认为对虚拟机的安全性具有最大的威胁，因为一旦攻击者获得虚拟机监控器的访问权限，就可以任意地访问云计算平台的资源，包括其他租户的资源。

(3) 虚拟机自省

虚拟机自省（Virtual Machine Introspection，VMI）是指从虚拟机外部监控虚拟机系统内部信息的技术，该技术提供了全新的系统监控技术，从而为保障虚拟化环境的安全性和提高虚拟机的管理能力提供了新的机遇。利用虚拟机自省技术能够实现完整性的动态检查、恶意代码的实时监控。相比已有的监控方案，虚拟化自省技术能够实现对操作系统内核级攻击的防御。图 5-5 为虚拟机自省技术的体系架构。

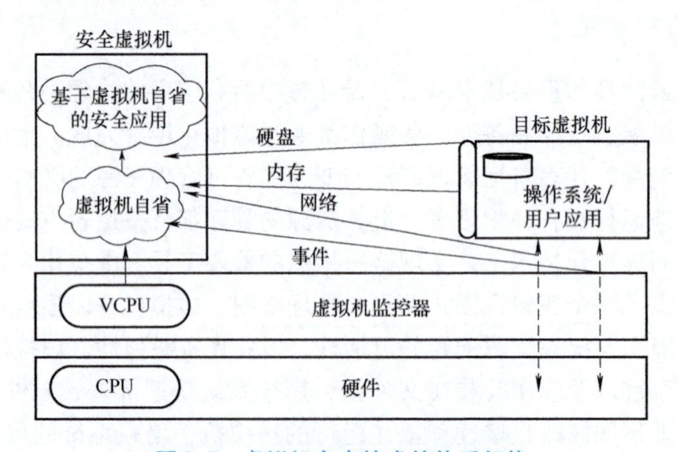

图 5-5 虚拟机自省技术的体系架构

由于虚拟机自省技术在解决虚拟化环境下安全问题方面的诸多优点，自该技术被提出以来就得到了广泛的研究。在恶意软件分析、内核完整性检测等其他云安全服务中均发挥了重要作用。例如，传统的安全软件运行在虚拟机内部，因此，容易成为恶意软件的首要攻击目标；然而，虚拟机自省技术具有更高强度的隔离性和对虚拟机操作系统的干预能力，能够实现安全软件与恶意软件的分离，因此，可以应对多种攻击问题的挑战。

（4）虚拟机迁移

虚拟机迁移（Virtual Machine Live Migration）是指将虚拟机从一个物理节点迁移到另外一个物理节点上。目前，虚拟机迁移技术总体分为两种方式：静态迁移（即冷迁移）和在线迁移（即热迁移、动态迁移）。静态迁移是通过管理员手动操作完成的，这种方式造成数据丢失的风险极小，可靠性高，但是由于虚拟机的停机时间和迁移总时间较长，降低了虚拟机迁移过程中的服务质量。动态迁移，简单来说就是让虚拟机保持运行的同时，让它从源主机迁移到目的主机，迁移完成后，服务在目的主机上持续运行，中断的时间非常短，对用户而言基本上是透明的。以 VMware 和 Xen 为代表的虚拟化解决方案提供商都使用了这种模式。

虚拟机迁移是实现虚拟化解决方案高可用性的必要技术手段。在云计算环境下，对虚拟机迁移提出了一定的要求：首先，云计算环境可能在多种不同类型的虚拟环境基础上构建，因此要求支持在不同虚拟化环境之间的迁移。其次，为保证服务的稳定性，虚拟机动态迁移也是必须的。最后，云计算环境对性能要求较高，动态迁移应能在较短时间内完成。

思考题：

如何有效监控虚拟机是否安全呢？

5.2.2　云数据存储与计算安全

从根本上来说，云平台为用户提供的服务可以归结为存储和计算这两个方面。对于存储，云需要保证用户存储数据的机密性、完整性等，同时也需要做到访问控制；对于计算，云需要保证在确保用户数据的安全性的前提下进行计算，这种安全性可以简单地理解为机密性。由于存储和计算的安全涉及的方面十分广泛，这里为读者概要性地介绍其主要方面，并不会深入地探讨技术细节。图 5-6 展示了三个常见的云计算或存储的安全示例。用户 A 上传数据到云端后，他可能会有不同的需求，例如数据的定向分享，即用户 A 希望满足一定条件或者自己授权的合法用户才能访问该数据；用户 A 同样希望能够对上传的数据进行完整性和可用性的检验，来验证云服务提供商并没有丢失或者篡改自己的数据；当用户 A 上传一定量的数据至云端时，他可能会希望对这些数据进行检索，以获得目标数据。值得注意的是，用户 A 在执行这些操作的时候，并不希望云服务提供商能够知道自己的数据内容，也就是说这些数据是经过加密处理的。这部分将会适当地为读者介绍一些技术性的内容，感兴趣的读者可以在互联网上找到更为具体的资料。

1. 细粒度访问控制

应用案例：考虑这样的场景，Alice 将一份文件上传到云端进行存储，她希望只有具有特定属性集合的用户（如 Alice 的女性朋友）才可以访问自己上传的文件，而其他的非法用户无法访问。这种需求就要由云中的细粒度访问控制来满足。

图 5-6 展示的“数据定向分享”就是一种访问控制，它指的是，当用户将自己的数据存储到云端时，云端需要能够阻止非法的用户访问其他用户的资源和数据等，以及细粒度地控制合法用户的访问权限。也就是说，云端要能够根据用户的要求对其数据的访问进行控制。对于云平台来说，他们一般使用基于规则（类似于防火墙的过滤规则）的方式来对用

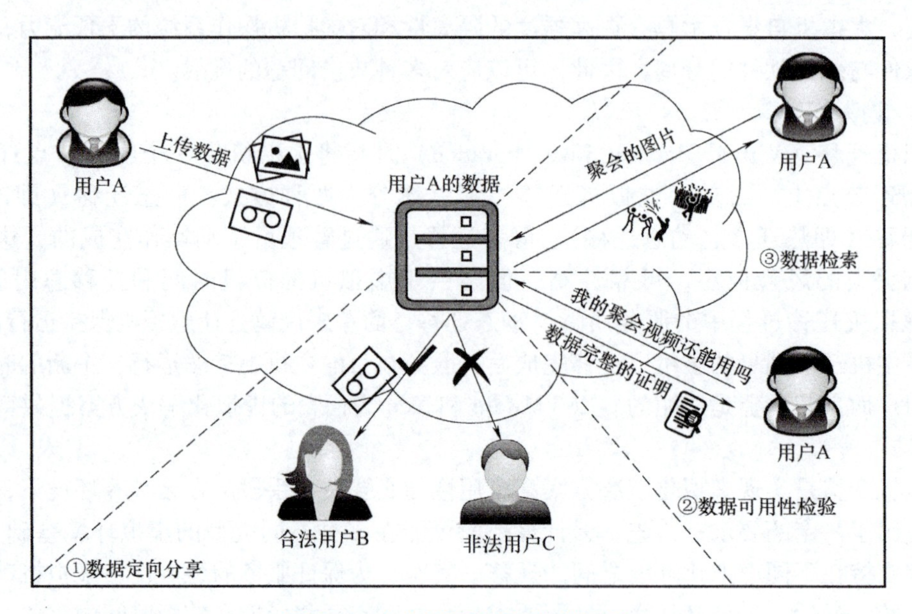

图 5-6　安全的云计算/存储示例

户的数据进行访问控制，因为这种方法的可塑性强且计算开销较低。一个简单的例子就是用户在使用云服务的时候，需要输入用户名和密码；用户也可以选择分享自己的数据给其他用户，其他用户需要使用输入共享密码来访问分享的数据。这些简单的访问控制方式都是从工程实现角度考虑的。

上面提到的现阶段投入使用的访问控制都需要用户充分信任云服务提供商提供的访问监控器，但是实际上云服务提供商并不是完全可信的，所以在学术研究上希望通过密码学方案实现无论云服务提供商是否可信都安全可用的细粒度访问控制。现阶段对于细粒度访问控制的研究大多基于密码学方案实现，其中以基于身份加密（Identity Based Encryption）和基于属性加密（Attribute Based Encryption）的方案最为常见。用户上传数据时根据特定的访问控制需求对数据进行加密，只有满足特定条件的用户才可以访问被加密的数据。基于密码学方案的访问控制可以达到可证明安全，即可以使用严格的数学语言证明整个访问控制过程的安全性，当然，这同时会带来较大的计算开销和一些操作上的限制。

2. 数据动态完整性

应用案例：Alice 首先将自己的文件存储到云端，一段时间后，Alice 想要检查自己存储在云端的文件是否完好，但是将所有文件都下载查看显然费时费力，并且，Alice 也并没有在本地存储这些文件的副本。如何不下载所有数据即可检验云存储数据的完整性及可用性就是这种应用场景下需要考虑的问题。

图 5-6 的“数据可用性检验”就是一种数据动态完整性校验的示例，该安全技术的目标是让用户无须将所有数据都下载下来就能够检测自己的数据是否完整，或者说是否丢失或遭到篡改。用户可以通过自己掌握的一个秘密值（密码学中的私钥，用来加密或解密数据）来计算存储在云端的数据的摘要（远小于数据本身，如 256bit）来检查存储数据的完整性。这一过程在云计算领域存在两大瓶颈：首先，数据的动态更新导致摘要的重新计算，传统的摘要需要用户向服务器获取全部的存储数据，这种负担对于用户而言是无法承受的；其次，

若云不小心损坏了数据，用户无法阻止云通过之前完整性验证交互的消息来冒充和抵赖。因此，动态性支持和随机化挑战的实现是云计算数据完整性领域的基本要求。针对动态性支持，目前传统的做法是将大规模数据进行分块，每个数据块单独进行校验，从而减少更新数据带来的较大的计算量。针对随机化挑战，其做法也是在数据分块的基础上实现的：通过对分块摘要进行批量汇聚，用户可以随机化地在每次完整性验证交互中提出校验，而云服务器必须根据随机挑战对数据块进行相应操作才能够进行反馈，而无法利用历史交互信息。当然，目前学术界已提出的一些数据完整性技术不仅解决了这两个问题，也突破了其他具有实际意义的技术难点。比如公开审计机制的实现，使得用户可通过半可信第三方代理对存储数据进行验证，而不暴露自己的个人隐私数据以及相应的秘密值。

3. 密文搜索

在云存储场景中，用户将数据加密后上传，虽然解决了数据安全和隐私保护的问题，但是当用户需要特定数据时，用户必须将上传至云端的数据下载下来，在本地解密后得到自己想要的内容。这样就极大浪费了带宽资源和用户的计算资源。密文搜索是指用户将数据加密后存储到云端，在搜索时提供加密过的关键字，云根据加密过的关键字和加密的数据进行搜索，得到结果后返回给用户的过程。目前密文搜索技术有两种比较典型的方法：一是直接对密文进行线性搜索，即对密文中的每个单词进行比对，确认关键字是否在文档中以及统计出现的次数，二是基于安全索引的密文搜索，先对文档建立关键字索引，然后将文档及索引都加密上传至云端，搜索时从索引查询关键字是否在文档中。

4. 其他安全相关技术

云计算安全中还有许多其他实用的安全技术，如隐私数据获取以及读写、安全外包计算。隐私数据获取指用户对数据进行访问的行为进行保护，防止云数据服务商了解用户在访问哪些特定数据。进一步的，隐私数据读写指保护用户对数据的修改行为对云不可见。安全外包计算有很多方面的应用，例如，将机器学习模型交给云服务器进行训练或处理时保证模型内容不被泄漏等。有兴趣的读者可以查找相关资料深入阅读更详细的内容。

思考题：

基于密码学的细粒度访问控制的计算开销较高，而相比之下，直接以软件代码的形式做到访问控制十分便捷和高效。那么，为什么基于密码学的细粒度访问控制仍然有研究和应用的必要呢？

5.2.3　安全即服务

云服务通常是指任何可以通过云远程访问的 IT 资源包括计算、存储、网络、应用等资源。云安全服务则是云服务提供商为实现用户应用系统的安全目标，为用户提供的服务功能或技术手段，其本质是一类特殊的云服务。云安全服务使用集中化的计算资源处理安全威胁，突破了传统安全服务固有的性能限制，通过充分的资源供给实现了安全防护水平的巨大提升，与此同时，还催生了一些全新的安全应用，改变了用户部署和使用安全系统的方式，如图 5-7 展示了云安全服务的部署结构和功能组成。云计算环境作为提供安全能力的可信第三方，能够为客户交付按需调用的安全功能，典型的云安全服务主要包括：恶意代码检测服务、网络攻击防御服务、身份与访问管理、密码计算服务。

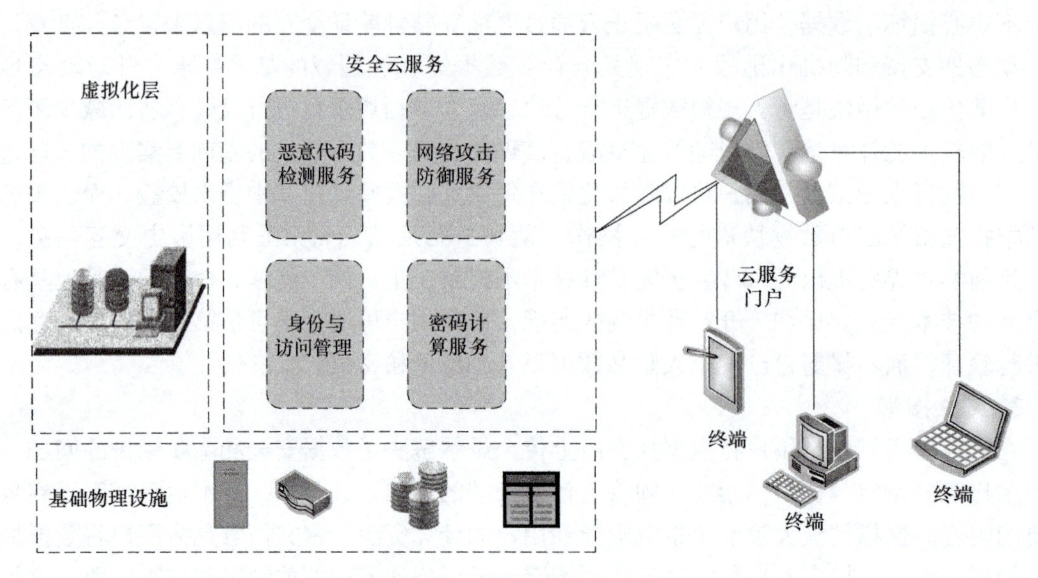

图 5-7 典型的云安全服务

1. 恶意代码检测服务

恶意代码是一种程序，通常在用户不觉察的情况下运行，窃取用户数据、破坏计算机的程序和数据、执行某种非授权操作，甚至导致计算机瘫痪。按传播方式，恶意代码可以分成病毒、木马、蠕虫、移动代码和复合型病毒等。

云安全服务不仅能够利用恶意代码特征库对恶意代码进行识别与查杀，更能借助丰富的网络资源以及庞大的网络服务对恶意代码进行实时采集、实时分析甚至实时处理。云安全服务拥有大量的资源，可以不间断地监测网络中软件异常行为，能够及时获取互联网中恶意代码程序的最新动态和信息，由云服务系统进行自动分析及处理，得到相应解决方案。

恶意代码检测服务可以用网站服务的形式提供，接收用户上传的程序代码，实时检测，将检测结果反馈给用户；也可以结合虚拟化系统，实现对虚拟机上程序代码的自动检测和查杀。

2. 网络攻击防御服务

网络攻击是指利用网络系统存在的漏洞和安全缺陷对网络系统的硬件、软件及其数据进行的攻击。网络攻击可分为主动攻击和被动攻击，主动攻击包括篡改消息、伪造消息、恶意代码注入、拒绝服务等，被动攻击包括流量分析、窃听等。其中，分布式拒绝服务（Distributed Denial of Service，DDoS）攻击是一种通过耗尽受害者资源而使其不能提供正常服务能力的主动攻击。DDoS 攻击的攻击方法包括两种：带宽消耗和计算消耗，它们都是通过海量的伪造请求占用目标服务器的网络和计算资源，最终达到使目标网络及其系统瘫痪的目的。

云安全服务可以通过实施系统安全加固、分布式检测、主动防御、多方协同防御等手段防止各类网络攻击。对于 DDoS 攻击，传统网络防御系统难以抵抗，而云服务通常具有远超过传统网络防御系统的海量带宽和计算资源，因此更有可能实施有效防护。

3. 身份与访问管理

身份与访问管理（Identity and Access Management，IAM）通常是一种 Web 服务，可以

帮助用户安全地控制对其租用资源的访问。用户可以使用 IAM 实现用户身份管理、身份验证和资源访问控制，例如亚马逊 AWS 系统的 IAM 服务。

IAM 的功能通常需要考虑：统一的身份认证和单点登录，细粒度的访问权限配置，基于用户、组、角色的访问控制策略，多重安全级别的身份验证，支持多种云服务应用系统。例如，单次密码登录能够访问多种云服务应用系统；在统一的管理界面中，用户就可以为各种应用系统配置允许访问的用户群组。

4. 密码计算服务

如 5.2.2 小节所述，密码技术已经应用在云计算系统的各个环节，用于保护用户的数据安全和隐私。在传统的信息系统中，密码计算通常使用专门的密码设备来实现，而在云计算环境中，传统的密码设备难以无缝地整合。

云服务提供商将密码计算服务与云计算平台进行结合，实现密码计算资源池，大大提高密码计算能力；通过调度密码设备集群动态调整密码运算能力，为用户提供集中化、虚拟化、透明化的密码计算服务，同时保证服务的稳定性；通过提供统一服务接口，可以支持不同厂商密码模块的接入；支持动态添加、删除密码模块，实现对密码模块的统一集中管理。

思考题：

作为用户，你在使用云安全服务的过程中存在哪些担忧，你希望云服务提供商能够提供哪方面新的安全服务。

5.3　云安全相关标准

本书的第 2 章中概述了常见的云计算相关标准，其中包括部分和云安全相关的内容。本节将会从国际和国内分别介绍影响力较大的云安全标准，作为对第 2 章内容的补充和扩展。

5.3.1　国际标准

目前国际上相关标准发展得较为迅速，这里给出 4 个国际知名标准化组织的相关工作和进展。

1. ISO/IEC JTC1 SC27 工作组

SC27 作为 ISO/IEC JTC1（国际标准化组织/国际电工委员会的第一联合技术委员会）下专门从事信息安全标准化的分技术委员会，其相关工作组启动了关于云计算安全及其隐私保护的标准化研究。该工作组明确了云安全和隐私标准研制的三个领域，分别为信息安全管理、安全技术、身份管理和隐私。该工作组于 2014 年颁布了 ISO/IEC 17788 与 ISO/IEC 17789 两个标准文档，并于 2017 年补充了 ISO/IEC 19941 和 ISO/IEC 19944 两个标准文档，对于云安全的保护范围和相关技术要求提出了规范性的建议。

上述标准中规定云的安全性包括从物理安全性到应用程序的安全性，诸如认证、授权、可用性、机密性、身份管理、完整性、不可否认性、审计、安全监控、事件响应和安全策略管理。标准规定云服务的安全功能包括：访问控制、机密性、完整性和可用性，还包括用于控制云服务底层资源和云服务使用的管理功能，并特别关注用户的访问控制。这是为了能够：①及早发现、诊断和修复云服务和资源相关问题的设施；②安全记录网络上的访问记录、活动报告、会话监控和数据包检测；③为云服务提供商的系统提供防火墙、恶意攻击检测和预防。以上标准为云计算的安全性保障制定了一系列规范，指出了云安全所包含的范围和技术要求，具有一定的指导意义。

2. ITU-T FG Cloud

ITU-T（国际电信联盟电信标准分局）于2010年6月成立了云计算专项组（Focus Group Cloud Computing，FG Cloud），FG Cloud致力于从实际的电信角度为云计算提供技术支持，例如电信方面的云安全和云管理。该工作组于2010年6月到2011年12月制订了包含七个部分的有关云计算的技术规范，其中第五部分专门介绍云计算的安全问题。

该规范文档指出了云计算用户所受的安全威胁主要来自以下几个方面：安全责任模糊；用户失去了对托付给云的服务和数据的掌控；选择了失信的云服务提供商；云服务提供商因为各种原因关闭服务所带来的用户数据和服务的损失；访问控制设置不当和数据泄漏带来的风险。而对于云服务提供商而言，数据存储、身份管理、虚拟机隔离、可信级别和责任承担问题、非安全可靠的云计算服务和云服务提供商本身的滥用问题都可能存在安全风险。

该规范文档建议对云服务提供商建立安全评估、安全审计或安全认证/认证计划，以便用户根据其安全要求选择合适的云服务提供商。用户应能够自主地评估或者通过受信任的第三方机构来审核现有的云基础架构，并鉴别其安全性。此外，还应实施可供选择的安全标准。用户还应当能够根据云服务提供商提供的多种安全服务，按自身需要进行整合并形成不同的商业化安全方案，以保障自身能够安全地获取服务。

该规范文档还建议用户在使用云服务前，首先需要根据标准化的规范，和云服务提供商进行安全标准的协商和信任身份等相关的标准认证。这些标准化的流程包括身份证书的交换、密码参数的管理和交换（例如密钥）、身份信息的存储，以及可用于建立后续信任关系的安全策略等。这一系列的操作可以保障云服务提供商提供给用户的服务得到足够的安全保障。

该工作组还进一步指出了云计算安全的九个主要研究方向，分别是：云框架下的安全体系结构/模型和框架安全；云服务的管理和审计技术；云服务的连续性保障和灾难恢复机制；云存储安全；云数据保护和隐私保护；账户和身份管理机制；网络监控和实践响应；网络安全管理方法；云服务的可移植性问题等。

3. NIST SAJACC与USG Cloud Computing

美国国家标准与技术研究院（NIST）提供云技术的相关指导，制定并且推动云相关的技术标准，促进政府和行业内云的相关技术得以有效且安全的使用。NIST提出的与云计算相关的标准化定义和技术指导是其发布的云标准化内容的基础。这些标准包括了对于模型、体系结构和部署策略的规范与应用守则。

NIST负责推动和加速美国政府使用安全的标准化云计算模型。为了实现这一目标，NIST与标准组织、私营部门和其他利益相关方密切协商和协作，领导并推行制定一系列与云计算相关的标准和计划。NIST的工作涉及到两个互补的方面：一项是加速推动云计算在各方面的应用（Standards Acceleration to Jumpstart Adoption of Cloud Computing，SAJACC）；另一个是构建美国政府云计算技术的路线图（USG Cloud Computing）。

NIST制定和发布了标准化路线图和关于云计算的特别出版物，通过这些文件的发布，NIST帮助美国政府完成了关于云相关的数据可移植性、互操作性和安全技术的规范化标准。

关于云安全，美国政府根据NIST特别出版物（NIST. SP. 800-37R1，NIST. SP. 800-53）

编制出版了《美国政府云计算安全评估和授权建议书》。该云计算文件介绍了美国政府云计算评估和授权方案，分为三章，内容如下：云计算安全需求基线；云计算的持续监控；潜在评估和授权方法。NIST 提出的网络安全框架（Cybersecurity Framework，CSF）已获得全球各个政府和各行各业的支持，将其作为建议组织使用的基准。根据 Gartner 的调查，约有 30% 的美国组织在使用 CSF，预计到 2020 年这一比例将达到 50%。

目前美国的相关云服务提供商已经达到了 NIST 的安全标准，并得到了验证，在亚马逊的云服务官网上，关于规范性的相关网页上明确表示 AWS 的 NIST 兼容云基础设施服务由第三方机构按照 NIST 要求进行测试，并已通过验证。谷歌的云服务官网上关于安全性的标准化验证中也显示其满足了由 NIST 制定的云安全相关标准和要求，并通过了其验证。

4. 云安全联盟

云安全联盟（Cloud Security Alliance，CSA）是 2009 年 RSA 大会上宣布成立的非营利性组织，致力于在云计算环境下提供最佳的安全解决方案。CSA 在全球拥有超过 80000 个人会员，包含 25 个活跃工作组，其研究的重点领域包括云计算标准的制定、认证、教育和指导。2009 年 4 月，CSA 发布了《云计算关键领域安全指南》第 1 版，并对其不断升级和改造，于 2017 年发布了第 4 版。该指南系统地介绍了云计算领域的相关概念和技术，定义了准确的云计算模型及其逻辑模型，以及云的相关架构及其参考模型，图 5-8 给出了 CSA 推荐的云架构。在指南中，CSA 明确了安全责任范围：对于云服务提供商，他们要负责主要的安全性保证，例如平台的安全性；而对于云用户，他们需要负责其在云基础设施上建立的相关服务的安全性。

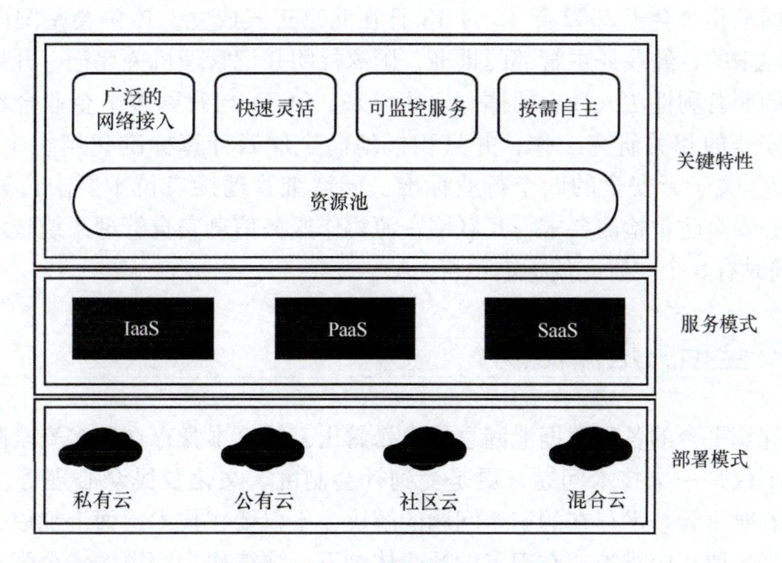

图 5-8　CSA 指南中推荐的云架构

5.3.2　国内标准

近两年，国内云计算领域相关产业发展迅猛，与此同时，对于云安全和隐私的保护也越发受到大家的重视。据前瞻产业研究院发布的《云安全行业市场分析报告》预测，2014 ~ 2019 年国内信息安全市场年均复合增长率为 16.6%，预计 2019 年将会达到 48.22 亿美元。

我国云计算行业高速发展，孕育出巨大的安全需求，但是，相对落后的云安全技术尚无法满足市场需求。因此相关云安全的标准化制定显得更为重要。我国的标准化机构在该方面做出了卓有成效的努力，制定了相关的行业标准；同时，国内的相关研究机构也开始了云安全标准化的研究工作。

1. 全国信息安全标准化技术委员会（TC260）

全国信标委云计算标准工作组全称为“全国信息技术标准化技术委员会云计算标准工作组”，成立于2012年9月20日，负责对云计算领域的基础、技术、产品、测评、服务、安全、系统和装备等国家标准的制定和修订工作。从总体上来看，工作主要包含框架制定、关键技术、服务的获取和安全管理四个部分。从标准规划来看，包括云安全的术语、云安全框架、云计算认证和授权标准、云计算授权保护指南、云计算通信安全标准、基于云计算的个人隐私保护、云安全服务测评规范、云计算通信安全标准、云安全服务功能及其规范测试、云平台安全配置指南、云审计要求、云安全的风险评估和管理等多个方面。

2014年，该工作组提出了国标GB/T31167-2014《信息安全技术云计算服务安全指南》和国标GB/T31168-2014《信息安全技术云计算服务安全能力要求》。这些标准描述了云计算服务可能面临的主要安全风险，提出了政府部门采用云计算服务的安全管理基本要求，以及云计算服务生命周期中各阶段的安全管理和技术要求。该标准为政府部门采用云计算服务，特别是采用社会化的云计算服务提供了覆盖整个生命周期的安全指导，适用于政府部门采购和使用云计算服务，也可供重点行业和其他企事业单位参考。

2. 中国通信标准化协会（CCSA）

中国通信标准化协会于2002年12月18日在北京正式成立。该协会是国内企事业单位自愿联合组织起来的，经业务主管部门批准，国家社团登记管理机关登记，开展通信技术领域标准化活动的非营利性法人社会团体。近些年来，CCSA与我国多个企业合作，开展了多项关于云计算安全的相关研究工作，并且积极地向全球云计算标准化组织中推广。目前，CCSA已经制定了关于云安全的四个行业标准：云运维管理接口技术要求，云计算安全框架，公有云服务安全防护检测要求，互联网资源协作服务信息安全管理系统技术要求和一个CCSA标准，同时有8个在研究的标准项目。

5.4 云安全相关法律法规

近年来云计算平台的各种数据泄漏事件也暴露出云计算本身存在很多安全隐患。云上的信息安全保护不仅是一个技术问题，更是受到社会制度、文化及民众心理等多种因素的影响。这也意味着对于云技术存在的安全问题的解决，不仅要在技术层面上加以完善，更需要结合社会制度来采取相应措施。在现有的社会体制下，法律作为国家的一个强有力的约束手段，必须成为解决相关安全问题的关键力量。本节将分别从国际和国内两个方面，对部分相关的法律法规进行介绍。

5.4.1 国际法律法规

云计算服务在欧美国家的发展很快，越来越多的企业开始提供云服务，欧美各国也在不断完善相应法律来保障网络数据的安全。

1. 欧盟 GDPR 与云安全

由欧盟理事会和欧盟委员会（EC）联合起草的《一般数据保护条例》（GDPR）于 2016 年 5 月 24 日发布，于 2018 年 5 月 25 日生效。GDPR 取代了 1995 年发布的《数据保护指令》（DPD）。该法规的基本目的有三：为整个欧洲商业界提供公平的竞争环境；强制企业为欧洲的个人信息提供更好的安全性；为公民提供更多的个人数据使用控制权。它旨在加强欧洲境内个人数据的安全性，同时也关注从欧洲出口到其他国家的服务器的数据。

图 5-9 展示了 GDPR 的发展历程。对于 GDPR，需要注意以下几个方面：

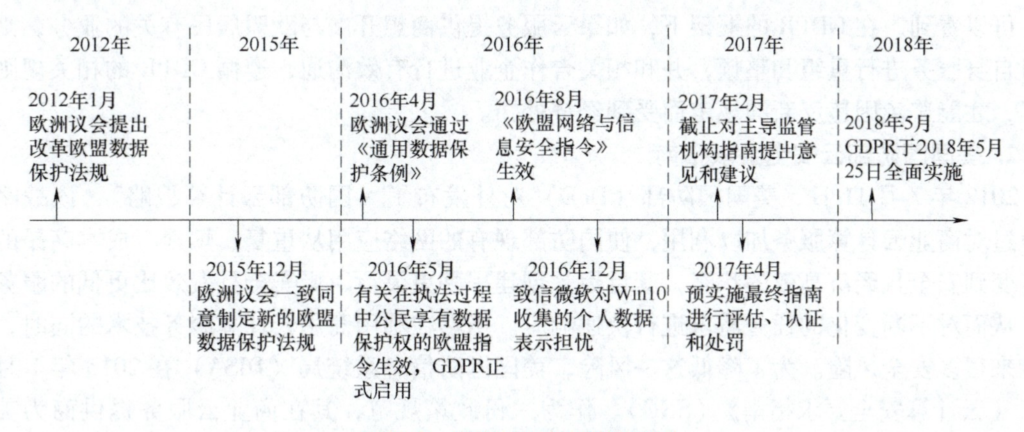

图 5-9　欧盟 GDPR 发展历程

1）GDPR 不仅适用于位于欧盟境内的企业组织机构，也适用于位于欧盟以外的企业组织机构，无论机构所在地位于哪里，只要其向欧盟数据主体提供产品、服务或者监控相关行为，或处理和持有居住在欧盟境内的数据主体的个人数据，都将受到其法案的监管。在云计算这种全球化的计算环境下，云服务提供商和企业就更要注意不要违反相关规定了。

2）GDPR 法案同样适用于数据控制者和数据处理者。如果是数据处理者涉案，数据控制者也无法免除责任，GDPR 规定控制者需要承担更多的责任，以确保和数据处理者之间的合同能够严格遵守 GDPR 的规定。在云计算的环境下，作为数据控制者的云服务提供商要承担更多的责任，一旦云中的数据处理者违反 GDPR，云服务提供商也会受连带责任。

3）处理 16 岁以下儿童的个人数据，必须获得该儿童的父母或其他合法监护人的同意或授权。各成员国可以对上述年龄进行调整，但是不得低于 13 岁。

4）当个人数据已经和收集处理的目的无关，数据主体不希望其数据被处理或数据控制者没有正当理由保存该数据时，数据主体可以随时要求收集其数据的企业或个人删除其个人数据。如果该数据被传递给了任何第三方，数据控制者应通知该第三方删除该数据。例如，云安全公司 Skyhigh 通过调研分析指出 84% 的云服务不会在合同终止时立即删除客户数据。对于这些云服务提供商来说，一旦云上的数据包含了欧洲公民的个人信息，那么该项云服务就违反了 GDPR。

5）数据控制者应在 72h 之内向监管机构报告个人数据的泄漏情况。当数据泄漏可能会给数据主体的权利或自由带来巨大风险时，数据控制者必须毫不延误地通知数据主体，以便数据主体及时采取措施。

6）为确保数据保护合规并处理数据保护相关事务，数据控制者和数据处理者需设置数据保护官（DPO）。控制者和处理者应当对数据保护官不下达任何指令，DPO不能因为执行任务的原因被解雇或者受到刑事处罚。

7）不遵守数据隐私法规会受到严厉的法律制裁和巨额的罚款。对于一般性的违法行为，罚款上限是1000万欧元，或者在承诺的情况下，罚款最高为上一财政年度全球全年营业收入的2%（两者取数额大者）；对于严重的违法行为，罚款上限是2000万欧元，或者在承诺的情况下，罚款最高为上一个财政年度全球全年营业收入的4%（两者取数额大者）。

可以看到，在GDPR的框架下，如果云服务提供商想开展与欧盟居民有关的业务，则需要对自身服务进行重组和整顿，并和相关合作企业进行有效沟通，遵循GDPR的相关规则和流程，才能避免因违反新的规定而受到经济处罚。

2. 美国国防部云安全要求指南

2012年7月11日，美国国防部（DoD）对外发布了《国防部云计算战略》，该战略旨在通过对商业云计算服务加以利用，使国防部现有的网络应用从重复、烦琐、成本高昂的状态转变到安全且经济高效的状态，其目标是创建一种更灵活、更安全且费效比更低的服务环境，从而对不断变化的任务需求进行快速响应。当然在利用商用云计算服务技术的同时，也会带来很多安全风险。为了降低这一风险，美国国防信息系统局（DISA）在2015年1月发布了《云计算安全要求指南》（SRG）。作为一份政策规范，其在商业云服务提供商为美国国防部合作提供云计算服务时提供指导。正如时任美国DISA的风险管理执行官马克·奥恩多夫的发言指出：“安全要求指南的设计是为了确保国防部充分获得商业云计算服务的经济优势和技术优势的同时，降低国防部数据和任务存在的风险。”

《国防部云计算安全要求指南》将可使用的云服务分为三种类型：国防部云服务（国防部拥有和运行的云服务）、联邦云服务（联邦政府拥有和运行的云服务）和商业云服务，保密程度在机密级以下的信息可以在以上三种类型的云上保存。根据其上信息的敏感度不同，相关的安全要求也不同。信息敏感度在《国防部云计算安全要求指南》中被定义成四个级别，从低等级2的公开信息到高等级6的机密信息，对安全性的要求依次增高。在具体技术要求上，根据四个级别对数据和设备在法律管辖范围、云存储隔离要求、人员安全、数据存储安全以及网络体系结构上分别做了相应的规定。各级的对比如表5-2所示。

表5-2 美国国防部云计算安全要求分级对比

级别	具体内涵	适用的安全控制	物理位置要求	连接要求	隔离要求	人员安全要求
2	公开信息或非关键性的业务信息	FedRAMP的中级基线	美国境内、美属地区或国防部辖区	互联网连接	与公共社区进行虚拟或逻辑隔离	国家机关检查和询问（NACI）
4	受控非涉密信息或非受控、非涉密但与关键业务相关的信息	第2级基础上，增加对受控非涉密信息的特定安全要求	美国境内、美属地区或国防部辖区	通过统一的云访问点连接NIPRNet（非安全IP路由网）	与公共社区进行虚拟或逻辑隔离，在各个租户的系统之间采用强虚拟隔离方式	单一范围背景调查（SSBI）、国家机关法律检查和信用调查（NACLC）、保密协议（NDA）

（续）

级别	具体内涵	适用的安全控制	物理位置要求	连接要求	隔离要求	人员安全要求
5	高度敏感的受控非涉密信息，国家安全系统中非涉密信息	第4级基础上增加对国家安全系统和高敏感信息的特定安全要求	国防部辖区	通过统一的云访问点连接NI-PRNet（非安全IP路由网）	与联邦政府公共社区进行虚拟或逻辑隔离，使用专业的多租户基础设施，与非联邦系统进行物理隔离，在各个租户的系统之间采用强虚拟隔离方式	
6	秘密信息与机密信息	第5级基础上，增加对涉密信息的安全要求	国防部辖区	通过统一的云访问点连接SIPRNet（机密级IP路由网）	与联邦政府公共社区进行虚拟或逻辑隔离，使用专用的多租户基础设施，与非联邦系统和非涉密系统进行物理隔离，在各个租户的系统之间采用强虚拟隔离方式	机密级人员许可证、保密协议（NDA）

美国国防部根据《国防部云计算安全要求指南》（SRG），对不同的云服务提供商进行Fed RAMP+审查。其基本工作思路是由第三方评估机构根据SRG对云计算服务提供商进行审查，通过审查的云服务提供商经授权被纳入“白名单”，满足审查要求的云计算服务才允许被联邦机构使用。

5.4.2　国内法律法规

相对于欧美来说，我国对于云安全相关的法律法规和技术标准的制定略有滞后，这也导致了云数据相关隐私安全问题不断发生，一定程度上影响了云计算被用户接受的程度，也加大了维护网络安全的成本。随着云计算技术的快速发展，许多企业开始重视云技术的安全性，国家也开始颁布相应法律和相关文件来对企业的云安全建设提供指导。

1.《中华人民共和国网络安全法》与云安全

2017年6月1日《中华人民共和国网络安全法》（以下简称《网络安全法》）正式实施，这是我国第一部网络安全的专门性综合立法，标志着网络安全同国土、经济安全等一样成为国家安全的一个重要组成部分，同时也意味着如果因为对安全的不重视导致出现安全事故，网络运营者将会受到法律的惩罚。

《网络安全法》共有七个章节，一共包含了79项条款，涉及到的内容涵盖了网络空间安全的方方面面。如表5-3所示，安全法的主要内容由其中的四个章节来概述。

《网络安全法》作为网络安全领域的基础性法律，也作为一部指导方针要求各大与网络相关的公司遵守其相关规定，其中明确定义了网络运营者是指网络的所有者、管理者和网络服务提供者。对于云服务提供商来说，其作为网络运营者需要遵守其中的相关规定，履行相应义务。

表 5-3 安全法四个章节内容概括

网络运行	信息安全
制度与流程、网络产品与服务、安全评估与信息储存	个人信息的保护与收集、信息的使用与分发
检测和响应	监管处罚
现场监测、全面应急响应、应急演练、风险评估	撤销、罚款停业、吊销执照

具体来说，《网络安全法》中网络运行安全的章节中规定了网络产品、服务应当符合相关国家标准的强制性要求，并且对于其中涉及用户信息收集的功能，要求应取得用户同意并且遵守相关法律规定。同时还有其他关于产品内部的机制建设、技术措施的建立、数据的留存、数据的分类等相应规定，这些都是云服务提供商应该关心和遵守的。

在信息安全这一章节首先规定了用户信息保护的相关内容，主要是对于收集、使用个人信息等方面进行一系列规范。同时提到了对于违法信息处理的相关内容，这就要求用户使用云服务过程中，应保证发布内容不违反法律规定，同时相关企业在对外提供产品服务时，也有义务对使用者发布的内容依据法律规定进行管理。值得注意的是，《网络安全法》第二十一条明确规定国家实行网络安全等级保护制度。这也表示在此制度下，企业选择云服务提供商的时候，应优先考虑可支撑自身业务安全等级保护要求的云平台。云平台提供的安全等级保护资质，不应低于企业业务需要的安全保护等级。

在《网络安全法》正式实施后，各部门就相关规定会对各企业进行调查处理，经查实国内某知名云服务提供商为用户提供网络接入服务时未落实真实身份信息登记和网站备案相关要求，导致用户假冒其他机构名义获取网站备案主体资格，依据《网络安全法》第二十四条第（一）款、第六十一条规定，责令该公司立即整改，切实落实网站备案真实性核验要求。《网络安全法》的实施初见成效。

2. 中国云计算安全政策和法律蓝皮书

2011 年中国云计算安全政策与法律工作组发布了第一版《云安全政策与法律蓝皮书》，此蓝皮书旨在理清中国云计算发展中所面临的安全风险以及相应的政策法律障碍，为规划国家云计算战略明确相应法律建设和改革的思路，也为企业发展云计算服务梳理出如何遵从这些法规的模式，帮助用户正确认识云计算法律保护困境，进而切实维护好各方的合法权益。蓝皮书围绕当前发展云计算所面临的安全风险，在对云计算安全特性分析的基础上系统归纳、整理了我国云计算政策法律的发展现状，重点剖析了我国云计算安全的政策法律障碍，进而提出了建立和完善中国云计算安全政策法律规则的原则和建议。

蓝皮书首先从安全风险的角度分析云计算存在的安全隐患，以此为基础对我国云安全政策法律发展现状进行了一个归纳分析，重点从国家安全、个人隐私、跨境服务、执法取证和知识产权等方面分析了云计算面临的安全风险和法律障碍。

蓝皮书最后对中国云计算发展安全风险提出了对策建议，指出现有云安全计算相关法律规范难以在整体上形成合力，现实需求与规范效果之间存在矛盾。因此，要想真正实现云计算安全，需要社会各方通力合作，在法律法规内对现行制度进行适度调整，并对其指导原则和实现途径进行再思考。

此后，在 2013 年中国云计算安全政策与法律工作组针对云安全中的跨境服务问题再次发布新的一版《云安全政策与法律蓝皮书》。该蓝皮书主要针对云服务提供商的数据中心建在不同国家的场景。该场景下，用户的数据将在不同国家之间进行传输和处理，而这种跨域性的服务也将造成数据管辖权的混乱。如何确定数据传输的管辖权进而确定应使用的法律，是云计算跨境服务中的重要法律问题。

蓝皮书中规定不管设备处于一个国家之内还是之外，只要数据处理机构和国家存在物理上的关系都受到一国的管辖。表5-4是蓝皮书中对于云服务管辖权争议划分的相关规定，同时该蓝皮书中也对云技术跨境的数据流动、跨境隐私保护等问题进行了分析和规定。

表5-4　云服务管辖权争议

数据处理机构的位置	管辖权
数据处理机构位于国外，云用户位于国内	此种服务下，只要用户传输了受进出口管辖的数据即会构成出口，并受云用户所在国的管辖
数据处理机构位于国内，云用户位于国外	在此种情况下，若云服务提供商向国外云用户传输受进出口管辖的数据则构成出口，并受其所在国家的管辖
数据处理机构和云用户都位于国外	这种情况下一般不受该国的进出口管辖，但是如果在一国的领土上有特别的经营活动，则应该受到该国的管辖
数据处理机构和云用户都在国内或都位于境外的同一国家	这种情况下发生在云服务提供商与其所属国用户之间的数据传输行为一般需受到该国进出口管辖
数据处理机构和云用户在多个国家	此种情形是目前大型的云服务提供商在世界范围内普遍遇到的问题。依据属地管辖的要求，只要数据处理活动发生在某国就应该受该国法律管辖，或者只要与特定国家相关就应该受其管辖

习题

1. 云计算的发展给安全领域带来的机遇有哪些，请给出实例加以说明。
2. 云安全所保护的逻辑层面和物理层面的基础设施分别是什么，或者说各自的典型代表分别是什么。
3. 尝试从云计算的不同服务模型的角度出发对比传统信息安全与云安全的异同点。
4. 对比不同服务模型下的云安全需求差异。
5. 对5.1节中列举出的虚拟化安全威胁，应采用什么样的技术进行防范。
6. 调研并指出“同态加密算法”在基于云的安全数据存储和计算中的使用场景。
7. 解释云计算中的安全即服务，并举出几种安全即服务的实例，说明分别利用了云计算的哪些优势。
8. 总结各个云计算安全标准的共同点，并阐述这些共同点的必要性。
9. 总结概括云计算安全法律法规针对的主体，这些主体之间的关系是怎样的？

参考文献

[1] Top Threats Working Group. The Treacherous Twelve: Cloud Computing Top Threats in 2016 [R]. Cloud Security Alliance [CSA]. February, 2016.

[2] 前瞻产业研究院. 2016-2021年中国云安全行业市场前瞻与投资规划分析报告. 深圳：前瞻产业研究院，2016.
[3] 孙召龙，等. 美国国防部云计算安全指南分析［J］. 信息技术与标准化，2015，(12)：42-46.
[4] 徐保民，李春艳. 云安全深度剖析：技术原理及应用实践［M］. 北京：机械工业出版社，2016.
[5] 李保珲，徐克付，张鹏，等. 虚拟机自省技术研究与应用进展［J］. 软件学报，2016，27（6）：1384-1401.
[6] 王仕象. 关于虚拟机迁移技术的应用研究［J］. 科技传播，2012，4（20）：237.
[7] 冯登国，张敏，张妍，等. 云计算安全研究［J］. 软件学报，2011，22（1）：71-83.
[8] 宫月，李超，吴薇. 虚拟化安全技术研究［J］. 信息网络安全，2016，(9)：73-78.
[9] 卿昱，张剑. 云计算安全技术［M］. 北京：国防工业出版社，2016.
[10] 俞能海，郝卓，徐甲甲，等. 云安全研究进展综述［J］. 电子学报，2013，41（2）：371-381.

应用篇

第6章 云计算的创新实践

导 读

本章通过工业、农业、政务、金融、商贸、智慧城市等应用领域的具体案例，阐述云计算如何在这些应用领域中落地与拓展。每个案例首先介绍该领域的行业应用背景及其对于云计算平台与服务的实际需求，然后从体系架构、概念模型、设计原则、支撑技术、建设思路等不同方面说明如何将云平台和云服务的技术实现，最后通过典型案例来展示云计算的创新应用，加深对前面章节概念和内容的理解。

本章知识点

- 应用领域的行业需求
- “××云”和“云××”的概念与内涵
- 云计算与传统领域的结合点
- 领域应用中云计算的技术实现
- 云计算的领域应用模式

6.1 工业云与智能制造

6.1.1 应用背景

新技术革命和新产业变革正在全球进行，特别是新互联网技术（物联网、车联网、移动互联网、卫星网、天地一体化网、未来互联网等）、新信息通信技术（云计算、大数据、5G、高性能计算、建模/仿真、量子计算等技术）、新人工智能技术（基于大数据智能、群体智能、人机混合智能、跨媒体推理、自主智能等技术）的飞速发展，正引发国民经济、国计民生和国家安全等领域新模式、新手段和新生态系统的重大变革。制造业是国民经济、国计民生、国家安全的基础。它同样面临全球新技术革命和产业变革的挑战：特别是通过制造技术、新一代智能科学技术、新信息通信技术、产品有关专业技术的深度融合正引发制造模式、制造手段和生态系统发生着重大变革。各国纷纷推出振兴制造业的国家战略与计划，如美国2012年提出的《国家制造业创新网络（National Network for Manufacturing Innovation, NNMI）》国家计划，着力推进工业互联网、协同制造、人工智能、增材制造、云计算与大数据等方面的技术与产业发展。德国在2013年4月的汉诺威工业博览会上正式提出“工业4.0（Industry 4.0）”，通过充分利用信息通信技术和网络空间虚拟系统相结合的信息物理系统为手段，推动制造业向智能化转型。欧盟在“打造欧洲数字经济和数字社会”这一关键领域中，提出了智能工厂、标准、大数据、云计算和数字化技能五个优先行动领域，实质是推动制造业与包括云计算在内的新一代信息技术的融合发展。**上述国家战略发展规划的核心内容是“积极发展智能制造的技术、产业和应用”，实现“面向智能制造的新模式、新手段和新业态”**。

当前我国制造业正处在从制造大国向制造强国，从中国制造向中国创造转变的关键历史时期。中国工程院制造强国战略研究指出，在这一时期我国制造业面临以下“五个转型”：由要素驱动向创新驱动转型升级；由传统制造向数字化网络化智能化制造转型；由粗放型制造向质量效益型制造转型；由资源消耗型、环境污染型制造向绿色制造转型；由生产型制造向生产+服务型制造转型。面对挑战，我国采取了一系列对策。2015年“中国制造2025”战略规划，提出**坚持走中国特色新型工业化道路，以创新发展为主题，以促进制造业提高质量增加效益为中心，以加快新一代信息技术与制造业深度融合为主线，以推进智能制造为主攻方向，进而提出9大任务、5大工程、10个重点领域、8项措施**。其中，指出要深化互联网在制造领域的应用，发展包括云制造在内的新型制造模式，建设工业云服务平台。2017年《国务院关于深化“互联网+先进制造业”发展工业互联网的指导意见》要求面向中小企业智能化发展需求，开展云制造创新型应用。

可见，基于新型云制造模式，建设和应用工业云/工业互联网平台已成为推动制造业与包括云计算在内的新一代信息技术融合发展的抓手和推动制造业的转型升级的重要载体。

6.1.2 制造云和云制造的概念和内涵

制造云是一种基于云制造内涵建立的智能制造系统，它是一种工业云。云制造1.0理念于2009年由李伯虎院士团队提出[1]，并经发展为至今的云制造2.0[2]。下文将主要介绍云制造2.0的理念及其系统。

1. 云制造范式和内涵

云制造2.0[2,3]是一种基于泛在互联网，用户能按需、随时随地获取制造资源、能力与产品服务，进行数字化、网络化、云化、智能化制造的新制造模式、技术手段和业态。

技术手段：基于泛在网络，借助新兴的制造科学技术、信息通信科学技术、智能科学技术及制造应用领域专业技术等4类技术深度融合的数字化、网络化、智能化技术工具，构成以用户为中心的制造资源、产品与能力的服务云（网），用户通过智能终端及云制造服务平台便能随时随地按需获取制造资源、产品与能力服务。

模式：一种基于泛在网络，用户为中心，人、机、物、环境、信息融合，互联化（协同化）、服务化、个性化（定制化）、柔性化、社会化、智能化的智能制造新模式。

业态：一种“泛在互联、数据驱动、共享服务、跨界融合、自主智慧、万众创新”的新业态。

特征：对制造全系统、全生命周期活动（产业链）中的人、机、物、环境、信息进行自主智能地感知、互联、协同、学习、分析、认知、决策、控制与执行。

实施内容与途径：促使制造全系统及全生命周期活动中的人/组织、技术/设备、管理、数据、材料、资金（六要素）及人流、技术流、管理流、数据流、物流、资金流（六流）集成优化。

目标：高效、优质、节能、绿色、柔性地制造产品和服务用户，提高企业（或集团）的市场竞争能力。

2. 云制造和云计算的关系

云制造是云计算提供的 IaaS、PaaS、SaaS 在制造领域的落地和拓展，丰富、拓展了云计算的资源共享内容、服务模式和支撑技术，如图 6-1 所示。

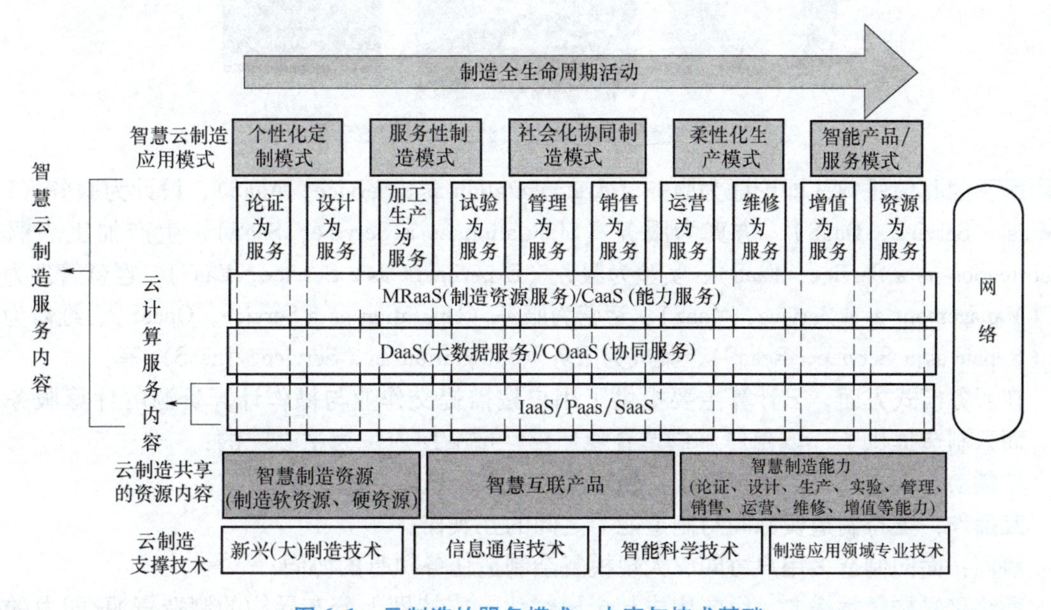

图 6-1　云制造的服务模式、内容与技术基础

（1）在资源共享的内容方面的拓展

云计算共享的资源类型主要为 IT 计算资源（如存储、计算器、软件、数据等），云制造共享的资源类型除 IT 计算资源外，还包括**软制造资源**：制造过程中的各种模型、（大）数据、软件、信息、知识等；**硬制造资源**：（大）制造硬设备如机床/机器人/加工中心/计算设备/仿真试验设备等；**制造能力**：制造过程中有关的论证、设计、生产、仿真、实验、管理、（产品）运营、（产品）维修、集成等专业能力（包括人力/知识、组织、业绩、信誉、资源、流程和产品等），如图 6-2 所示。

（2）在服务的内容与模式方面的拓展

在服务内容方面，云计算提供了三类服务：IaaS、PaaS 和 SaaS。云制造对此进行了拓展，**使之与制造全生命周期各环节服务相互交叉。在设计、生产加工、实验、仿真、经营管理等各个服务环节中，**当需要计算设备基础设施时，能够提供诸如高性能计算集群、大规模存储等 IaaS 类服务；当需要特定计算平台的支持时，能够提供诸如定制操作系统、中间件平台等 PaaS 类服务；当需要各类专业软件工具辅助制造过程时，能够提供诸如 SaaS 类服务。更为重要的是，云制造中除了包括 IaaS、PaaS、SaaS 外，**更加重视和强调制造全生命周**

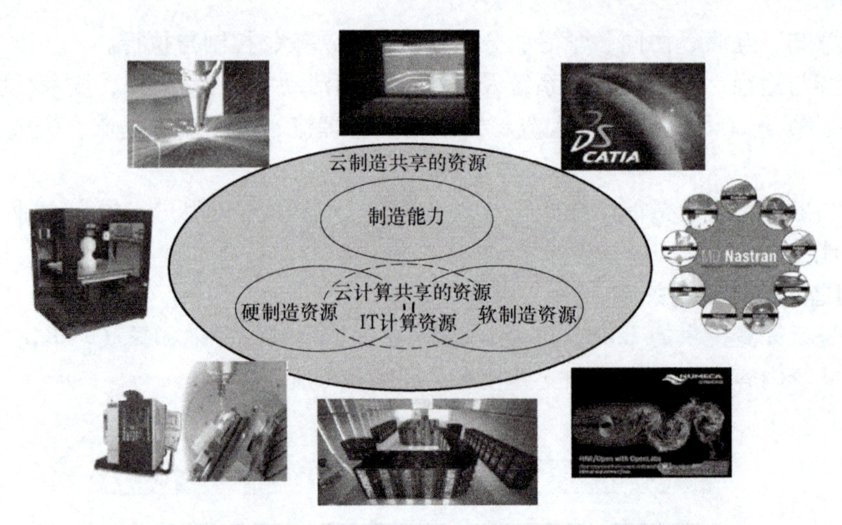

图 6-2　云制造与云计算在资源共享内容方面的比较

期中所需的其他服务，即论证为服务（Argumentation as a Service，AaaS）、设计为服务（Design as a Service，DaaS）、仿真为服务（Simulation as a Service，SaaS）、生产加工为服务（Fabrication as a Service，FaaS）、实验为服务（Experiment as a Service，EaaS）、经营管理为服务（Management as a Service，MaaS）、运营为服务（Operation as a Service，OpaaS）、维修为服务（Repair as a Service，ReaaS）、集成为服务（Integration as a Service，InaaS）等。

在服务模式方面，云计算主要提供了用户按需提交作业与操作计算资源的计算服务模式。而云制造提供了**“以用户（制造企业用户，产品用户）为中心”**的：

按需动态架构：按照用户需求，随时随地提供制造服务；

互操作：支持制造资源间与制造能力之间的互操作；

协同：面向制造多用户协同、大规模复杂制造任务执行的协同；

网络化异构柔性横向、纵向集成与全局优化：支持网上分布异构的制造资源/能力的横向、纵向柔性集成与全局优化；

超强、快速、灵活的创新能力：可快速、灵活组成各类服务（无限）以响应需求；

全生命周期制造：服务于制造全生命周期，融合智能科学技术、信息技术与制造技术实现跨阶段的全程制造。

（3）在支撑技术方面的拓展

云制造融合了云计算技术、物联网技术、服务计算技术、建模仿真技术、自动控制技术、高性能计算技术、大数据技术、电子商务技术、安全技术、网络通信技术、智能科学技术、新信息化制造技术等新兴信息技术与信息化制造（信息化设计、仿真、生产加工、试验、经营管理、集成）技术。

云计算技术为云制造系统提供信息、资源与能力的存取/共享/协同及智能计算使能技术。

物联网（Internet of Things，IoT）/信息物理系统（Cyber Physical System，CPS）技术为云制造信息系统提供“人-机-物-环境”融合一体的使能技术。

服务计算技术为云制造系统提供制造资源/能力的服务化使能技术。

建模仿真技术为云制造系统提供高效智能研制与运行使能技术。

自动控制技术为云制造系统提供自动监控、运行、评估、服务使能技术。

高效能计算技术为云制造系统提供求解复杂制造问题和开展大规模协同制造使能技术。

大数据技术为云制造系统提供全生命周期活动的精准化、高效化、智能化使能技术。

电子商务技术为云制造系统提供全生命周期中的商务活动使能技术。

安全技术为云制造系统提供系统安全使能技术。

网络通信技术为云制造系统提供随时随地按需获取信息传输使能技术。

智能科学技术为云制造系统提供人/机/物/信息的智能识别、融合、运算、监控和处理使能技术。

新信息化（大）制造技术为云制造系统提供云制造的重要基础技术。

3. 制造云和物联网、信息物理系统、工业 4.0、工业互联网的关系

随着新一轮产业革命的兴起，互联网的触角进一步延伸至企业和全产业链条、全生命周期，产业互联网时代已经到来，各种新的概念和解决方案层出不穷，其中物联网、信息物理系统、工业 4.0 和工业互联网等是其中的热点，有必要明确它们的边界和联系。

（1）物联网

物联网现在还没有一个公认和明确的定义，但从普遍意义上来说，物联网是一个基于互联网、传统电信网络等信息承载体，让所有能够被独立寻址的普通物理对象实现互联互通的网络[4]。换句话说，在物联网世界，每一个物体均可寻址，每一个物体均可通信，每一个物体均可控制。**物联网是关注于智能化识别、定位、跟踪、监控和管理的一种物物相连的网络，是信息物理系统、云制造、工业 4.0 和工业互联网的重要支撑。**

（2）信息物理系统

信息物理系统是通过先进的传感、通信、计算与控制技术，基于数据与模型，驱动信息世界与物理世界的双向交互与反馈闭环，使得信息物理二元世界中涉及的人、机、物、环境、信息等要素自主智能地**感知-联接-分析-决策-控制-执行**，进而实现在给定的目标及时空约束下集成优化运行的一类系统[5]。**CPS 本质上是具备内嵌计算能力的网络化物理执行设备，能实现感知与控制的交互和闭环。**CPS 的目标是使物理系统具有计算、通信、精确控制、远程协作和自治等能力，它通过互联网组成各种相应自治控制系统和信息服务系统，完成物理空间与虚拟空间的有机协调，要求系统能够在感知物理世界之后通过通信与计算再对物理世界起到反馈控制作用，这使得 **CPS 成为云制造、工业 4.0 和工业互联网的重要使能之一**。

（3）工业 4.0

为了提高德国工业的竞争力，在新一轮工业革命中占领先机，在德国工程院、弗劳恩霍夫协会、西门子公司等德国学术界和产业界的建议和推动下，**德国在 2013 年 4 月的汉诺威工业博览会上正式提出“工业 4.0（Industry 4.0）”**[6]，旨在提升制造业的智能化水平，通过建立具有适应性、资源效率及人因工程学的智能工厂，在商业流程及价值流程中整合客户及商业伙伴，开发全新的商业模式，挖掘工业生产和物流模式的巨大潜力。

“工业 4.0”涵盖了制造业、服务业和工业设计等多方面内容，被认为是继以蒸汽机广泛应用为标志的第一次工业革命、以电气化为标志的第二次工业革命和以自动化为标志的第三次工业革命之后，以智能制造为主导的第四次工业革命。**“工业 4.0”通过充分利用信息通信技术和网络空间虚拟系统相结合的手段，将推动制造业向智能化转型。**确切来说，它围绕两大主题（“智能工厂”与“智能生产”）和三类集成（“制造系统的横向、纵向集成”和“工程端到端的集成”），基于信息物理系统及物联网技术，构建出一个有感知意识的新型智能工业世界，能透过分析各种大数据，直接生成满足客户需求的相关解决方案（需求客制化），更可利用计算机预测部分固有状况，例如根据预测的客户需求，分析调度现有资源，实现及时生产，减少库存及供应链占款。

（4）工业互联网

2012年底，通用电气（GE）发布《工业互联网：突破智慧与机器的界限》白皮书，首次提出工业互联网的概念。**工业互联网[5]倡导将传感器、智能设备/系统、智能网络和智能决策/分析与传统的工业机器、机组深度融合，结合软件和大数据分析，重构全球制造工业，优化工业系统运行效率，极大地提升生产力，让世界更快速、更安全、更清洁且更经济。利用智能设备产生的海量数据支持系统优化和辅助智能决策是工业互联网的一个重要功能。**

（5）制造云、工业4.0和工业互联网的区别和联系

制造云、工业4.0和工业互联网是世界三大制造业主体（中国、美国和德国）为应对新一轮技术变革，推动本国制造业转型升级所提出的三大战略，**其本质是促进包括云计算在内的新一代信息技术和工业生产力深度融合，目标是使人、机器、信息这三类要素在一个共同的平台上合理组合、优化，形成新的生产力，不同之处在于各自结合了自身的特点，选择了不同的技术路线和方案，**比较三者的区别和联系如图6-3所示。

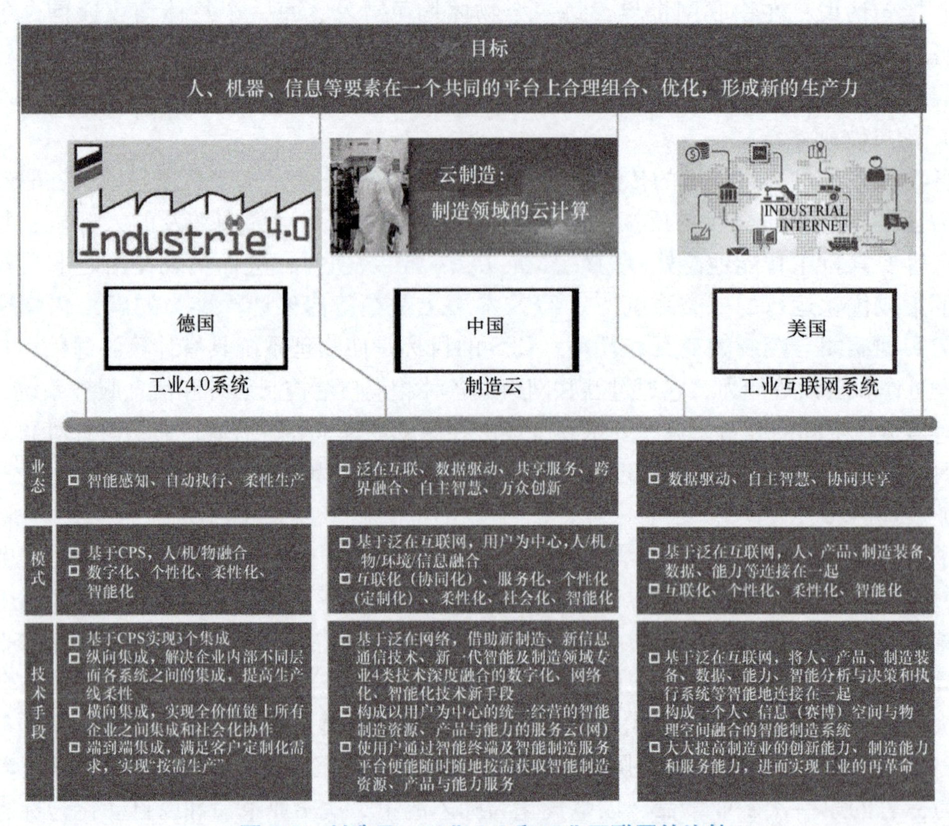

图6-3　制造云、工业4.0和工业互联网的比较

6.1.3　工业云平台

目前世界主流的工业云平台，包括中国航天云网工业智能云系统（Industry Intelligent

Cloud System，INDICS）平台、美国 GE 的 Predix 平台以及德国西门子 MindSphere 平台。

1. 中国航天云网 INDICS 平台

中国航天云网是基于云制造内涵建立的智能制造系统——智能制造云。

中国航天科工集团是中国战略性、高科技、国家级创新型企业，2015 年 6 月，航天科工成立航天云网公司，2017 年 6 月，航天云网打造的中国云制造服务平台（INDICS）面向全球正式发布。**航天云网系统架构采用五层结构，分别是工业应用 APP 层、云平台（NDICS 平台）层、平台接入层、工业物联网层和资源层，如图 6-4 所示。**

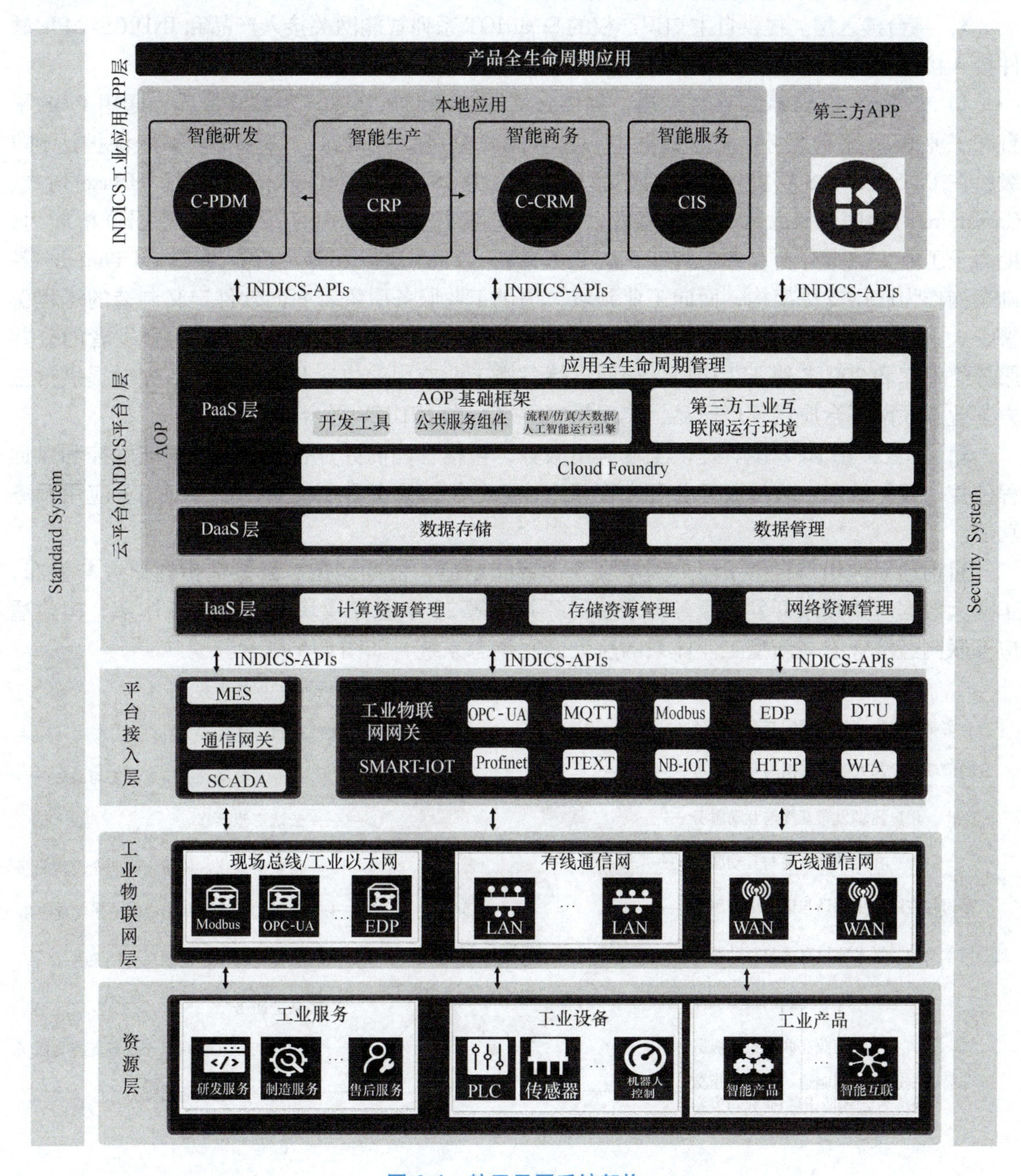

图 6-4　航天云网系统架构

1）资源层。支持各类工业服务、工业设备和工业产品的接入。已接入的工业服务包括生产制造能力 14 大类 66 小类，试验能力 12 大类 139 小类，计量检测 3 大类 30 小类。已接入的工业设备包括机械加工、环境试验、电器互联、计量器具、仿真试验等 21 类。已接入的工业产品主要是工业机器人、能源设备等工业智能互联产品。

2）工业物联网层。提供工业设备的通信互联能力，支持 OPC-UA、MQTT、Modbus、Profinet 等主流工业现场通信协议的通信互联，支持工业现场总线、有线网络、无线网络的通信互联。

3）平台接入层。提供自主知识产权的 SmartIOT 系列智能网关接入产品和 INDICS-APIs 软件接入接口，支持“云计算 + 边缘计算”的混合数据计算模式。

4）云平台（INDICS 平台）层。提供云资源基础设施管理、大数据管理、通用 PaaS 平台和工业 PaaS 平台服务。自建数据中心，实现安全可控全覆盖，信息安全等级保护达到 3 级；在 DaaS 和 PaaS 层提供丰富的产品和服务，DaaS 层提供 Hadoop 分布式、HBase 列式、Cassandra 时间序列等大数据存储能力以及 Storm 流式、Spark 内存计算等大数据分析能力，助力于工业大数据分析和人工智能算法业务分析；PaaS 层以业界主流开源 Cloud Foundry 基础架构作为底层支撑架构，面向工业领域，提供工业服务引擎、面向软件定义制造的流程引擎、大数据分析引擎、仿真引擎和人工智能引擎等工业 PaaS 服务，以及面向开发者的公共服务组件库和 200 多种 API 接口，全面支持各类工业应用的快速开发与迭代。同时提供第三方工业互联网平台应用环境产品，实现第三方平台向 INDICS 平台的接入。

5）工业应用 APP 层。提供工业应用服务，包括智能商务、智能研发、智能管控和以远程监控、智能诊断、售后服务、资产管理为核心的智能服务等制造全产业链的工业应用服务功能。

目前已面向用户提供了门户网站服务；智能制造、协同制造、云制造指数研究与发布；工业大数据应用技术开发与服务和云端资源共享等 20 个业务模块的产品服务体系，构建适应互联网经济业态与新型工业体系的航天云网生态系统，如图 6-5 所示。

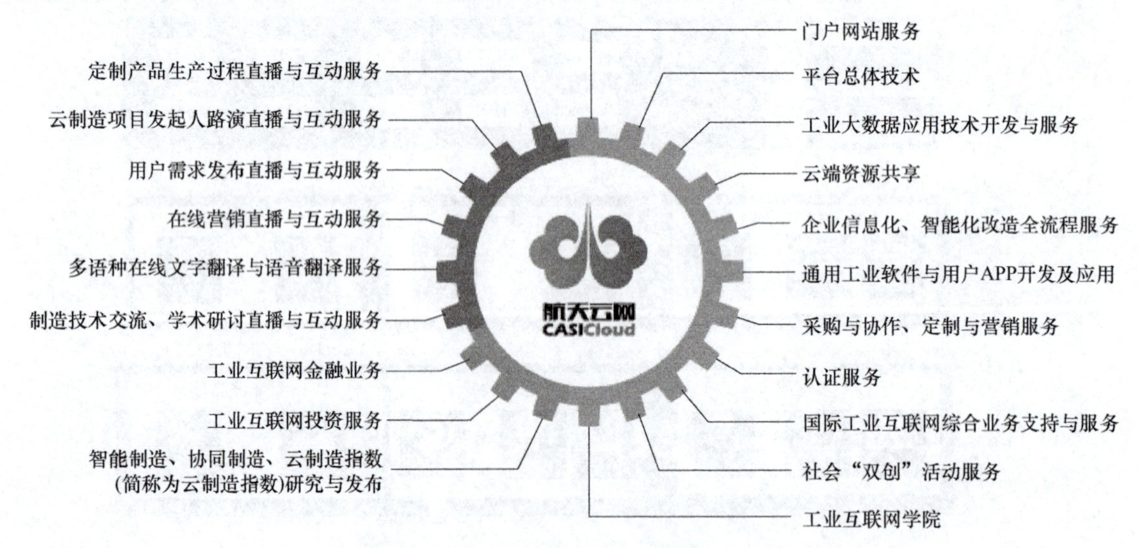

图 6-5　航天云网业务与产品服务体系

2. 美国 GE Predix 平台

美国通用电气公司（General Electric Company，简称 GE）是世界上最大的提供技术和服务业务的跨国公司。GE 建立 **Predix 平台[7]，旨在建立一个真正的全球化工业平台，通过与大规模的设备、传感器、控制系统的连接，并对数以万计的信息进行捕获、存储与分析，为用户做出精准的预测与精确的决定**，Predix 平台架构如图 6-6 所示。

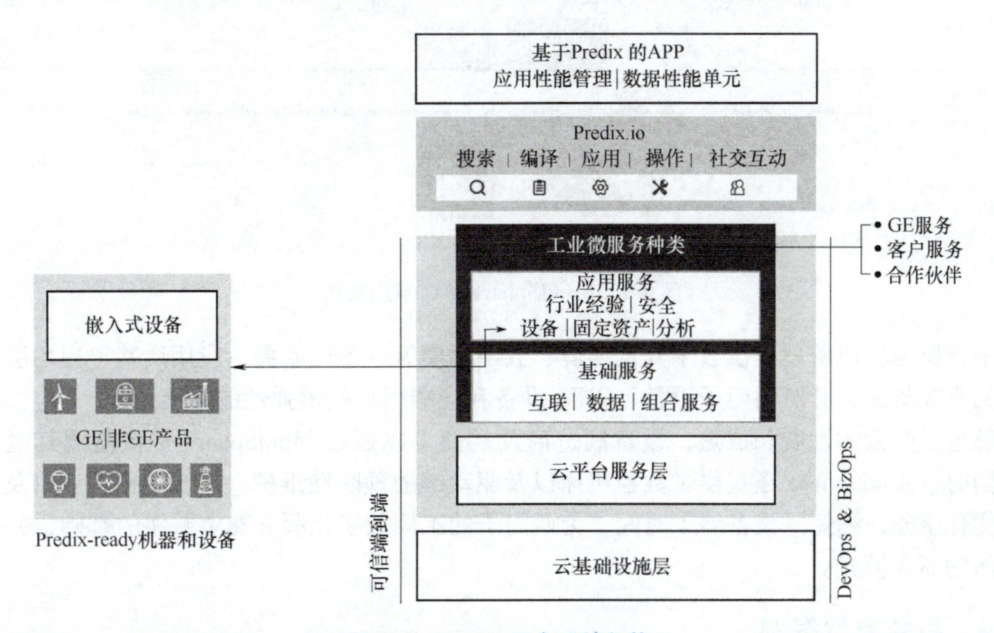

图 6-6　Predix 平台系统架构

从技术架构上来划分，Predix 平台从底层设备到云端服务，可划分为**工业设备层、工业网络安全连接层、用户网关层、互联网通用连接层及云端服务层，**打通了工业领域与互联网之间的每个环节，为企业及用户提供了工业设备数据的实时采集、传输、存储与大数据分析等功能，并以此为基础提供建模服务、资产服务、数据服务和应用安全服务等一系列应用与增值服务。

Predix 作为 GE 公司的软件核心平台，帮助各种工业资产设备与运营商相互连接并接入云端，其资产性能管理（APM）系统每天共监控和分析来自价值 1 万亿设备资产上的 1000 万个传感器发回的 5000 万条数据，其终极目标是帮助客户实现最大化的无故障运行。

3. 德国西门子 MindSphere 平台

西门子公司是全球领先的技术企业，创立于 1847 年，业务遍及全球 200 多个国家，其在电气化、自动化及数字化领域都有较高的成就。为了在数字化领域挖掘新的商业机会，西门子面向市场推出 MindSphere[8,9]，整合了远程维护、数据传输分析及网络安全等一系列现有技术和新技术，提升对燃气轮机、风力发电机、列车、楼宇和医疗成像系统的监控能力。

西门子公司 2016 年 4 月份发布了 MindSphere 的公共测试版本——基于 SAP Hana 的工业数据分析智能服务平台，面向设备 OEM 厂商或者终端用户提供智能数据服务。MindSphere 技术架构如图 6-7 所示。

MindSphere 平台系统架构方面分为三个层次：现场层、平台层和应用层。现场层的设备或者设备机群通过连接器（IOT 2000）、集成控制器和应用软件三种方式与云平台集成对

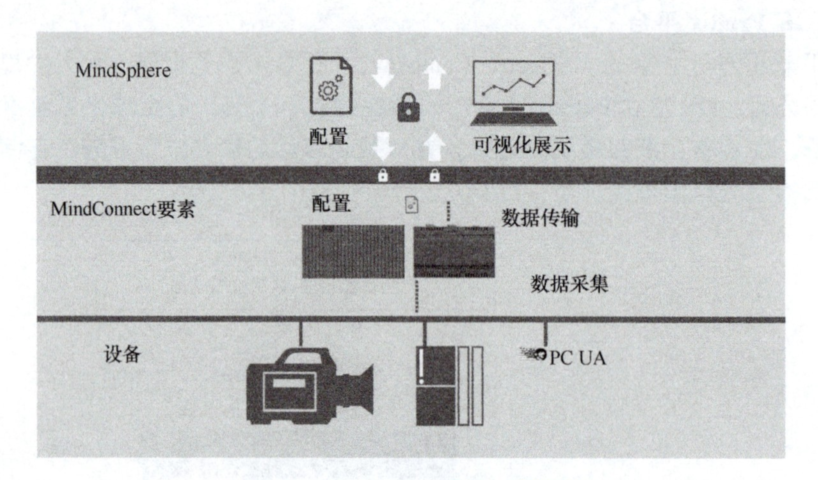

图 6-7 MindSphere 平台系统架构

接；平台层为注册用户提供数字开发环境、数字建模等一系列服务；应用层基于现场层与平台层的有效集成，针对西门子设备、OEM 设备和终端用户提供弹性的应用服务。

随着工业云的发展和成熟，设备制造商及厂商可以通过 MindSphere 平台监测其设备机群，同时，MindSphere 还提供了数控机床以及驱动链的预防性维护、能源数据管理以及工厂资源优化服务，缩短了设备停工时间，为西门子的工厂数字化服务奠定坚实的基础，并据此开创新的商业模式。

6.1.4 平台典型案例

本节重点从模式、手段和业态的变化，介绍了我国 INDICS 平台在高端电器连接件装配智能工厂和贵州工业云的应用案例，Predix 平台在亚洲航空、德国意昂集团及布鲁斯电力公司的应用案例，MindSphere 平台在 Siemens Healthineers、格林科技及 IOT 解决方案供应商 Bluvision 的应用案例。

1. INDICS 平台应用案例：某电器股份有限公司高端电器连接件装配智能工厂

(1) 应用需求

某电器股份有限公司是我国集科研、研发和批量生产于一体的电子元器件骨干企业之一，2016 年位列中国电子元件百强企业第二十名。该公司研制、生产的电连接器立足于高端领域，产品具有技术含量高，品种规格齐全，结构紧凑，体积小，重量轻，接触件密度高，可靠性、抗振动冲击、耐湿、耐热、耐腐蚀及抗干扰指标高等特点，主要应用于航空、航天、兵器、机车等领域。该公司连接器生产模式具有多品种、小批量、定制化的特点。该企业为集团化企业，组织架构为总部-事业部模式，在产品研制生产管理过程中主要存在以下问题：

1）企业根据连接器产品特点采取多品种小批量的个性化定制生产模式，产品研制周期长，极大地影响订单交付周期，跨地区部门、跨客户，与供应商的协同研发缺乏手段，效率低下。

2）连接器产品品种多、批量小，且对质量和可靠性要求高，传统产线难以快速响应市场需求。

3）全球化运营，异地用户数量多，外协外购配套关系复杂，协作效率低，运营成本高。

（2）解决方案

基于 INDICS 平台，实现 INDICS 与 PLM、ERP、MES、PLC 异构系统集成，构建用户、异地事业部及外协外购等精密电连接器的智能制造样板间，如图 6-8 所示。

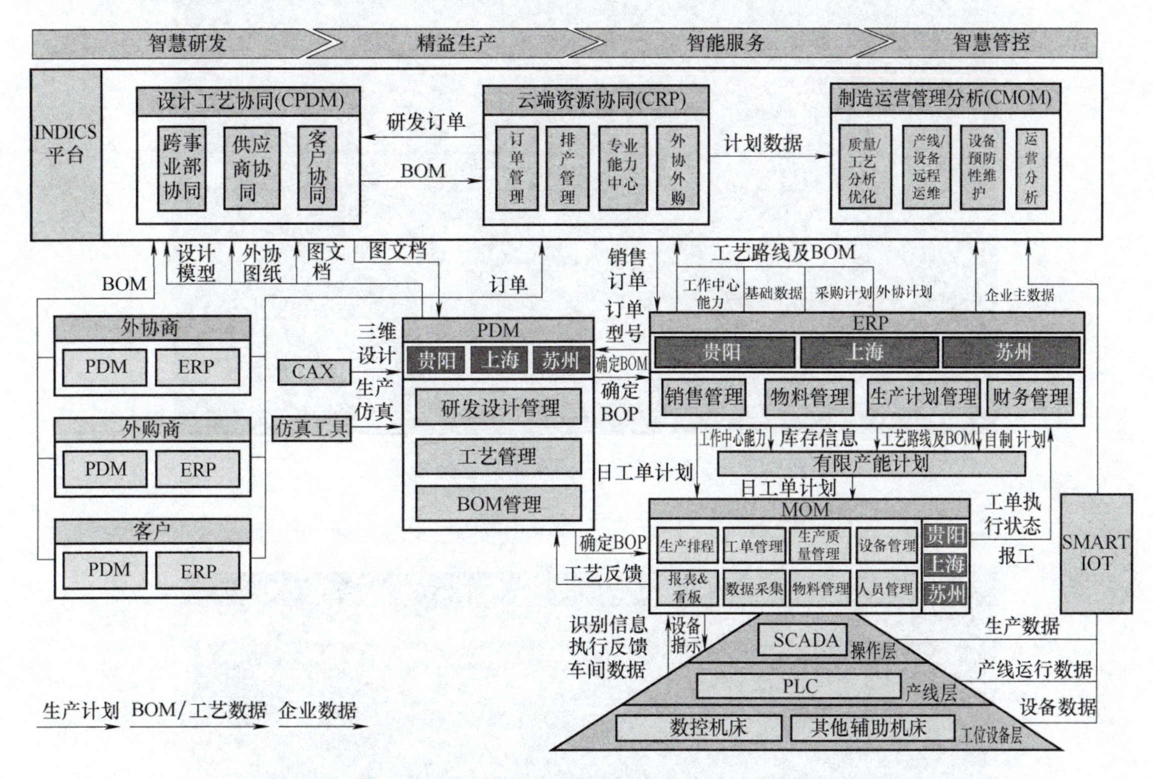

图 6-8　基于 INDICS 的某电器公司智能制造系统集成架构图

1）基于 INDICS 平台实施云制造应用，建立数据驱动的，链接客户、供应商的价值链生态系统，打通从需求订单-资源协同、优化排程-协同研发-智能生产-智能服务的数据链路，搭建数据驱动的小批量多品种柔性生产模式，提高与客户、供应商的协作效率，提高供应链质量、降低运营成本。

2）构建面向订单准时交付的基于有限产能的智能排产计划驱动生产执行 MES，驱动企业 PLC，建设数据驱动的网络化智能化混线生产线。通过 INDICS 平台，提供资源协同、外协外购协同等增值服务，实现跨事业部的配件信息、制造设备信息、生产辅助工具信息、技术文件信息等资源的共享，支撑贵阳、遵义、苏州三地跨地区实现资源计划协同。然后，下达排产计划，使其驱动企业 MES 系统，实现自定义工艺路线、工序等信息，生成订单拉动的排产甘特图、车间/产线工单计划等，实现订单驱动，基于有限产能、企业资源（产能、库存、人员等）的车间级优化生产排程，实现数据驱动的网络化智能化混线生产，有效均衡企业库存、产能等资源，提高生产效率和计划完成率。

3）基于 INDICS 平台建设 CMOM 运营管理分析系统，通过工业物联网网关 SmartIOT 实现生产线数据、生产信息的实时采集，开展数据分析应用。基于数据处理、挖掘、分析，实施质量/工艺优化应用、设备远程运维应用、关键设备预防性维护应用、运营分析应用，如图 6-9 和图 6-10 所示。

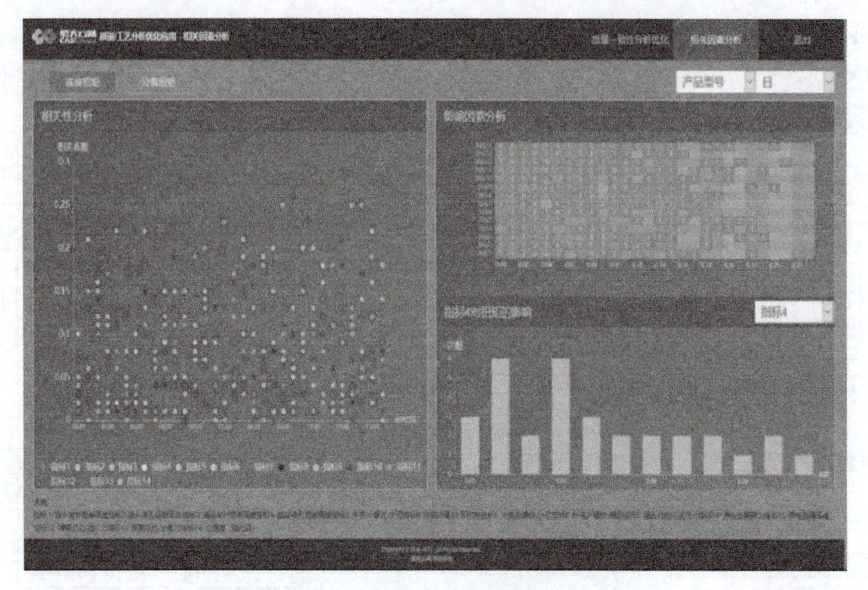

图 6-9　质量工艺影响因素相关性分析界面

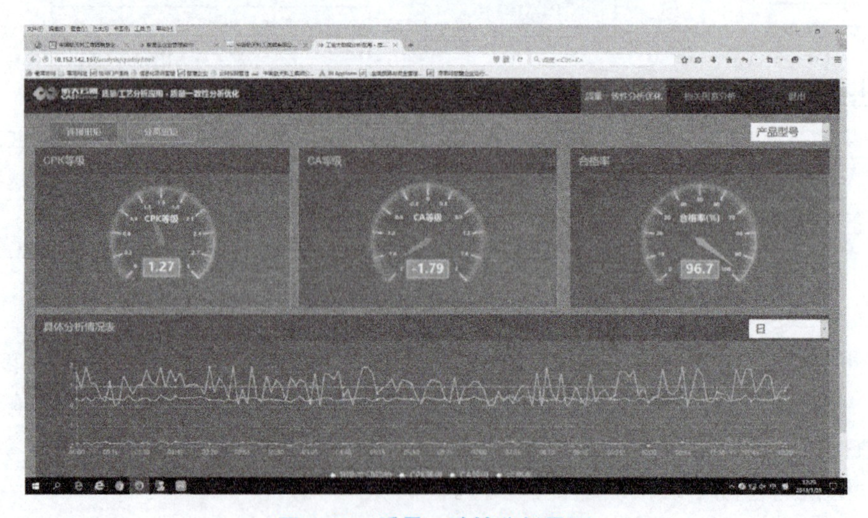

图 6-10　质量一致性分析界面

（3）应用效果

该电器公司的智能工厂以生产设备网络化、智能化为基础，应用 SmartIOT 采集现场数据并进行处理分析，实现了产品质量实时控制及设备状况的监测预警、在线诊断、远程运维。通过开展基于 INDICS 平台的云端应用，形成符合高端电器连接件“多品种、小批量、按单生产”特点的网络化协同制造模式，满足产品的个性化定制和柔性生产需求，满足产品设计、工艺、制造、检测、物流等全生命周期的智能化需求，使企业产能达到 50 万件/年，自动化率达到 60% 以上，生产效率提升 50% 以上，产品研制周期缩短 33% ，产品不良品率降低 56%，运营成本降低 21%。

2. INDICS 平台应用案例：航天某院面向航天复杂产品的全生命周期管理优化

（1）应用需求

航天某院是航天防务装备研制生产总体单位，下设总体设计部、分系统研究所及专业总装厂等 10 余家单位。航天装备是复杂的系统工程，其产品研制往往具有涉及专业学科技术广、配套研制单位多、知识含量高、新技术多学科交叉突出等特点，对产业链上资源的高效配置，整合共享和交易协作，尤其跨单位协同研制与质量要求高，现有技术手段和传统研制模式难以应对，在研制某型号产品时主要存在以下问题：

1）航天装备是复杂的系统工程，需实现总体设计部与专业部、厂所的研发设计协同，资源能力共享。

2）全生命周期协同效率低、信息一致性差，各类跨单位的业务协作缺乏跨单位业务平台支持，协同效率低、信息一致性差等。

3）产品研制周期长、技术要求高，需要开展多学科虚拟样机协同研发。

（2）解决方案

基于 INDICS 平台建设了面向航天复杂产品研制的全生命周期管理云平台，基于云平台的该型号产品研制过程如图 6-11 所示。

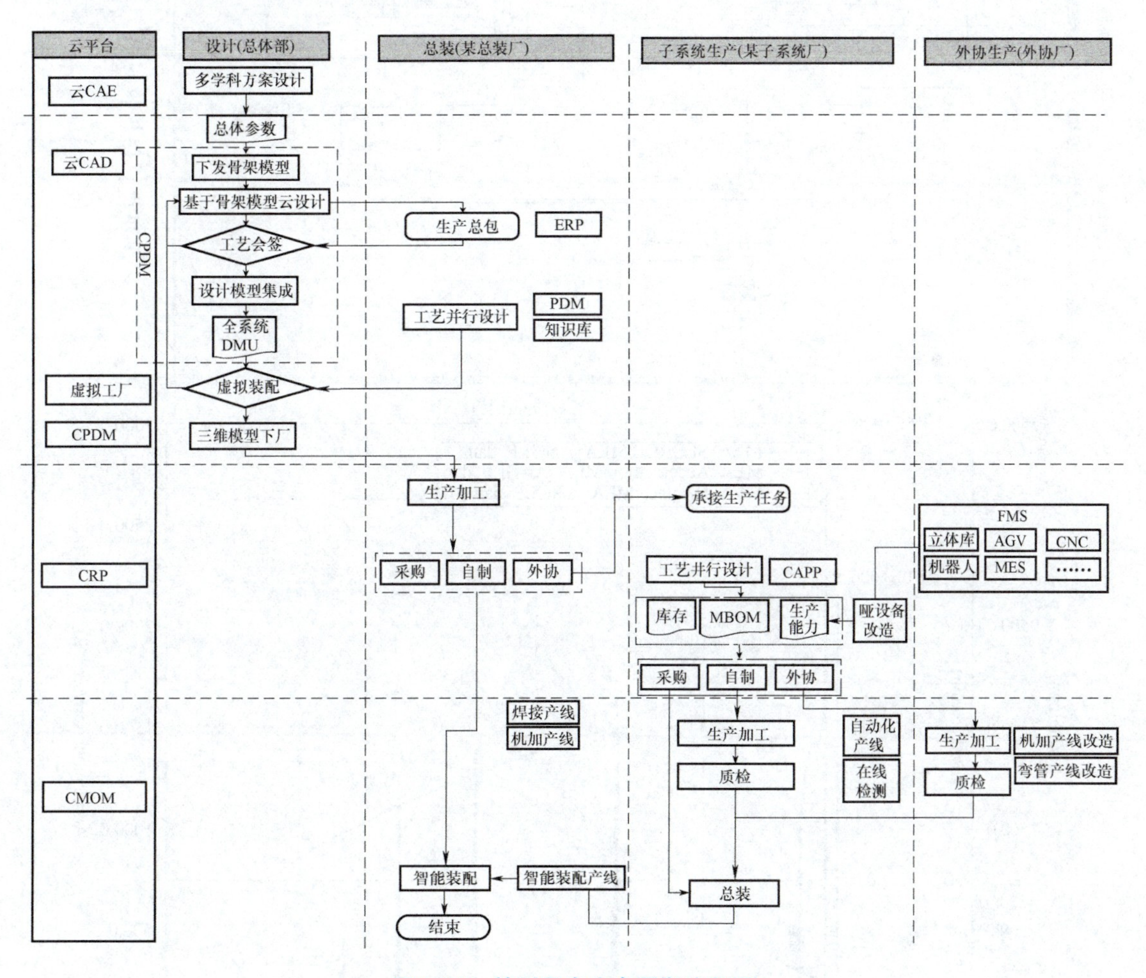

图 6-11　某型号全生命周期流程图

1）制造资源/能力精准协同。总体设计部门基于创意设计方案，进行概念设计和详细设计，首先基于云平台发布主要组成系统的设计、生产和检验协同研制信息，云平台基于用户画像和能力资源画像，匹配推荐合适的供给方，最终在市场机制的撮合下形成动态的联合研制 IPT 团队，实现了基于大数据智能的精准匹配应用。

2）跨企业多学科方案设计。在总体设计论证阶段，跨企业联合研制 IPT 团队主要基于云平台，以服务的形式进行资源共享和任务协同，依托高性能计算机实现资源集约化，提升仿真效率，支持从传统的集中式联调、串行方案验证向分布式联调、并行方案验证转变。支持总体设计师和各分系统设计师通过浏览器提交相应模型，后台动态地为其构建协同制造的运行环境，自动建立起系统级的虚拟样机，实现针对多工况设计优化需求的复杂产品多学科协同仿真，如图 6-12 所示。

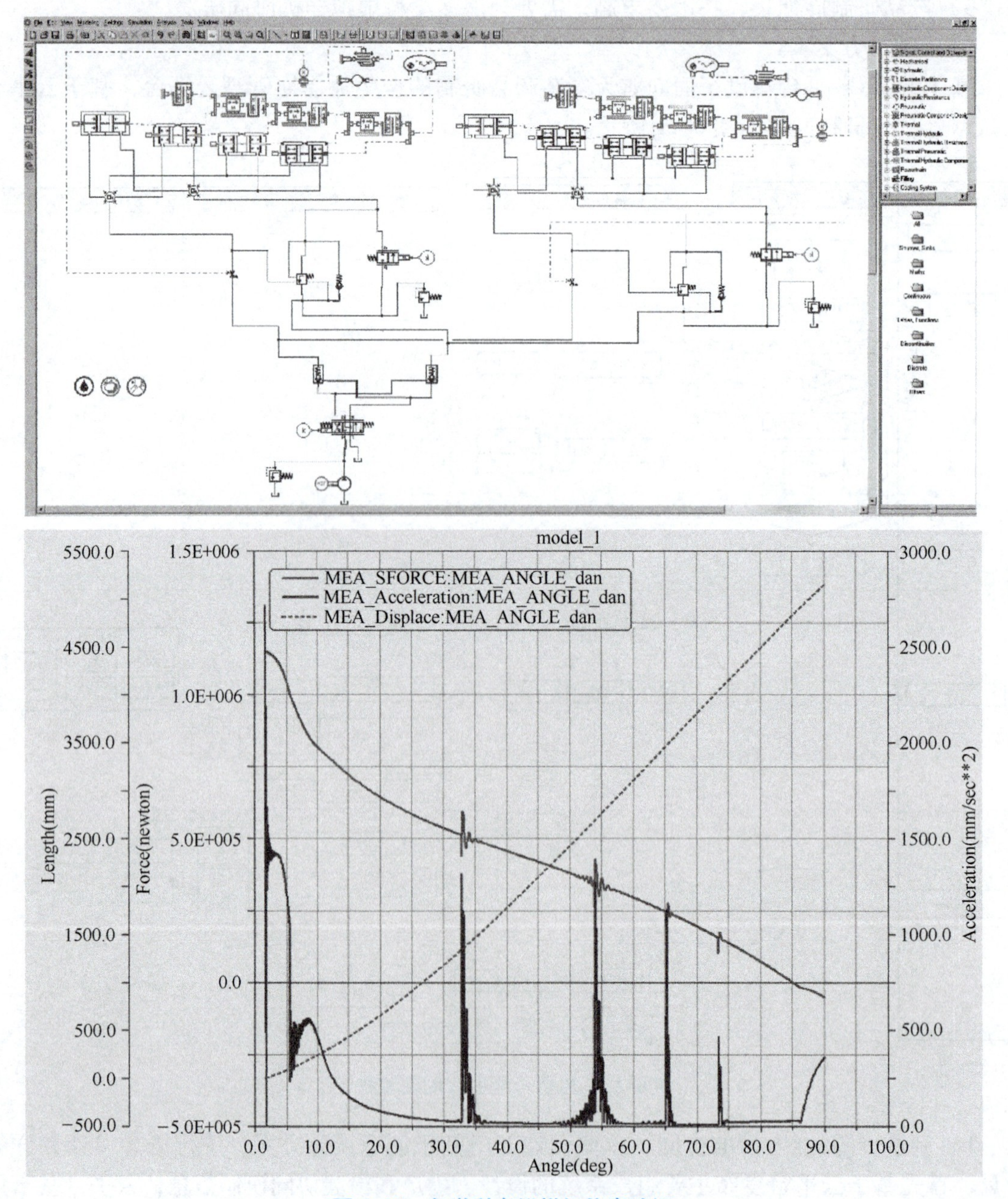

图 6-12　多学科虚拟样机仿真验证

3）跨企业协同设计。在验证、确定设计方案后，产品研制进入详细设计阶段，联合研制 IPT 团队，基于云平台的 CPDM 发放骨架模型，结构设计师在智慧企业云调用云 CAD、云 CAE 等工具软件，基于下发的骨架模型，在线进行结构详细设计和校核，并通过 CPDM 系统跨企业与生产工艺设计师开展在线工艺会签，当结构和工艺完成审查，模型达到一定的成熟度后，转入生产阶段，基于 CPDM 定义产品基线，完成技术状态控制，并将产品 BOM 和三维模型统一下发给总装厂，实现全三维下厂，如图 6-13 所示。

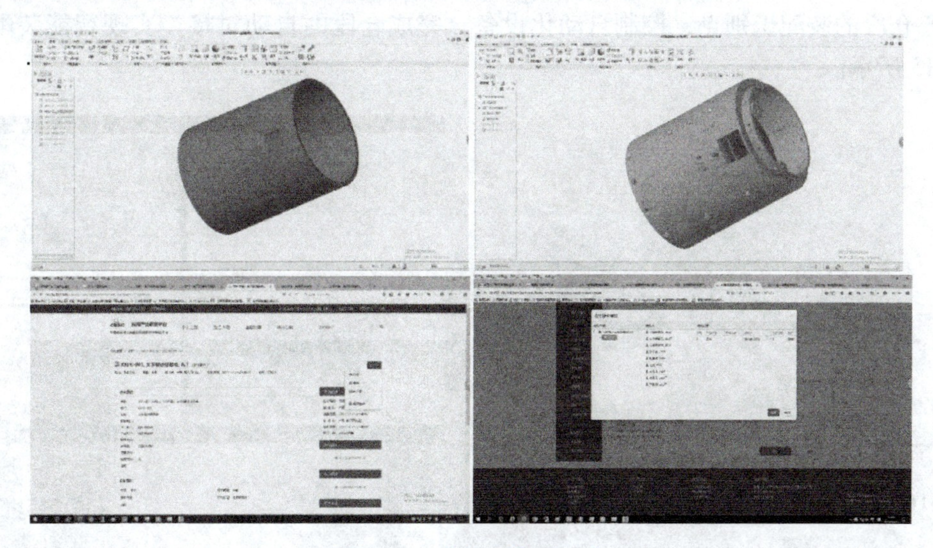

图 6-13　跨企业协同设计

4）跨企业柔性排产。总装厂评估接收到的三维模型，在生产能力不足时，基于云平台的 CRP 系统进行跨企业协同生产，通过智能车间云接入的产线信息，智能感知平台上已有企业的制造能力、制造设备信息、生产辅助工具信息等，在此基础上进行跨企业的资源计划、排程优化计算，如图 6-14 所示。

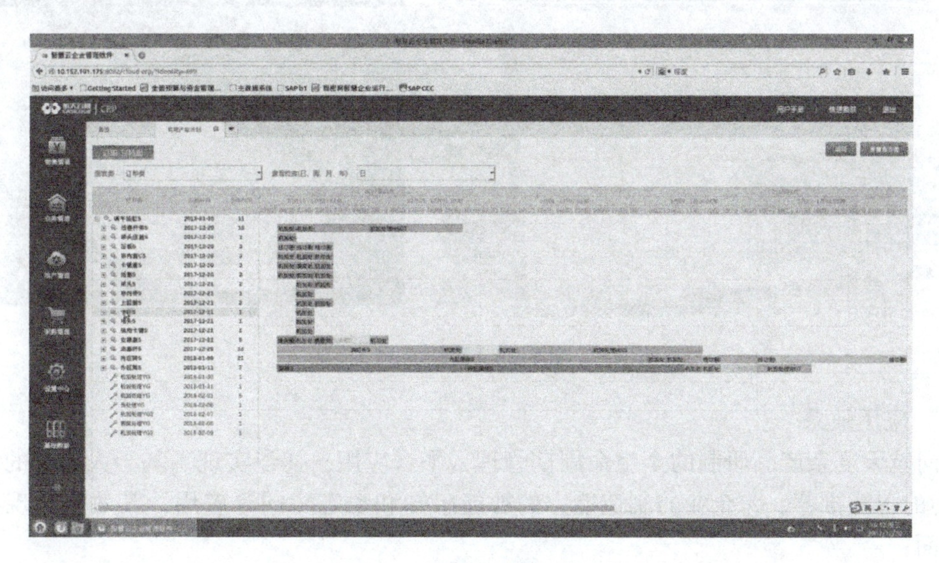

图 6-14　跨企业柔性排产

5）智能生产。生产车间在接到云平台派发的生产任务后，基于智能设备云调度自动物料运送机器人、自动化加工产线，进行智能化生产，并基于云平台构建与真实车间对应的虚拟工厂，并通过工业大数据链接底层设备数据，在生产过程及时更新交货期信息，虚拟工厂分析和优化工艺节拍和生产效率，监控设备运行状态，实现人机混合的智能应用。

6）智能装配。在产品总装过程中，基于智能车间云管理智能装配生产线，分别对工位、机器人操作、出入库管理、上下料等装配环节进行统一的管控，并基于机器视觉识别、控制核心仓段的装配识别点，控制自动化设备，完成仓段的自动对接，实现智能装配应用，如图 6-15 所示。

图 6-15　智能装配

（3）应用效果

面向航天复杂产品研制的全生命周期管理云平台应用，初步实现了基于大数据的制造资源/能力的智能推荐、跨企业的制造能力的智能感知和动态协同等应用，其效果体现在以下几个方面：

1）在制造资源/能力协同方面，大大提升了项目订单的办理效率，使整个项目从发布到执行的周期缩短了 40% 以上。

2）在设计生产协同方面，云端软件资源、高性能计算资源共享，利用率 50% 以上，多学科协同、跨阶段并行研制，提升研制效率 30% 以上。

3）在生产协同方面，通过云平台的在线设备管理、柔性调度和生产计划管理，实现了生产过程管理的透明化，生产效率提升 33%，产品的一次加工合格率提升 32%。

4）在车间执行管控方面，实现了设备状态、车间现场生产进度的实时监控，打造了小批量，多品种定制生产的制造模式，提高设备运行效率 10%，降低设备能耗 5% 以上。

3. 首钢基于深度学习的质量控制

（1）应用需求

随着生产力的不断提高，人们生活水平也不断提高，人们对制造行业的要求也越来越高。钢铁作为造船、航空航天及日常生活用品不可缺少的原材料，其质量要求必然更严格。由于生产设备和工艺技术的局限，钢铁产品质量和生产能力有时不能满足需求；在钢铁生产线上，钢铁产品的生产过程由于不能实时有效监控其表面质量，部分缺陷产品在出厂前不能被检测出来，这样的缺陷产品流入市场将会对企业造成巨大的经济损失。同时在钢铁生产实际应用中，有一定的概率出现新的缺陷类别，新类别的出现对传统分类模型的识别精度带来一定的影响。

当前行业中广泛采用基于上一代机器视觉的“表面检测仪器”对生产线实行监控，通过高速工业相机实时抓取图像，对获取的图像进行快速检测和预处理，分割出缺陷区域，然后对该目标图像二值化来定位缺陷位置，并利用预设好的分类模型进行缺陷类别的判定，这样可以提高生产效率，也有效地降低了劳动强度。

但现实情况是，大部分的国内外表检仪系统采用类似“专家系统”的方式来对图像进行处理，这就会产生一个问题，即无法摆脱“特征提取”工程这一环节，由于分类器接收的输入信号是图像的特征，而不是原始像素图像，因此对于特征的提取需要人工经验，以挑选出最适合的特征集。这样在面对工艺调整或准确率不高的情况下，很难对原有模型进行迭代升级，且整套方案的可扩展性差，随着生产线扩充需要同时增加部署新的表检仪系统，技术方案紧耦合不易拆分，导致成本直线上升。

（2）解决方案

“首钢深度学习平台”是基于百度公司的深度学习软硬一体化平台打造的，专为北京首钢自动化信息技术有限公司研发，是应用深度学习技术打造的私有化平台产品。产品面向企业应用深度学习技术的整个生命周期，提供数据存储、模型训练、模型预测、运维管理及技术培训等场景的全面解决方案，支撑首钢各类计算机视觉场景，如钢材缺陷检测等，盘活数据资产，建立独立自主的智能化模型，成为首钢业务智能化的“大脑”。

对钢厂生产的产品外观，通过深度学习和历史图片数据建立缺陷预测模型，基于工业相机拍摄的生产图片数据实现缺陷识别和缺陷定位。通过深度学习构建全新的缺陷识别模型，将生产线上的分类准确率进行全面优化提升，具体体现在以下几方面：

1）可实现若干类别缺陷的智能自动化分类。

2）对结果进行可视化呈现。

3）以私有化形式交付，确保数据不外泄，满足企业合规性要求。

4）超越原有旧系统的识别率和准确率。

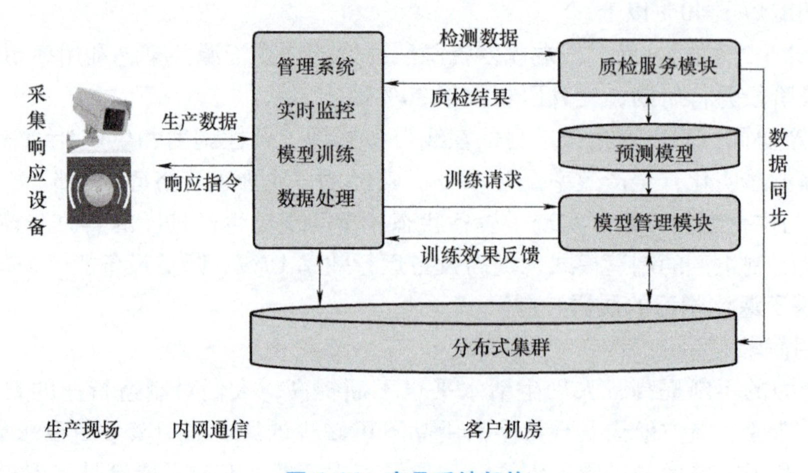

图 6-16　产品系统架构

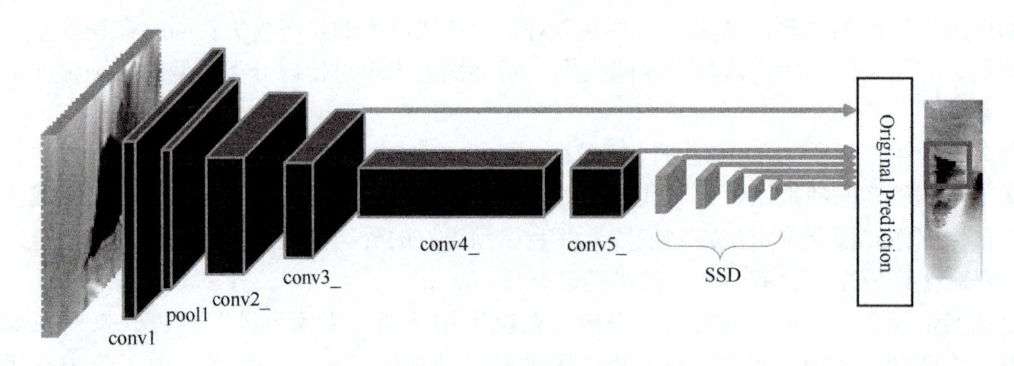

图 6-17　深度学习过程

(3) 应用效果

相比用户自己采购硬件、使用开源软件搭建深度学习平台，百度公司的深度学习软硬一体化平台具备如下优势：

通过该平台结合首钢自身应用场景优化并开发自己的模型以便能够及时调整满足业务侧需求。

结合 GPU、CPU 等多种计算硬件为各类 AI 系统的研发提供基础设施层面的保障，具备分布式、高性能、可扩展的能力，大幅降低 AI 系统和新技术的研发周期及运维成本。

与实际业务场景相关的数据才有价值，基于首钢内部历史数据的不同理解所做的不同筛选及标注策略会对模型训练的效果及最后的预测结果产生最佳影响。

通过本次项目尽早地建立起专业人才团队，在前沿算法的突破创新以及算法在不同使用环境中的优化升级等方面，能够积累经验，应对难题。

百度公司的深度学习平台为用户预设一套分布式文件系统，用于存储深度学习所需要的海量数据。在该平台上可以直接访问这些数据，研发深度学习应用。

生产出有缺陷的产品是企业不愿意看到的。通过部署人工智能技术来消除生产线缺陷，提高良品率，最终使得首钢可以减少废品、降低资金成本，并通过降低产品召回率来提高终端用户满意度。以上所有因素都对企业提高利润具有积极的作用。

在项目前期测试阶段，基于钢厂提供的 10000 张图片，使用深度学习平台对钢板缺陷进行分类，预测结果为：正常 9714 张，红色铁皮 281 张，褶皱 3 张，孔洞 2 张。首钢工程师人工检测结果是：正常 9712 张，红色铁皮 283 张，褶皱 3 张，孔洞 2 张。以人工结果为基准，钢板缺陷分类模型的准确率达到 99.98%，与人工专业检测结果十分接近。

4. Predix 平台应用案例

亚洲航空（AirAsia）成功部署了 GE 的飞行效率服务（Flight Efficency Services，FES），并作为 GE 工业互联网应用的成功案例之一，FES 能帮助亚航优化交通流量管理、飞行序列管理以及飞行路径设计，2014 年 FES 系统帮亚航节省 1000 万美元的燃油费用，到 2017 年已节省燃油开支约 3000 万美元。

作为欧洲能源巨头的德国意昂集团也部署了 GE 的工业互联网软件平台——Wind PowerUp，将其 283 台风力发电机的输出功率提升了 4%，每年多生产 40kMW · h 电力，足够为 4000 户美国家庭供电一年。

布鲁斯电力公司通过 8 个（每个能够生产多达 800MW · h 电力）核反应堆为加拿大安大略省提供约 30% 的基础电力，但面临发电效率低下、核电设备维护难等问题，公司对设备的定期维护也缺乏统一管理，容易造成延误。通过 Predix 平台的 APM 功能，GE 公司为布鲁斯电力公司提供了核电设备实时监控和故障反馈服务，设备运行数据实现可视化管理，满足高等级的核电安全标准，平台参考设备生命周期模型分析参数后确定最佳安全维护周期，并对危险系数较高的设备提供实时预警服务。凭借 Predix 平台，布鲁斯电力公司的单个核电设备连续运行 500 天即可为当地提供全年 15% 的电力，效率大幅上升，平均发电价格降低了 30%，设备稳定性明显上升。

5. MindSphere 平台应用案例

西门子的医疗保健分支公司 Siemens Healthineers 在全球范围内提供医疗成像和诊断工具。MindSphere 通过机器技术诊断和远端生活辅助生理数据监测等方面解决各种医疗问题。根据调研机构预测，到 2018 年全球智能医疗服务支出将达到 300 亿美元，2016 ~ 2018 年全球智能医疗服务支出复合成长率将达到 60%[11]。

在铁路方面，MindSphere 运用大数据为铁路运行提供安全运行监控和预防性维护等服务，通过自身在数字领域的强大优势，及时发现与分析铁路存在的安全问题，做出相应的指令判断，有效避免各类故障发生。

格林科技利用西门子 S7 采集机床产品中的 6 组数据，每 30s 采集一次并上传至 MindSphere 平台，实现了失效报警等功能。

IOT 解决方案供应商 Bluvision 在可口可乐荷兰 Dongen 工厂中的 150 个小型电动机上安装了传感器，并将数据上传至 MindSphere 平台，基于对电动机振动情况的数据分析实现故障预警。

6.2 农业云与智慧农业

6.2.1 应用背景

近年来，由于气候变化、农业资源消耗、生态系统退化和全球农业生产竞争强度的提升，世界各国在农业资源高效利用、农业生态环境保护、农业生产效率提升、农业人力成本控制等方面存在巨大的技术需求缺口。**以云计算技术为服务承载，以物联网、大数据、人工智能、移动互联等技术为服务组件，通过农业云服务全面提升农业生产、经营、管理水平，实现农业现代化转型和跨越式发展已成为世界各国的重要议题和战略高地。**目前，各农业信息化程度较高的国家相继出台了一系列促进云计算与农业领域深度融合发展的引导政策和战略规划，落实了一批基于云计算的农业智慧工程，促进了农业整体水平的快速提高。

美国的农业云采取政府投资与市场运营相结合的建设模式，从云计算、移动互联网、大数据等技术应用、信息网络建设和信息资源开发利用等方面全方位推进，目前农田定位系统、农田环境监测系统、水肥药决策系统、育种平台等技术产品均以云服务的形式提供服务，帮助农业生产者实现农场生产智能管理及精细化耕作，可显著提高农业生产效率。英国的农业云由英国环境、食品和农村事务部牵头建设，侧重基于云计算、大数据等信息技术实现精准种养作业和农产品供需对接，并在2013年专门启动了“农业技术战略”，以期建立以“农业信息技术和可持续发展指标中心”为基础的一系列农业创新中心，通过信息技术提升农业生产效率。法国作为欧盟最大农业生产国和世界第二大农业食品出口国，在农业专业化、科技化、前瞻性方面均处于世界领先地位，其2014年通过的《未来农业法》明确了未来的农业形态是以生态农业为基本框架，通过政府主导，企业和农业合作组织共同参与的“三位一体”建设机制建设农业云，综合运用云计算、物联网、大数据等信息技术促进农业废弃物资源利用和土地修复，提高农业资源利用率、农业生产效率和农民收益，解决农业耕地面积日渐减少、农民数量锐减、农村贫困程度加重三大问题。德国不遗余力地发展更高水平的“数字农业”，仅2017年一年在农业技术方面的投入就超过54亿欧元。“数字农业”基本理念与“工业4.0”一脉相承，通过云计算和大数据的应用，实现田间环境监测、数据云端汇聚、大数据处理分析、农机智能作业等精细化服务，帮助农民优化生产，实现增产增收。日本的“21世纪农林水产领域信息化战略”提出要建立发达的通信网络，向农村提供农业技术指导、成果速递、供求对接、价格指导等实用云服务，以便提高农村地区的通信便利程度，促进电子商务的发展，提高农业资源的管理水平。

当前我国农业正处于由传统农业向现代农业转型的关键期，农业生产、经营、管理等各个环节都迫切需要智能化、精准化的农业云服务支撑。鉴于云计算能够最大限度地利用计算、交互、存储乃至应用等IT资源，以最少投入获得最优产出，让最终用户更方便地获取各类信息，实现普惠、绿色、高效、专业的信息服务的巨大优势，我国从顶层设计、战略布局、财政支持、人才培养等多方面持续发力，强力推进农业云平台关键技术研发、成果应用示范和服务模式探索。《2017年中央一号文件》提出“实施智慧农业工程”；《2018年中央一号文件》提出“大力发展数字农业”。农业部在《农业部关于推进农业农村大数据发展的实施意见》中提出“推进国家农业数据中心云化升级，建设国家农业数据云平台”。农业部《“十三五”农业科技发展规划》指出“新一轮科技革命和产业变革蓄势待发，大数据、云计算和互联网等技术进步对提高土地产出率、劳动生产率和资源利用率的驱动作用更加直接，正在引领现代农业发展方式发生深刻变革”。

与其他行业相比，农业云平台具有更复杂的应用场景、更广泛的大数据需求、更大规模的在线人数、更长的产业环节以及更加细分的用户需求，需要云计算、物联网、大数据、图像识别、语音识别、自动问答、软件定义等技术的深度融合和集成化应用。目前农业领域云服务存在三大迫切需要解决的问题：

1）传统农业应用系统对用户个性化需求的响应不够，缺乏智能识别匹配。

2）用户终端、网络、IT技能水平参差不齐，需要便捷灵活的服务手段。

3）百万级大规模用户高频次访问对系统负载要求严苛，需要科学的资源调度和自主响应。

随着云计算技术的发展，我国已经把农业云计算作为推进我国云计算产业发展的重要组成部分，瞄准世界农业科技前沿，围绕产业兴旺、生态宜居、乡风文明、治理有效、生活富裕的总要求，加大云计算技术在农业农村领域的研究应用推进力度，通过农业海量异构数据整合管理、用户需求动态发现与更新、基于人机智能协作的决策、语音智能交互、视图特征分析等关键技术研究，实现农情快速监测预警、生产精细管理、市场对接、农技推广、体系管理等专业云服务，探索基于云计算的农业信息化的绿色低碳服务模式，达到合理使用农业资源、降低生产成本、改善生态环境、提高农业产业效益的目的。使“农业云”成为加快转变农业发展方式的“转换器”、农村经济增长的“倍增器”和农业产业结构升级的“助推器”。

6.2.2　智慧农业云服务范式和智慧农业云内涵

智慧农业是农业生产的高级阶段，智慧农业云集成互联网、移动互联网、云计算和物联网等技术，通过生产领域智能化、经营领域个性化、服务领域全面化服务，显著降低农业信息服务使用门槛，提高农业资源利用率和农业信息服务质量，提升应用主体生产经营综合能力和核心竞争力，为农业供给侧结构性改革和乡村振兴战略实施提供更加有力的支撑保障，助力农业现代化实现弯道超车。

1.“智慧农业云”的内涵

1）智慧农业云模式：多途径、广覆盖、低门槛、低投入、零运维、高可用的服务新模式。

2）智慧农业云技术手段：以虚拟化、分布式技术为支撑，以物联网、大数据、人工智能、移动互联、软件定义等信息技术为辅助手段。

3）智慧农业云特征：基于虚拟化平台部署高性能计算、分布式存储、物联网安全环境、虚拟专网、专业数据库联机系统、定制化业务系统（贴合农业的地域性、季节性、多样性、周期性等特点）等服务资源，通过分布式数据分析中心提供统一注册的农业数据、基础平台软件、服务共享软件、专业化应用软件等服务包。

4）智慧农业云的实施内容：借助上述技术手段，面向农业管理部门、农业科研院所、农业企业、新型农业生产经营主体、农技推广人员、农民等用户主体提供农情快速监测预警、生产精细管理、智能决策分析、市场对接、农技推广、体系管理等专业云服务。

5）智慧农业云目标：显著降低农业信息服务使用门槛，提高农业资源利用率和农业信息服务质量，提升应用主体生产经营综合能力和核心竞争力，为农业供给侧结构性改革和乡村振兴战略实施提供更加有力的支撑保障，助力农业现代化实现弯道超车。

“智慧农业云”的“智慧”体现在更安全的信息化软硬件基础支撑、更科学的服务资源调度、更实时的农业信息感知、更及时的农业数据分析、更智能的农业决策控制、更广泛的信息服务网络、更丰富的信息交互手段、更便捷的信息服务终端、更贴心的信息服务内容、

更精准的用户需求响应。即“智慧农业云”在服务模式、手段和支撑技术（智慧化的信息技术和智慧化的服务手段）方面都体现了智慧特征。

2. 智慧农业云的概念模型

智慧农业云以服务主体为中心，以满足用户需求为最终目标，基于用户需求发现和更新模型实现服务资源的定制与发布，并基于推送、语音智能等技术实现主动交互式服务。智慧农业云服务范围涵盖农业生产、经营、管理等全产业链环节，可根据用户需求快速定制个性化云服务系统。

智慧农业云的概念模型如图所6-18所示，抽象为“服务基础”“服务资源”“服务通道”和“服务主体”。

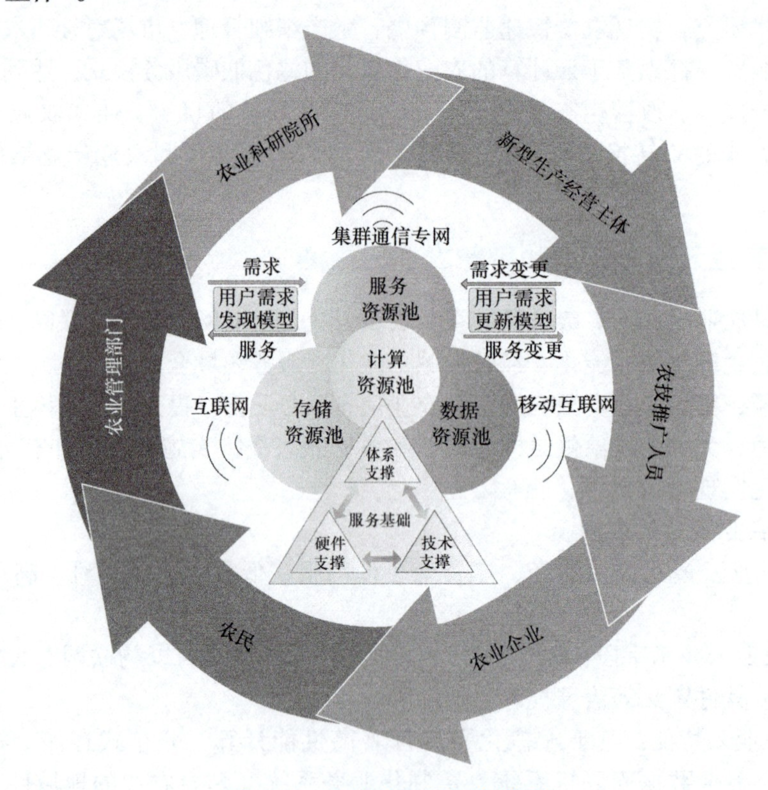

图 6-18　智慧农业云概念模型

服务基础：硬件支撑包括计算设备、存储设备、网络设备、安全设备、农业专用卫星、专用传感器、专用仪器、信息终端、农业智能装备、专用通信设备、定位导航设备等；技术支撑包括虚拟化、分布式、物联网、大数据、人工智能、移动互联、软件定义等信息技术，体系支撑包括法律法规体系、应用标准、数据标准、服务标准、网络标准等。

服务资源：计算资源池主要提供计算分析能力，存储资源池主要提供数据存储与管理能力，数据资源池主要提供农业大数据资源汇聚与共享能力，服务资源池主要提供基础平台软件，包括应用服务器、数据库管理系统、消息中间件、企业服务总线（Enterprise Service Bus，ESB）、业务流程管理（Business Process Management，BPM）、服务注册、规则引擎等、服务共享软件（信息检索、内容管理、统计分析、知识服务等）和专业化应用软件（农情快速监测预警、生产精细管理、智能决策分析、市场对接、农技推广、体系管理等）；基于用户需求发现模型和用户需求更新模型，实现服务资源的定制与发布，并基于推送、语音智能等技术实现主动交互式服务。

服务通道：信息通道包括互联网、移动互联网、集群通信专网等；服务终端基于三大信息通道特性进行匹配，包括 PC、平板电脑、手机、服务机器人等。

服务主体：搭建信息双向反馈通道，打造交互式服务生态，农业管理部门、农业科研院所、农业企业、新型农业生产经营主体、农技推广人员、农民等用户既是服务主体，又是服务受体，同时可以参与运营（政府引导、第三方参与）。

从图 6-18 可以看出，与其他领域的云服务模式相比，智慧农业云更加重视用户的实际需求，通过实实在在的技术落地、成果转化、服务定制等服务，有效解决农业生产、经营、管理环节存在的信息失联（市场资讯、政策信息不够丰富，农资信息真假难辨）、技术失联（一方面农业科研机构、院校的新品种、新技术找不到需求方，转化受阻；另一方面，农民需要新品种、新技术不知上哪找、不知找谁问，农技人员入户少，专家见不到，应用受阻）、服务失联（“最后一公里”问题缺乏有效解决途径，技术服务不及时、不到位、效果欠佳）等问题，促进农业生产方式逐渐由经验型、定性化向知识型、定量化转变，解决农业科技服务最后一公里问题，提高农业科技对农业发展的贡献度。

6.2.3　智慧农业云平台

智慧农业云是基于云计算提供的 IaaS、PaaS、SaaS 在农业领域的落地和拓展。它丰富、拓展了资源共享内容、服务模式和支撑技术。

1. 在资源共享的内容方面的拓展

依托云计算基础设施，智慧农业云资源共享的内容包括以下几个方面：

1）存储、运算器、软件、数据等 IT 计算资源。

2）农业模型、知识、数据、技术信息等智慧农业软资源。

3）农业传感器、农业仪器、控制设备、智能农机、机器人等智慧农业硬资源。

4）农资、育种/育苗、种植/养殖、加工、冷藏、物流、销售、管理等农业产业链各环节的智慧农业专业服务资源。

2. 在服务的内容与模式方面的拓展

智慧农业云利用云计算基础设施，在大田、蔬菜、水产、畜禽养殖等领域各个服务环节中，为农业用户提供高性能计算集群、大规模存储等 IaaS 类服务，提供操作系统、中间件平台等 PaaS 类服务，提供农业种养殖生产、农业企业内部经营、农业部门宏观管理等 SaaS 类服务。

智慧农业云面向不同的用户提供个性化服务，包括数据个性化推送、业务个性化定制、界面个性化组装。

3. 在支撑技术方面的拓展

智慧农业云融合云计算、物联网、网络通信、自动控制、大数据等信息技术，将农业数据集中到公有云数据中心统一处理，建立私有云数据中心为智慧云平台提供后台数据服务。通过虚拟化技术，为海量数据的多路存储与并发查询提供基础设施服务。拓展农业信息感知、智能决策、智能控制、智能追溯、大数据分析等关键技术，让农业业务应用服务像水电接入一样方便。

智慧农业云信息感知，通过农业动植物信息感知、解析与智能识别技术集成，为农业应用系统提供“人-机-物-环境”融合一体的支撑环境，满足“大规模、全自动、全生育期”的农业动植物信息智能感知、精准解析和高效利用的需求。

智慧农业云智能决策，通过全方位感知数据、农业知识模型、决策模型的集成，为农业应用系统提供数学模型和公式来解决生产、经营、管理过程中的决策问题，具有支持求解复杂农业问题和开展大规模协同决策的能力。

智慧农业云智能控制，通过智能感知计算，监测现场情况，触发被控制设备，实现自动化运行管理，为农业生产设施提供智能运行能力。

智慧农业云智能追溯，通过农产品全生命周期信息的精细化管理，实现对各环节信息的可追溯管理，实现了农产品质量相关所有信息的全程管理和可信追溯。

智慧农业云大数据分析，通过各类统计分析模型的集成应用，采用可视化展示手段，为农业全生命周期活动提供预警、预测和关联分析。

4. 智慧农业云服务平台

参考云计算平台顶层设计的有关规范和技术标准，包括数据接口、数据管理机制、数据存储及交互格式、系统集成等规范，从物联网终端感控及感知数据云存储、应用资源池构建及服务定制、分析决策与智能控制等层面构建智慧农业云服务平台。

平台总体架构设计方案分为四层：感知层、传输层、云存储层和云服务层，如图 6-19 所示。感知层主要负责农业数据感知与采集；传输层主要负责农业感知与控制数据的传输；云存储层主要负责农业相关数据的存储与管理；云服务层主要负责设备接入管理、数据分析统计、业务定制开发、安全审计管理，面向大田作物、设施蔬菜、畜禽、水产等不同领域应用，提供智慧生产管控、农事履历管理、病虫害/疾病智能诊断、农产品市场数据挖掘分析、农业技术推送等服务。

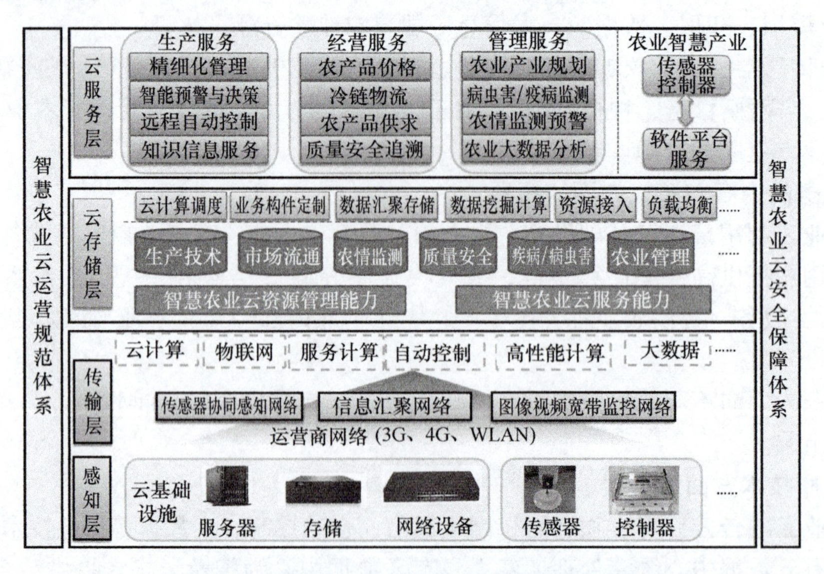

图 6-19　智慧农业云平台基础架构及功能模块

感知层：集成农业环境、水体、土壤、生物传感器，接入节水灌溉、环境控制等控制设施，进行传感器数据、控制数据的全方位感知，感知数据通过无线传感网络终端设备进行汇聚处理，根据用户不同网络条件通过 GPRS、以太网等接口实现平台数据获取。

传输层：将感知层采集到的各类信息，通过各种网络技术进行汇总，将大范围内的农业信息整合到一起，以供处理。传输层是整个系统的神经中枢和大脑，负责信息的传递和处理。

云存储层：对农业相关数据如农田传感器数据、作物生育过程的农情信息、农业生产技术信息等进行资源虚拟化管理、数据组织及空间管理等。通过云基础设施协同运营和管理机制，将分布在不同生产基地的存储节点（大量 PC 机组成），通过区域内部局域网和互联网连接在一起，统一形成感知监测站、移动信息终端设备、云平台服务中心计算设备（Windows、Linux 服务器机群）、存储设备硬件设施资源池；基于 Hadoop 分布式文件系统（Hadoop Distributed File System，HDFS）构建的存储平台，通过统一的数据接口，屏蔽异质异构农业数据之间的差异；通过云存储技术研究，最终以服务的形式通过网络将高度虚拟化的硬件设施资源、数据资源、服务资源准确快速地提供给用户，有效降低云平台提供者、应用提供者和行业最终用户获得计算能力、存储空间的成本。

云服务层：以智慧农业云资源库为核心，基于任务队列的云计算调度模型，分析不同应用领域用户的资源需求，面向生产管理人员、农户、新型经营主体、农业管理部门、社会公众等，按照各个用户的需求进行智能分配，形成多个计算节点的小粒度计算任务，向存储层资源统一访问接口发送请求，进行调度和并发执行，实现平台下资源处理的负载均衡智能调度及各种业务服务的调度、注册、快速检索和有效利用。利用平台不同的专业应用接口及服务目录，实现云服务平台认证管理、服务目录、部署服务和用户管理等功能。云资源库包含了作物/畜禽生长、产量预测、病虫害预测、农产品市场等各种模型与系统，通过智能处理接口为用户提供云生产、云经营、云管理等各种应用服务，如图 6-20 所示。

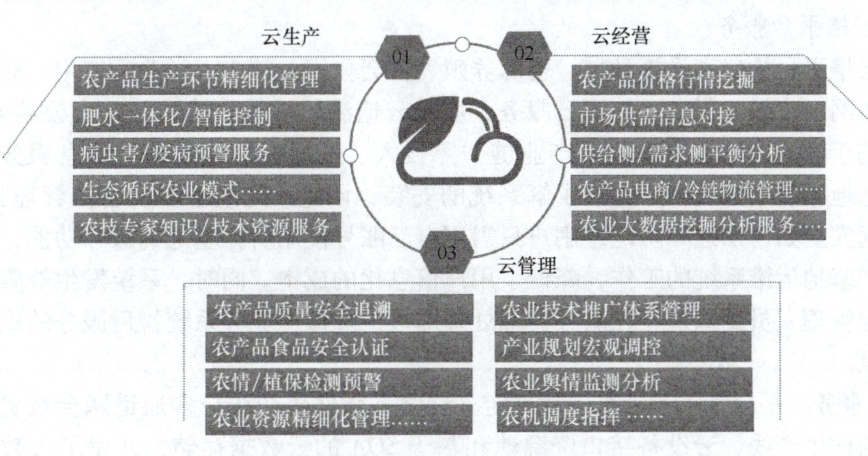

图 6-20　平台业务服务体系

6.2.4　典型案例

1. 农业生产经营云服务应用案例——绿云格平台

（1）绿云格平台拟解决的问题是什么

绿云格平台集成了物联网、云计算、大数据等技术的应用，面向农业园区、涉农企业、各级农业主管部门等用户，提供平台级的设备、数据和系统集成接入服务，区域产业系统个性化定制发布服务，多角度的平台资源和公共资源展示服务，管家式的农场管理服务，全链条的交易和专家服务；面向第三方平台提供设备、数据和业务流程协同集成服务。通过平台解决以下问题：

1）缺乏数据与设备接入标准。目前农业物联网软硬件设备缺乏开放的设备接口、系统接口、数据接口，难以做到实时采集、高效集成和无缝对接，数据采集基础支撑能力不足。同时缺乏数据采集标准体系的情况下难以实现共享协作，无法适应农业领域多产业、跨地域、多成因、强关联的应用需求。

2）农业基地信息化人才缺乏。农业信息化应用过程中，涉及到网络、服务器、操作系统、数据库、应用系统等运维工作，在农业基地需要专门人员进行软硬件维护管理，但实际上基层非常缺乏类似的人员，导致农业信息化普及落地困难。

3）农业数据应用滞后。农业数据利用率普遍较低，应用层次较浅。农业领域包含的位置、时间、气象、土壤、动物行为、作物营养、农产品市场、灌溉、施肥、施药等多维度数据之间存在强弱不一的关联性，直接或间接的因果关系。基于单一维度、传统算法的数据分析无法充分挖掘农业物联网数据潜在隐含的价值，应用层次较浅。

4）农产品品质参差不齐。传统的农业生产实行的生产管理与作物生长环境调控方式很难对农产品生产过程进行有效控制，人工的依照经验而进行的环境调控无法很好地保证农产品品质。

5）农业企业生产管理模式需要优化。对于农产品生产企业而言，有效的生产管理模式是保证企业正常运行和健康发展的必要前提。需要将先进的信息技术应用到企业生产管理当中，适时调整供、产、销各个环节，使之相互衔接，密切配合人、财、物各种要素合理结合，实现农业生产的科学管理，为农业企业带来更大的经济效益。

（2）绿云格平台服务

应用绿云格平台构建了设施种植、畜禽养殖、社会化服务等3大行业云应用，病虫害预警、冷链物联网、市场云服务、知识云服务、质量云追溯、视频云搜索等6大公共云服务，整体实现了基于云平台的智慧农业全产业链“零投入、低门槛、无运维”信息服务。依托平台的所有基地无须购买硬件，无须了解系统的安装、调试，无须了解设备的管理和维护，无须了解数据安全如何加强和防范，用户只需用自己账号使用所在基地的服务功能，大大简化了农业生产基地运维系统的工作，降低了用户信息化的成本。同时，系统发生故障和定期维护，也无须管理人员到基地，在服务器端处理即可，降低了业务系统售后服务的成本和压力，达到双赢。

1）开放服务。平台基于云计算、软件定义网络、软件生产线与多通道融合技术，构建可组装定义软件生产线、云设备接口资源池和基于SOA的云数据存储，开发了大数据资源池、云存储系统与云服务环境，可根据需求进行基地的个性化界面、业务、设备、服务、数据的在线定制，利用构件组装服务可快速定制基地的个性化业务系统，如图6-21所示。

平台实现设备动态分布、ASE中央灌溉控制器/自动气象站/网络高清视频摄像机等设备即插即用开放接口、云解码服务，用户设备配置后能够快速接入获得数据的管理、分析、预警、决策分析服务。

2）设施种植云应用。设施蔬菜种植户在观念上总是认为产量越高越好，并不太注重品质，另外，种植生产部门和销售部门一直缺乏有效的信息交流工具，导致销售部门不能精确

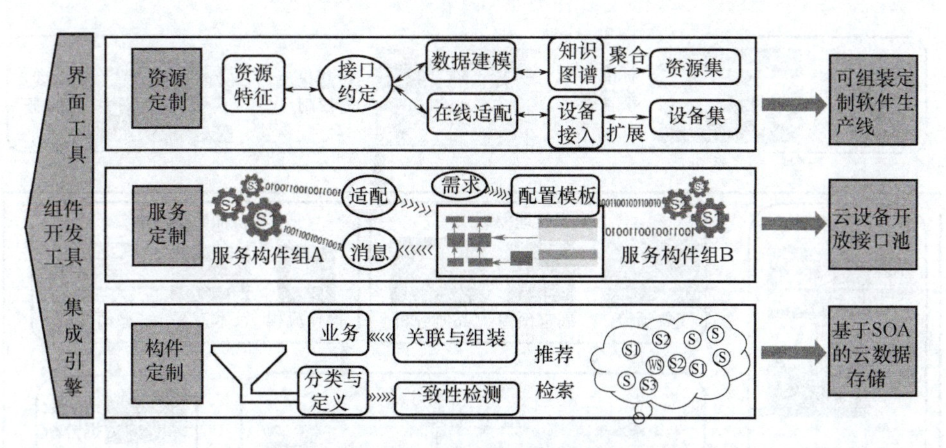

图 6-21　业务定制云服务

了解合作社的排产计划和每种作物的采摘期、预采量信息，无法根据地里的农产品生产情况提前制订精细的销售计划；而生产部门也不清楚销售部门的合同订单量，不能按需排产，导致“以产定销”效益难以最大化。绿云格平台面向设施蔬菜种植者提供标准化生产管理、智能化预警与控制、托管式运营服务，设施云应用管理流程如图 6-22 所示。

设施环境智能管控。通过物联网设备实时采集温室大棚的实时环境、土壤、视频等数据，通过数据模型分析进行生长环境情况的实时监测、分析、预警；并根据环境土壤等现场数据自动控制电磁阀、排风扇、卷帘机等设备，使温室大棚作物处于最优生长环境。

农事生产精细化管理。管理人员通过手机或计算机实时上报生产管理信息，形成基地生产履历和农事活动台账，建立农产品绿色档案。

智能排产计划管理。管理人员根据生产情况及市场订单进行智能排产和采收预测，精细化安排种植茬口和生产计划，形成“以销定产 + 绿色履历”的应用服务模式。

病虫害预警与防控。根据作物生育时期、种植茬口、实时环境数据，对当前环境适宜度、易发病虫害进行判别预警；根据粘虫板等预置位视频分析虫情发生情况；建立基地与基层植保专家互动空间，为专家提供现场视频、环境、虫情数据，方便专家解答实际生产问题。

3）畜禽养殖云应用。在畜禽养殖过程中，饲养管理缺少规范化标准，养殖人员饲料营养搭配不合理，难以保障养殖效益和生产性能。粗放式的养殖方式，养殖环境不过关，导致出现各类畜禽疾病，死亡率一直居高不下，另外，繁育管理手段落后，极大地影响了养殖生产效益。绿云格平台集成多种类型养殖传感器、自动控制设备、养殖行为监测设备，实现了养殖环境有害气体监测预警、现场图视技术信息服务、养殖健康与饲料分析、专家远程生产指导、智能管控服务等。

畜禽养殖精细化管理。养殖环境、饲料、饮水、健康、防疫等数据采集时间和手段不同，导致“数据孤岛”，平台将彼此相关的数据进行整合聚类，抽取对养殖生产有指导价值的知识。建立不同生育期、养殖目标、品种的指标体系、生长环境表达模型和报警机制，实现养殖环境快速获取、环境异常自动预警，保障最优养殖环境，保障动物的正常发育和生产。

全生命期养殖流程保姆式服务。平台建立了全生命期养殖流程和对应的保姆式服务方

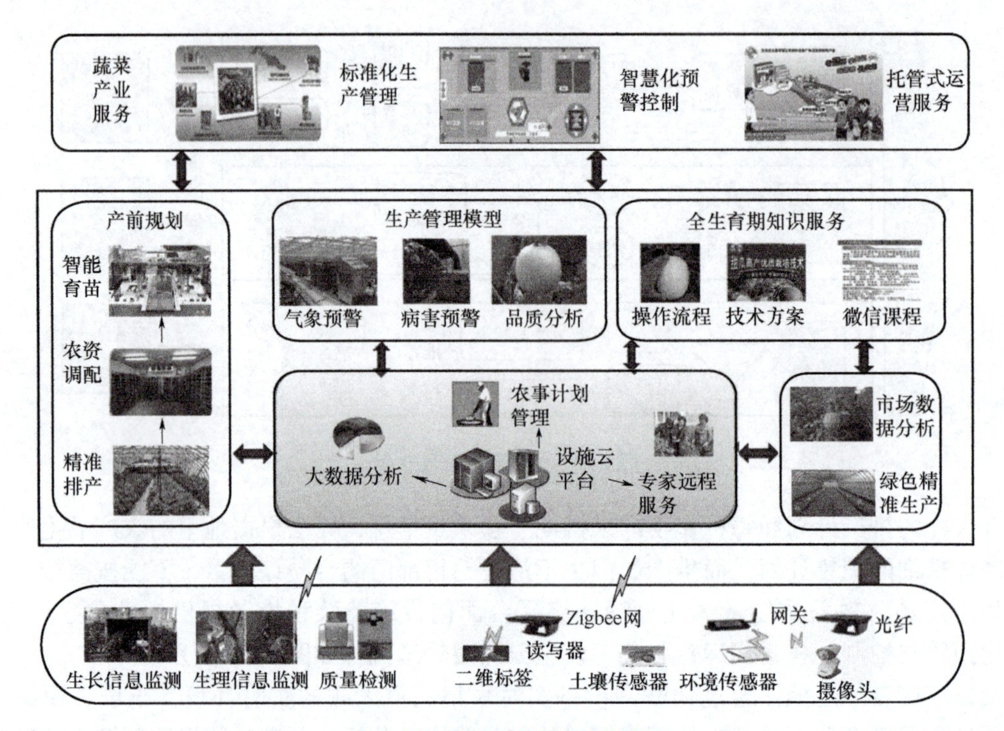

图 6-22　设施云应用管理流程

案，利用短信、微信等多种方式提醒所处生育期投入品的精准投放。

在养殖管理中需要对鸡群引入、鸡群变动、鸡群生长、鸡群饲养、鸡群生产、生产标准等数据进行精准化统一管理。一个完整的鸡群饲养流程应该从鸡群引入开始，包含鸡群的育雏阶段、育成阶段和产蛋阶段，最后是鸡群的出场淘汰。由于鸡群的免疫在鸡群生长过程中至关重要，免疫管理在系统中也非常重要。包括免疫计划的制定，免疫日龄智能提醒，免疫记录、免疫药品、免疫检测等信息的管理。产蛋管理主要是对产蛋信息和商品蛋、次破蛋销售、成品蛋销售信息的管理。

平台集成自动称重系统，对鸡舍内的鸡生长情况进行监测，从而跟踪鸡舍内的鸡整体生长情况，分析饲料投入情况和批量屠宰工作计划安排。发现鸡舍内个别超重或超轻的鸡，提醒生产管理人员采取措施，实现鸡只淘汰。

畜禽养殖个体行为分析。由于畜禽的位置信息是养殖管理决策的重要依据，尤其是畜禽体重、产量、行为等数据分析与个体信息紧密关联。以奶牛为例，平台不仅为奶牛生产提供养殖环境实时监控、牛群档案管理、养殖重要事件监测、营养管理、泌乳管理，同时利用畜禽个体运动状态下的识别与定位技术，平台实现了自动分群门、自动奶量计量、发情预警、奶牛采食/饮水时长监测与轨迹跟踪等个体精细化管理。

4）社会化服务云应用。农业社会化服务是引领小农户开展适度规模经营、发展现代农业的重要途径。农业生产托管等直接服务农户和农业生产的社会化服务对解决“谁来种地”“怎样种地”等问题发挥了重要作用。但是，随着服务范围的扩大、服务领域的扩展、服务用户的膨胀，常规的以人为主要服务载体的服务模式已经难以满足日益增长的服务需求，必须让农业社会化服务进驻云端，通过线上线下相结合的方式提高服务效率和服务质量。

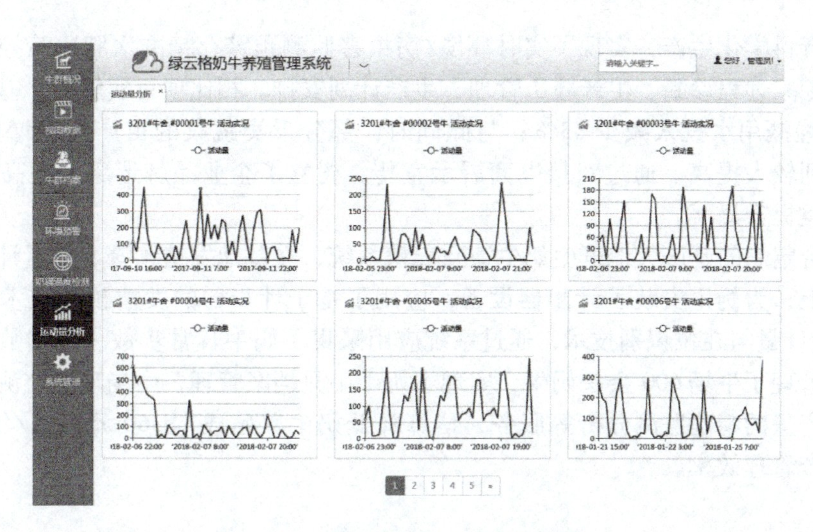

图 6-23　畜禽云应用（以奶牛为例）

绿云格平台与思远等农业社会化服务组织合作，构建不同品种、不同茬口的标准农事历流程，建立与生育期配套的操作视频、技术方案、微信课程、标本效果等技术资料库，面向社会化农业服务机构服务人员、社员提供标准种植（社员种植服务计划、服务记录、服务评价追溯与服务）、农技服务、智能诊断（在线诊断、智能控制）等服务，实现了物联网、云计算、互联网、大数据、人工智能等现代信息技术与农业社会化服务的深度融合，实现了“种、卖、学、聊”一体化智能服务，实现了绿色农产品的精准生产和高效流通。

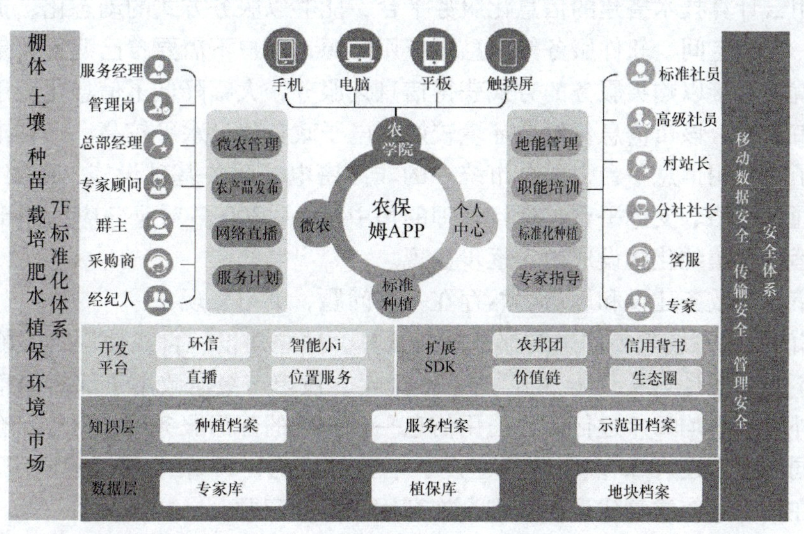

图 6-24　社会化服务支撑功能

（3）绿云格平台应用效果

绿云格平台面向全国 23 个省市的农业新型经营主体提供“互联网 +”现代农业的智慧生产经营信息服务，实现了标准化生产、产业化经营和品牌化营销的全产业链应用。

依托平台定制的丰顺恒设施蔬菜智慧生产管理系统，通过基地水肥一体化、智能监控、气象站、风机/湿帘/CO_2/补光灯等设备集成，对实时采集的各项指标数据进行分析处理，指导基地进行科学化生产，实现了实时环境/病虫害监测预警、精准水肥决策控制、小环境智能调控、专家远程诊断、生产履历管理、生产计划安排。相比项目实施前，基地肥料投入减少15%、灌溉用水投入减少33%；与此同时，部分瓜类蔬菜的亩产平均增长6%左右，蔬菜品质得到较大提高。通过对接电商展示宣传，树立了企业品牌形象，提高了产品销售量，经济效益提升显著。

依托平台定制的延庆大地群生奶牛智慧养殖系统，在基地发情预警、奶量计量等方面的需求基础之上，为奶牛安装了计步器设备，应用了基于计步器的发情预警技术和基于开放Agent的奶量计量与在位识别技术，通过系统应用采集了奶牛日常步数、卧倒数据和奶牛产奶量数据，管理了牛场600余头奶牛，实现了奶牛牛只档案管理、牛场环境监测、牛只发情行为预警、产量的精确监测分析等服务，估算降低奶牛养殖成本360元/(头/年)，提高了牛场日常生产管理效率。

6.3 政务云与电子政务

6.3.1 应用背景

长期以来，“重复投资、重复建设、资源浪费”一直是国内电子政务建设以部门为主的信息化发展模式不可规避的突出问题。

随着以云计算为代表的新一代信息技术的迅猛发展和深入应用，信息化建设领域发生深刻变革。利用云计算技术搭建的信息化服务平台，能够以服务方式的动态化、扩展性提供超级计算能力、存储空间、软件服务等信息化应用资源，用户不需要自己购置大量软硬件设备进行建设，就能直接以购买服务的方式获得信息化服务，大幅降低了信息化应用的成本。

以某城市为例，该市信息化发展环境较好，电子政务建设水平较高。已在市政府办公大楼规划建设了市公用信息平台，是全市统一的非涉密电子政务基础设施，已实现了50多个部门机房、通信网络、支撑平台、运行管理的集中统一，300多项业务应用和十几项跨部门应用在平台运行，集约化建设成效正逐步显现。

但是该市电子政务建设和运行仍然存在一些问题，突出表现在：

1）各部门应用系统软硬件采购都是单列预算、独立建设、自我使用，不能有效实现资源共享。据不完全统计，从“十一五”到2012年，该市市级财政用于部门信息化建设的预算内和预算外资金平均每年过亿元，公用信息平台托管的部门服务器、网络、存储、安全设备近千台。同时全市还有20多个部门建设了单独的机房，10余个部门建立了独立的专网，客观上仍存在信息系统重复建设、基础设施利用率低等问题。

2）信息资源不能有效共享，特别是法人、人口、空间地理等基础信息资源共建共享的长效机制尚未形成，造成了数据重复采集，无法协同办公。

3）信息安全存在隐患，有的部门机房不达标，有的部门系统缺乏高可用性保障，有的部门缺少必要的信息安全设施，特别是随着全市各部门信息系统在市政府办公大楼统一集中管理，缺少必要的容灾备份中心，对该市电子政务系统的运行造成很大的安全隐患。

4）电子政务系统部署周期长，新建业务系统从提出需求、招标采购到部署完成一般需要几个月甚至更长时间，影响了电子政务项目的建设效率。

上述问题的存在阻碍了该市电子政务进一步发展。因此，该市按照国家有关政策及标准要求，运用云计算等先进技术建设政务云中心，部署政务云平台，推动基础设施和公共平台的集中统一建设，实现电子政务建设运行模式的转变，有效解决上述难题。

6.3.2　政务云的设计原则

如何应用政务云平台开展工作成为该市的重要课题。该市政务云计算中心由该市市政府同国内知名IT企业（下文称C集团）合作共建，采用以购代建，专业化服务的理念，由C集团建立完善的服务队伍和服务体系，依托该市现有IT基础设施投资建设、运营全市统一的政务云中心，为各级各部门开展电子政务建设提供基础设施和支撑软件服务。

以国家相关政策及法规为指导，结合该市政务信息化现状及实际应用，针对该市云计算中心的设计，遵循以下设计原则：

（1）高性能

该市政务云中心不仅要提供多种业务系统运行的基础资源，同时还需提供高带宽支持，能随时升级网络以满足将来的业务需要，包括提供多种接入端口，满足不同带宽的专线接入、VPN业务等。未来大量的政务云用户的接入将对该市政务云中心产生巨大的流量负荷，这就要求政务云中心具备很强的数据吞吐和交换能力，具备应对峰值流量的能力。

（2）高可靠

网络作为政务云中心的基础设施重要部分，采用高可靠的产品和技术，充分考虑系统的应变能力、容错能力和纠错能力，确保整个网络基础设施运行稳定、可靠。该市政府的核心业务都集中在政务云中心，一旦数据中心出现故障，将对云平台业务系统的正常运作造成极大的冲击，带来巨大的损失。一个高可靠的数据中心可以帮助云平台在集中资源、提高业务服务水平的同时降低运行成本。

（3）高安全

基础设施的安全性，涉及到该市政务云中心业务的核心数据安全。应按照端到端访问安全、网络L2-L7层安全两个维度对安全体系进行设计规划，从局部安全、全局安全到智能安全，将安全理念渗透到整个数据中心中。

（4）易管理

该市政务云中心是信息化技术最为密集的地方，云中心的设备繁多，各种协议和应用部署越来越复杂，对运维人员的要求也越来越高，单独依赖运维人员个人的技术能力和业务能力是无法保证业务运行的持续性的。因此数据中心需要提供完善的运维管理平台，对数据中心信息化资源进行全局掌控，减少日常运维的人为故障。同时一旦出现故障，能够借助工具直观、快速定位。云中心网络运维平台可以提供7×24小时不间断的网络监控、技术服务与支持，标准监控程序每隔5min会检测网络连接状况，出现问题立即告警并及时通知用户。控制中心同时提供恒温、恒湿的机房环境，自动防火告警等服务。

（5）标准化

该市政务云计算中心是一个集中了各类至关重要的设备、软件和应用系统，集成了当今最先进的计算机类产品的地方。政务云中心基础设施能够连接不同制造厂商的设备，实现计算机软、硬件资源的数据交换。一个不标准、不开放的云平台将极大地阻碍数据中心业务运作和发展。为此必须建立一个由开放式、标准化系统组成的云平台来满足当前可实现的应用要求，又能适应今后系统扩展的需要。

该政务云计算中心将长期支撑该市政务云的业务发展，因此云计算中心建设需要考虑后续的机会成本，采用主流的、先进的技术和产品，保证基础支撑平台 5 ~ 10 年内不会被淘汰，从而实现投资的保护。

(6) 绿色节能

政务云计算中心能源消耗已经成为数据中心在进行建设中需要重点关注的重要内容，计算虚拟化技术应用可以减少计算服务器的部署数量，网络虚拟化技术可以优化网络结构，减少网络设备的冗余部署，而网络设备的各类绿色设计技术可以减少单台设备的能源消耗，减少设备能耗不仅有助于降低电费开销，更重要的是便于降低设备中器件的工作温度，提高设备的可靠性，从而大大降低设备的使用和维护成本。

6.3.3 典型案例

该市政务云平台包含三个子平台，分别为：政务外网云平台、互联网云平台、部门业务网云平台，其中政务外网云平台和互联网云平台共用一套网络设备，相互之间逻辑隔离，其中，政务外网云平台用于满足政府各部门政务外网业务接入需求；互联网云平台用于满足各部门网站应用及公共服务应用接入需求；部门业务网云平台用于满足政府各部门专网业务接入需求。建设完成的市政务云计算中心应具备的基本特征如图 6-25 所示。

2014 年，该市政务云中心建设及云平台搭建一期工程完工。一期工程建立了完善的政务云平台，对基础资源交换平台、数字认证中心、安全防护平台等进行了升级改造。一期工程部署完成互联网区、政务外网区和部门业务网区三大云平台。另根据使用单位需求，可通过云容灾服务方式将云平台上的数据备份至 C 集团的 T3 + 云计算中心，为数据安全增加一份双保险。

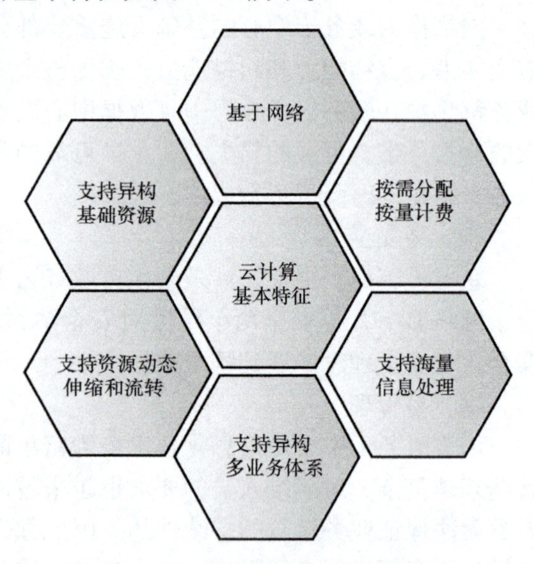

图 6-25 市政务云中心基本特征

政务云效益逐步显现，影响力不断增大。由 C 集团承建的该市政务云自 2013 年启动建设以来，主要实现了“提、促、降”三大功能优势。

“提”——集约管理提效能。通过对全市各类电子政务系统和工程统一管理，对原有信息化系统统一集中逐步上“云”，新建信息化工程优先上“云”，有效推动了政务云对各业务系统的整合。目前，上云单位达到 130 余家，上云业务 780 余个，80% 以上的市级部门现有系统实现了集中管理，80% 以上的新建项目依托政务云中心建设运行，电子政务运行效率提高 50% 以上，基本实现政务数据化、数据智慧化。

“促”——开放共享促发展。通过加大政务云服务创新应用，为 40 多个单位 50 多项应用提供了共享服务，实现了 50 余个部门、1000 余项数据集面向社会开放，政务智慧化、普惠化水平不断提升，为优化政务、服务民生、城市治理、促进发展，提供了强大的云支撑。

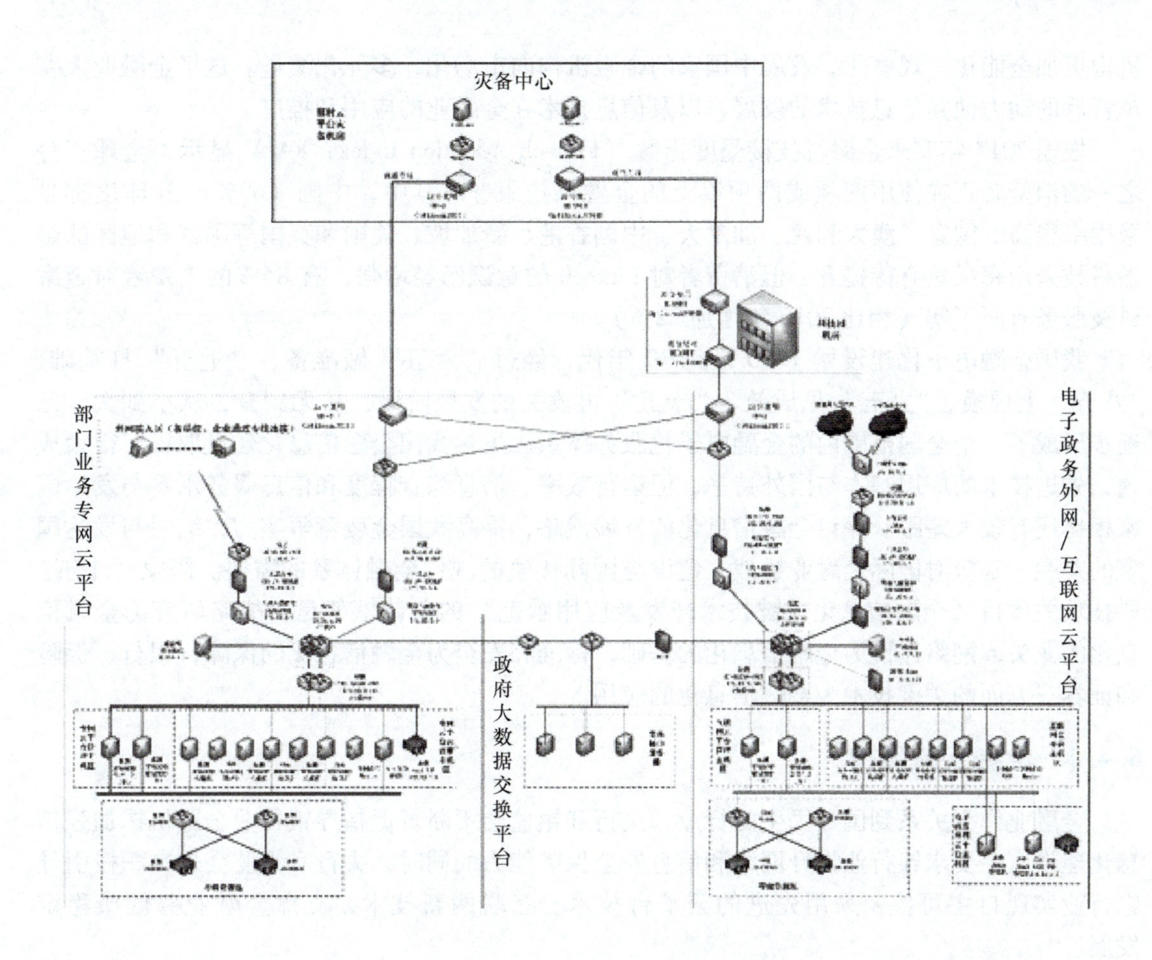

图 6-26　云平台网络拓扑图

“降”——以购代建降成本。在国内率先采取购买服务的方式建设政务云中心，通过集约建设和运营，每年可减少信息化财政投入 3000 万元以上，电子政务综合运行成本累计降低 30% 以上。

该市继 2018 年取得可喜的阶段性成果后，下一步将着手以政务云中心为基础，依托政务云平台加速政务云向“城市云”升级换代，推进新型智慧城市建设。将该市政务云平台升级为城市大数据平台，积极推进政务数据开放与共享，加快 6 + N 智慧应用专题开发建设进度。同时推进“双云”融合互动，优化数字经济发展生态。进一步提升政务云建设水平，更好的服务民生、服务社会、服务发展。加速企业上云步伐，大力培育云动能，打造一批国内领先的上云标杆企业，打造云计算应用示范区和产业发展新高地。

6.4　金融云与智慧银行

6.4.1　应用背景

近年来，全球金融业面临一场史无前例的创新化、全球化大变革，促使发达国家的金融机构更加全能化、规模化，发展中国家的金融机构向市场化、多元化演进。这场金融业大变革背后的动力便是信息技术的发展，以及信息技术在金融业的应用和推广。

根据2017年安永金融科技接受度指数（Fintech Adoption Index，FAI）显示，全球三分之一的消费者正在使用两项或两项以上的金融科技服务。其中，中国（69%）和印度都是采用率很高的国家；澳大利亚、加拿大、中国香港、新加坡、美国和英国等国家和地区的金融科技采用率虽然有待提升，但消费者对Fintech的意识已经增强，有84%的消费者对金融科技服务有所了解（相比2015年增加22%）。

我国金融电子化建设始于20世纪70年代，经过“六五”做准备、“七五”打基础、“八五”上规模、“九五”见成效、“十五”再攻关的发展阶段，从无到有，从小到大，已逐步形成了一个全国范围内的金融电子化服务体系。虽然我国金融信息化建设取得了很大成绩，先进技术的应用基本与国外持平，但运行效率、信息综合程度和信息服务水平与发达国家相比还有较大差距。探讨金融信息化的发展战略，提高我国金融竞争实力，缩短与发达国家的差距，是应对国际金融业挑战，建设与国际接轨的现代金融体系的需要。国家“十五’科技攻关项目《金融信息化关键技术开发及应用示范》的总体框架是：战略研究为金融信息化的龙头，网络建设为金融信息化的基础，标准和安全为金融信息化的保障，银行、保险和证券三方面的关键技术为金融信息化的应用。

6.4.2　金融云的架构

金融业作为关系到国计民生的行业，央行和银监会不断督促指导银行业金融机构加强信息化建设。在要求银行业提升网络和信息安全保障能力的同时，央行和银监会也在积极引导银行业实现自主可控，采用先进的云平台技术、互联网新技术，支撑金融业务健康稳定发展。

在“棱镜门”事件后，国家将安全和自主可控提上了新的高度。银监会在2014年发布了39号文，更是明确2019年自主可控的总体目标：

1）掌握银行业信息化的核心知识和关键技术。

2）实现银行业关键网络和信息基础设施的合理分布，关键设施和服务的集中度风险得到有效缓解。

3）安全可控信息技术在银行业总体达到75%左右的使用率，银行业网络安全保障能力不断加强。

4）信息化建设水平稳步提升，更好地保护消费者权益，维护经济社会安全稳定。

银监会在2016年底发布《中国银行业信息科技“十三五”发展规划监管指导意见》，意见中围绕着“创新、协调、绿色、开放、共享”五大发展理念提出了指导思想和指导原则，从信息科技治理有效性、信息科技服务能力、信息科技创新、网络和信息安全管控能力、信息科技风险管理协同水平等五个方面提出了发展目标，引导银行业在新技术（大数据、人工智能）、新架构（云技术架构）、新融合（多方协同）上进行发力，包括但不限于：

1）稳步开展云计算应用，主动实施架构转型。

2）要求制定云计算架构规划，探索私有云与金融行业云的混合云应用。

3）同步开展应用架构规划，构建与云架构相适应的应用架构。稳步实施从传统架构到云架构迁移。

4）到“十三五”末期，面向互联网场景的主要信息系统尽可能迁移至云计算架构平台。

5）建立大数据服务体系，加强数据共享，深化大数据应用。

6）提升数据中心管理能力成熟度水平、推进绿色节能技术应用、提高运维自动化水平。

7）推进应用架构转型、完善研发管理体系和探索建立快速研发机制，以建立适应科技创新的产品研发管理机制，快速响应客户需求。

8）围绕开放、协调、共享的发展理念，要求各银行业金融机构积极推进行业内外机构在互联互通、技术标准、技术合作、安全防御、信息共享、资源共享等领域的协作。

随着信息技术在银行业的不断深入应用，银行对信息技术的依赖将不断增加，未来银行业将不仅仅简单地把信息技术作为业务发展的重要手段和工具，而是通过信息技术改变或创造新的银行业务模式和业务流程。因此，银行业在信息化建设方面的投入将持续增长。

以人工智能和大数据应用为例，通过使用更加智能的方法对海量数据进行分析和处理，帮助金融服务业为其客户提供更高水平的优质服务。人工智能和大数据无疑是不可或缺的重要工具之一。通过智能算法和多维度的数据分析，可以帮助金融机构更好地识别欺诈行为、可疑交易、防范潜在的风险。虽然目前人工智能还不足以完全替代人类的所有工作，但它的智能化、大批量处理数据的能力，无疑有助于大幅降低企业人力成本，提高运营效率。比如，在面向客户服务的场景里，聊天机器人的应用正日趋普及，一些银行已经开始使用聊天机器人来帮助客户完成各种查询和操作。

据统计，2016年对金融科技机构的投资已经达到了230多亿美元。可以说，金融科技不仅涉及金融服务业，还涉及金融行业的上下游产业链，并在持续高速增长。

金融创新的本质是降低金融成本。通过互联网、云计算和大数据，可以有效降低连接、信息和计算的成本，继而降低金融门槛。去产能转型、消费者支付行为转变及存款搬家，让金融行业成本要素、利润增长发生了重大变化。在息差收窄、盈利压力倒逼之下，商业银行业也主动寻求战略调整。

“普惠金融”实质是低成本、便捷、实惠地开展金融服务。依据《中国银行业》的数据统计，面对盈利压力，从2015年以来，上市银行均开始增加对费用的管控力度，各银行业务及管理费增速明显低于营业收入增速，促成成本收入比有所下降，进一步提升经营效能。在各大银行对费用的主动管控中，网点转型是控制成本的重要举措之一。“智能化”成为众银行竞相发力的主要方向。

在国内则稍有不同，随着银行和互联网公司意识到各自在技术、用户、风控、资金和监管上的优势无法取代，于是纷纷走向融合。以百度公司为代表的互联网公司也开始成为中国Fintech生态圈的绝对主力。正如毕马威报告所说，各大国有银行分别与互联网龙头企业合作，进军金融科技领域；中信银行和百度公司联手，促成首家独立法人直销银行——百信银行的设立。这些现象都深度体现传统金融机构推动金融科技转型的魄力与决心。

作为国内领先的云计算服务商，百度云早在2016年就提出了ABC赋能行业的发展理念。百度云金融行业云在规划和建设之初，就着重考虑了如何通过ABC的能力为金融行业客户提供更加完整的“端到端”解决方案。可以说，百度云金融行业云，集中体现了百度云对金融行业的理解，以及全面展示了最前沿的ABC技术实力。

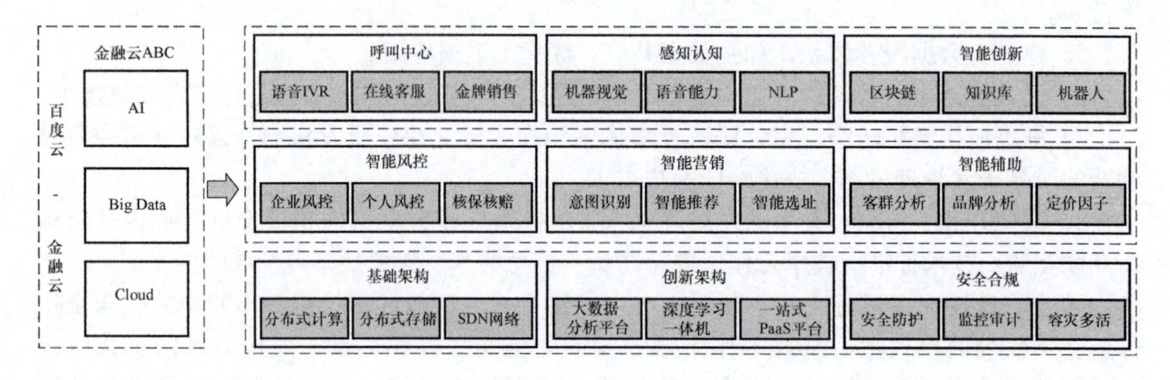

图6-27　金融云ABC产品全景图

在基础云计算层面，百度云-金融云为金融客户提供了包括云主机、云存储、网络、金融级数据库、中间件和安全等基础架构相关的服务，不仅能够在弹性计算方面满足不同金融客户在不同场景下的应用需求，并且还具备高度的安全和可靠性。比如通过消息队列MQ来实现异地多活，满足金融企业两地三中心的业务安全需要；在金融安全方面，通过DDoS高防服务获得更大的防护能力来保证网络安全、通过WAF有效阻止黑客入侵保证应用安全，以及在移动端进行风控识别，保证业务安全，整体提升安全短板。

在业务创新方面，百度云金融解决方案基于百度独特的互联网用户行为数据，挖掘提炼用户画像和行为特征，并且依托深厚的技术底蕴和领先的人工智能技术，理解、识别、获取用户；从而针对银行、互金、保险、证券等金融机构从最初了解潜在用户，到识别低风险、高价值客户，再到有效获取目标用户的需求，相应提供智能网点、智能营销、风险控制等解决方案，并且在新产品研发的场景下，提供基于金融画像的辅助解决方案，帮助金融客户设计更符合目标用户群的新产品。

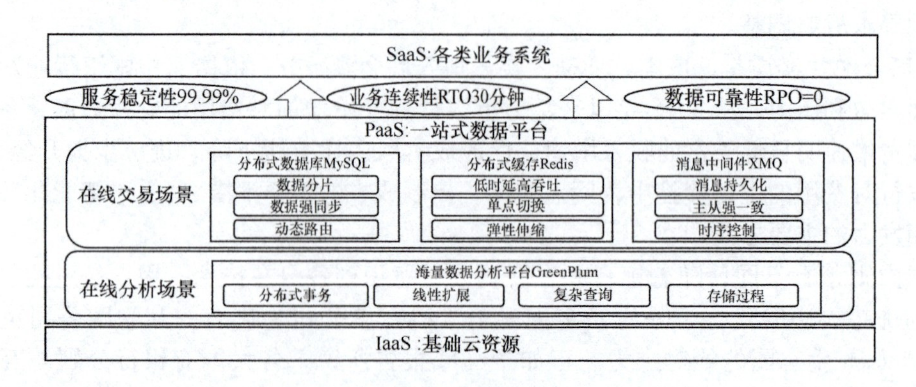

图6-28　百度云-金融云的整体架构

（1）按需伸缩的计算服务层

百度云服务器是处理能力可弹性伸缩的计算服务。管理方式比物理服务器更简单高效，可根据百信银行的业务需要创建、释放任意多台云服务器实例，提升运维效率。为银行业务快速部署应用构建稳定可靠的基础，降低网络规模计算的难度，使银行业务更专注于核心业务创新，且无须花费时间和金钱来购买及维护托管虚拟机的硬件，有效降低IT成本。

这种按需可扩展的云计算服务层可以完美屏蔽分布式架构研发及运维复杂性，帮助银行轻松构建具备万笔/秒级并发能力的分布式系统。

（2）高并发高可靠的数据服务层

百度云分布式数据库100%兼容MySQL，同时具备高性能、高可用、高可靠、强扩展的云数据库服务，其能够提供备份、恢复、监控、容灾及迁移等数据库运维管理服务，整套完善的解决方案能够让用户对数据库零成本构建运维，无须共享存储设备，以普通PC Server的低廉成本提供金融级可靠的数据库服务。

作为了解金融业务的云服务，百度云-金融云解决方案为银行、证券、保险及互联网金融行业提供安全可靠的IT基础设施、大数据分析、人工智能及百度生态支持等整体方案，为金融机构的效率提升及业务创新提供技术支撑。

6.4.3　典型案例

2015年7月国家出台《关于积极推进“互联网+”行动的指导意见》，同期，十部委联合印发《关于促进互联网金融健康发展的指导意见》也进一步明确，以银行为主体，联合互联网公司共同发展互联网金融。国家出台的“十三五规划”中，互联网金融也被首次纳入国家五年规划，互联网金融已上升为国家战略，中信银行与百度公司积极响应，联合发起设立直销银行，发展普惠金融，服务实体经济。

百信银行（全称为“中信百信银行股份有限公司”）是首家获批的独立法人形式的直销银行，由中信银行与百度公司联合发起。市场定位是“为百姓理财，为大众融资”，将依托中信银行强大的产品研发及创新能力、客户经营及风险管控体系，以及百度公司互联网技术和用户流量资源，满足客户个性化金融需求，打造差异化、有独特市场竞争力的直销银行。推出了消费金融、小微金融和财富管理三大核心业务。百信银行将聚焦智能和普惠，构建智能账户、智能风控和智能服务等核心能力，主要针对传统银行服务薄弱和未触达的空白领域进行错位发展。

云计算、大数据以及人工智能等信息技术与金融业务的快速融合催生了金融科技的新浪潮。百信银行作为一家新型的互联网银行，正在着力打造一流的智能银行。百信银行是金融行业与人工智能等新一代信息技术融合的典范，也是商业银行战略转型的有益尝试。

随着百信银行在2017年11月正式开业，百信银行和百度共同规划的技术体系已初具成果，百度云的ABC产品在百信银行开始全面落地，基于ABC构建起的智能银行也开始初步成型，具体体现在以下方面。

1. 一家建立在云上的银行

百信银行以金融为主导，利用云计算、大数据、人工智能、移动互联网等技术搭建全新的开放网络金融平台，目标是构建开放、共享、共赢的金融生态。

传统金融机构的IT基础架构在转云之时，有着沉重的历史包袱，通常只能先从外围业务系统尝试探索。得益于创新型的业务模式以及采用全新的技术体系架构，使得百信银行从一开始就能够成为一家建立在云上的银行。

“轻装上阵”并不意味着百信银行在云架构建设之路是“一帆风顺”的。百信银行在私有云架构以及分布式核心的选择上遇到很大的挑战，分别是：

1）满足自主可控的业务建设理念，实现完全去 IOE。

2）采用全新的互联网金融体系，要求基础架构反应更快。互联网金融的业务特征就是快速，产品根据市场的敏捷变化进行不断快速的迭代和修改，这需要分布式架构和微服务架构支撑自动化运维、自动化应用部署和自动化测试。

3）驾驭与金融业务相适应的 PaaS 平台。采用分布式的云架构，要求百信银行在基于开源的 PaaS 平台层具有升级和改造的能力。

4）银行业绝大多数核心业务系统并没有完全在分布式云计算架构上跑过，所有的业务系统都要进行分布式和微服务化改造，需要逐步摸索与实践。

为此，百信银行充分与百度云紧密合作，共同打造私有云基础设施，实现了企业级分布式云架构和微服务治理框架，并且顺利完成监管验收，为百信银行开业奠定坚实基础。

2. 如何应用百度云-金融云平台开展工作

百度云-金融云平台基于低成本、高并发、高可用、按需扩展的技术目标，构建起一套天然匹配银行业务分布式核心的云计算解决方案。一方面具有自主知识产权的技术和普通 x86 服务器可以满足银行对于自主可控安全可靠的监管强需求，另一方面采用云计算技术可以实现资源按需支持未来更大规模的业务交易量和账户数，从而实现“轻盈上云，按需而扩”的低成本运营路线。

构建银行分布式核心的关键就在于将传统的集中式数据存储拆分为分布式的数据分片模式，百度云数据库一方面可以支持对表按照枚举、范围、哈希等多种方式来进行水平拆分，保证查询的拆分、路由执行、结果集合并等，从而提升了业务数据的读写能力及容量的扩展，满足业务对于十万级 TPS 以上的需求；另一方面可以提供分布式数据的强一致性能力，保障在主库故障情况下，不会因为二进制日志丢失导致从库丢失数据，从而进一步提升数据的可靠性，有效地避免单点故障带来的银行核心业务停服风险。

百度云数据库在应对硬件异常和软件异常具备较完备的高可用方案和错误恢复机制，通过冗余部署可以规避单点故障，无须人工介入，对业务影响控制在分钟级。百度云数据库自动异常恢复机制与人工应急方案结合，可保证百信银行整体业务同机房 RPO 为 0，跨机房接近 0，RTO 控制在分钟级。

对比成熟商业数据库（如 Oracle 和 DB2），百度云数据库在整体成本更低的同时，集群的可用性强于商业数据库，吞吐容量和数据容量高于商业数据库，单交易性能及数据一致性保证几乎等同于商业数据库。

3. 灵活可插拔的分布式中间件层

百度云金融级分布式中间件是银行构建分布式服务的基础组件，主要包括以下几个核心中间件产品：

（1）消息中间件

百度云消息中间件是一款百度出品并维护的高可用、高性能、保序以及强一致的企业级消息队列中间件服务。它完全遵循 JMS 1.1 规范和 J2EE 1.4 规范，支持队列模式和发布订阅模式，支持 Java、C++、Python 等多种语言的客户端和 OpenWire、AMQP 等多种二进制传输协议。百度云消息中间件利用异步消息可靠送达、跨地域消息保序传输、多通道消息组合订阅等手段来解决分布式服务通信带来的挑战，是构建银行分布式核心、服务解耦的核心组件。

（2）缓存中间件

百度云缓存中间件是一款百度自研的高性能、高可用的缓存服务。主要用于缓解后端存储服务的压力，用于快速响应热点数据，降低用户部署与管理 Cache 服务的复杂性，支持标准 Redis API 接口。

百度云缓存中间件利用多地多中心部署模式、异地多活单元化架构、机房间流量调拨等手段来保障数据缓存服务多中心容灾以及城市级容灾，是构建高并发金融业务，支撑秒杀业务场景的利器。

（3）数据库中间件

百度云数据库中间件提供金融级数据分布式的路由和访问能力，用于解决海量请求下数据访问的瓶颈及数据库的容灾问题。一方面为海量数据访问提供低成本、高可用、高扩展的轻量级解决方案，另一方面为应用访问数据库带来连接池、读写分离、负载均衡、数据路由、安全防护等多种高级功能。

百度云数据库中间件利用机房级弹性服务架构、多维度分布式数据伸缩、单元化的部署能力等手段来解决分布式服务与数据带来的挑战。

（4）应用服务网关

百度云应用服务网关提供金融级分布式架构的基础设施能力，包括服务注册、定时任务、服务查询等，帮助企业级客户快速构建并托管基于微服务架构的分布式应用。应用服务网关为传统单体应用架构深入拆分为分布式应用架构提供稳定可靠的基础框架，帮助简化建设的复杂度，让业务开发人员可以专注于业务逻辑实现，提升研发效率。

4. 安全、合规、稳定的平台体系

安全、合规、稳定是银行的基石，根据百信银行目前的数据显示，百信银行的 39 个业务系统和 9 个非业务系统自开业以来运行非常稳定，没有五级以上的运行事故，目前无一起安全事故。

5. 大数据：平台构筑基础，数据驱动业务

如今，通过互联网、大数据、云计算，越来越多金融机构实现了金融模式创新，让供给侧到消费侧成本得到明显降低。这不仅与政府鼓励金融创新的宏观政策相契合，更顺应时代的发展需求。随着金融创新热潮，传统存贷差盈利模式逐渐被市场化，金融机构开始触及产业端和小微企业，此前被忽视的中小型企业信贷、民间个人借贷等业务也开始真正被重视。在这个过程中，无论是企业，还是个人都能享受到金融服务所带来的实惠与便利，这正是普惠金融，也是金融业持续创新的源动力。

通过使用百度云、大数据、人工智能 3 大核心能力，大规模数据仓库构建及数据分析的能力，对大规模异构复杂数据进行深度的 BI 分析；数据挖掘与知识发现的能力，数据通过认知 + 学习 + 推理的理解挖掘过程，形成知识；将技术与百信银行的业务相结合的能力，百信银行与百度云共同构建了适合百信银行的基础大数据平台。

作为互联网银行，百信银行并没有传统银行大量的实体网点及相关的经营和管理成本，所有业务都是通过线上渠道为客户提供产品和服务，这些差异化、场景化、智能化的创新金融产品和服务全部都是构建在数据基础之上。

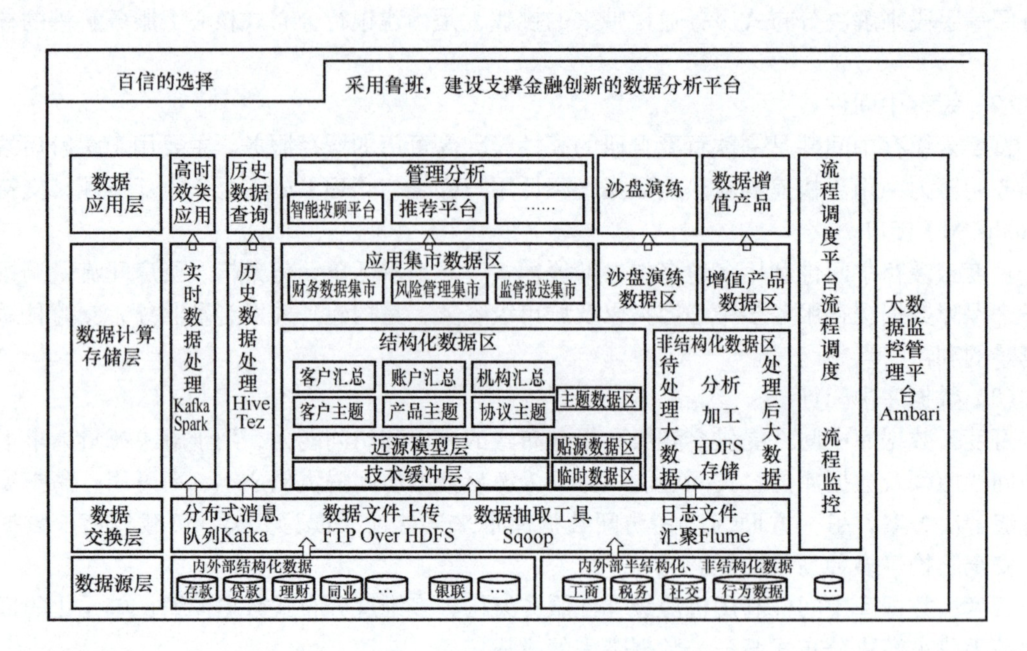

图 6-29　金融创新的数据分析平台

百信银行英文名为 aiBank，AI 可以提供智能化的产品与服务，数据则是整个 AI 的基础。

6. 人工智能：金融大脑让银行智能起来

有了弹性、高效的私有云基础架构，以及完善的大数据平台和数据驱动战略，百信银行的智能银行目标已具备良好的基础，最后就是让 AI 与业务进行充分融合，让业务更加智能化。AI 和金融结合可以给业务带来很大的想象空间，不仅仅局限在语音识别和人脸识别这些应用方面。

百信银行正在与百度云进行紧密合作，联合打造“百信金融大脑”，利用金融大脑对外提供智能化的服务。目前，金融大脑正在智能客服和百信银行 APP 的语音交互进行落地尝试。智能客服通过智能机器人对客户的表单准确理解，背后需要有自然语言处理（NLP）、深度学习等技术的强力支撑；通过大量的训练和学习方能得到较好的效果。智能银行是百信银行的终极目标，智能账户、智能风控和智能服务等将是智能银行的核心能力。

7. 智融 OS

百信银行的 IT 系统称为智融 OS。这里 OS 有两层含义：一层是支持百信银行整个业务的操作系统，另一层的含义就是 Open + Share，意味着开放与共享。开放与开源有利于更好、更快地采用最新的先进技术，有效地降低技术成本。而基于百度云的 ABC 能力搭建起来的全云架构，为百信银行带来的效益也是明显的，表现在“快、稳、省”三个方面。

1）快。帮助百信银行在较短时间内业务上线，符合政策法规的要求；日后产品也将快速迭代，支持业务创新，符合互联网“唯快不破”的原则。

2）稳。构建了一套稳定、健壮的系统，而且后台云架构具有开放性，可以随业务的变化而变化，具有极大的扩展性和弹性。

3）省。节约资金和人力成本。日后在运营和维护中，将采用智能运维的方式，节省总体成本。

按照百信银行的规划，当前的 IT 战略分为三部分。首先，构建科技金融。2018 年是起步之年，目的是夯实金融科技的基础，为未来发展奠定基石。其次，提供场景化金融服务。目的是在不同的金融场景下，为用户提供个性化、差异化的服务，从而形成百信银行独特的发展空间和竞争优势。最后是业务聚焦，为战略服务。

在这个目标之下，当前的百信银行与百度云构建的技术体系正在有条不紊地建设中，从底层开放式架构到融合智能的大数据和人工智能的能力，百信银行构建了全行业为数不多的全云架构，快速适应业务发展，为全行业 IT 发展带来借鉴。

6.5 商贸云与新零售

6.5.1 应用背景

2016 年“双十一”，阿里巴巴集团首次系统地对新零售进行了阐述，新零售是通过大数据和互联网重构“人、货、场”等商业要素而形成的一种新的商业业态。目前，作为新零售发起者与践行者，以阿里云为代表积极倡导线上、线下、物流三者融合发展，消减企业库存，充分利用互联网驱动零售新变革。本质上，新零售涵盖了四个主要的特征，线上线下的商业融合、以消费者体验为核心的数据驱动、智能时代中新技术重新定义新商业模式、零售企业与品牌企业的数字化转型创新之路。

在推进新零售的进程中，阿里云依据领先的云计算、大数据、人工智能等新技术能力，以及丰富的互联网实践经验，以数据为抓手，以业务和数据中台为支撑，通过从数据采集的智慧门店、企业核心的业务中台与数据中台到前端数据智能应用的全面覆盖，帮助客户实现从全面的业务数据化到数据业务化，打通企业数字化运营的任督二脉。

目前，阿里云已经形成四大行业（商业地产、商超便利、时尚行业及餐饮连锁）解决方案、三大系列（智能门店、企业业务/数据中台与智能分析应用）建设实例以及 1（阿里云新零售服务市场）+20 家生态伙伴的服务市场成果。阿里云为各行业的零售业提供了一系列覆盖全价值链的新零售解决方案，包括智慧供应链、云物流、智能制造、渠道分销、线上+线下、营销/运营及终端消费者等。

6.5.2 新零售的建设思路

以阿里云超商新零售实践为例，考虑到当前超商重货不重人、坪效低、经验决策人效低、系统陈旧、信息封闭孤岛、技术对业务赋能不足等业务现状，阿里云整合了超商内部的各方资源，为客户带来丰富的产品与服务，驱动客户数字化进程，其核心思路是：以建设企业零售大脑为核心，发展智能供应链和智慧门店小脑，协同天猫新零售业务模式创新，构建全产业链的新零售融合方案，帮助企业实现门店场景数字化，商品运营精细化，线上线下一体化，经营决策数据化。

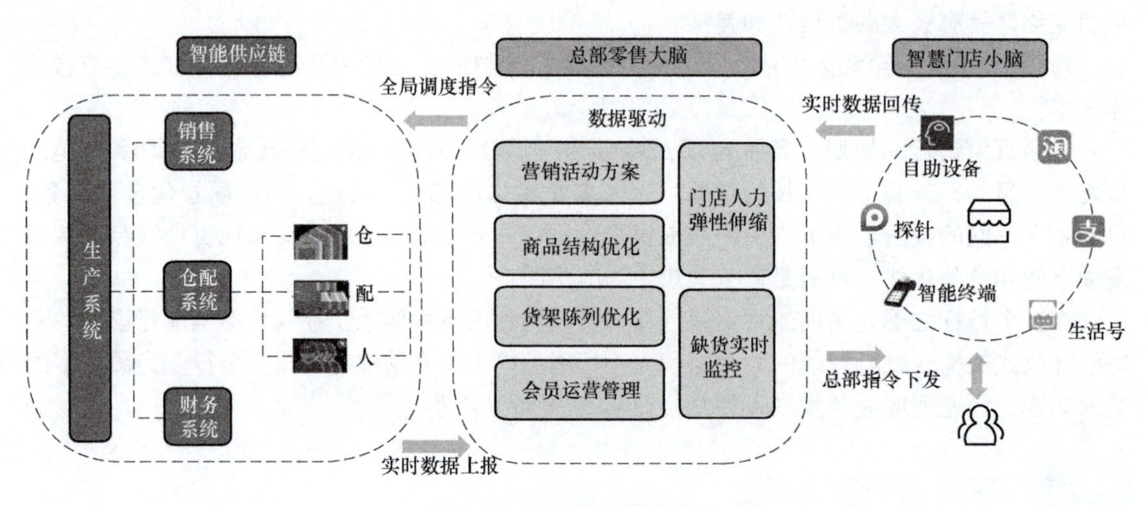

图 6-30　阿里云新零售体系

6.5.3　典型案例

阿里云为超商进行新零售升级，是基于互联网中台构建新零售解决方案，其应用架构包括计算后台、业务中台、数据中台、业务和数据应用、智慧门店和前端应用，实现了智能应用全覆盖，如图 6-31 所示。

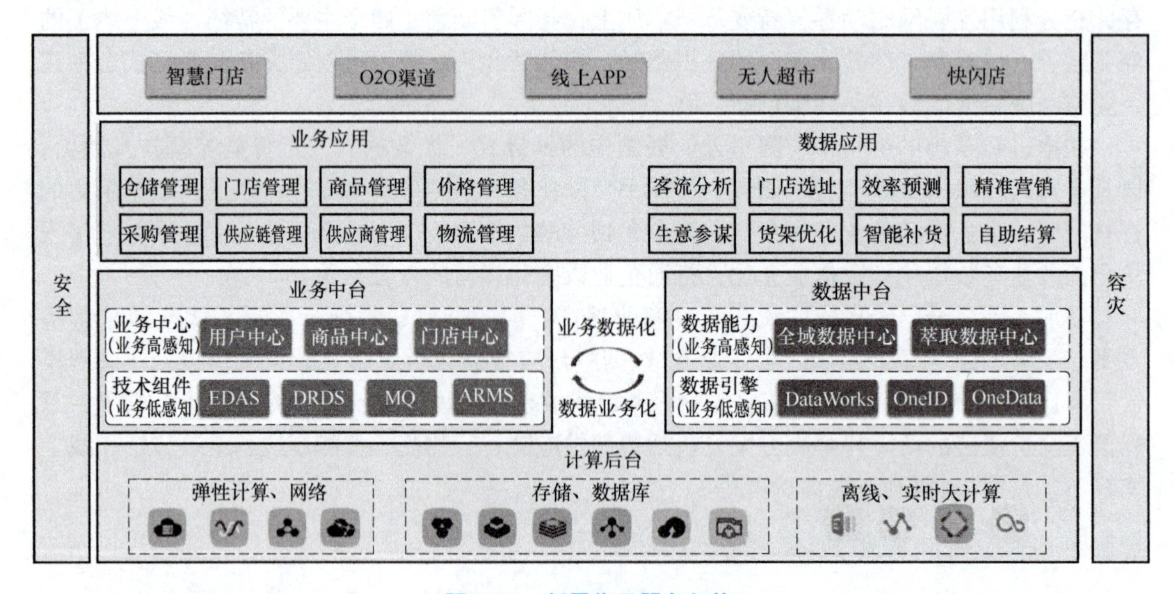

图 6-31　新零售云服务架构

（1）计算后台

计算后台处于架构最底层，是基于阿里云构建的云计算和大数据平台，为门店、总部核心业务数据的抽取，统一存储、分析所有的业务数据源，为业务中台和数据中台。

（2）业务中台

基于大平台、轻应用的企业互联网架构思路，阿里云为企业提供业务中台，使企业业务能力云化，形成共享服务层，消除信息孤岛，支持可视化运营和监控，支持系统高并发场景和全链路压测，并通过能力开放平台对接存量和第三方应用创新，保证业务数据的集中、统一和共享。

（3）数据中台

面向各行各业大数据建设、管理及应用诉求，阿里云新零售解决方案打造的数据中台，一站式提供从数据接入到数据消费全链路的智能数据构建与管理服务，包括产品、技术和方法论等，驱动企业数字化运用，助力打造标准统一、融会贯通、资产化、服务化、闭环自优化的智能数据体系。

数据中台通过数据管理、智能数据分析，赋能总部、门店店长、供应商，进行能力升级，为总部、店长、供应商提供营销、选址及客流、商品、交易、坪效、渠道、品牌等智能分析，实现门店的全面数字化管理，升级会员数据化、智能化、精准化经营。

（4）业务和数据应用

业务和数据应用部分是基于计算后台、业务和数据中台的平台、数据、业务能力，针对场景化功能进行输出。

（5）智慧门店

智慧门店实现门店的全面数字化，线上线下可打通，消费者可识别，用户行为可采集，利用技术降低门店人力投入，为超商门店重构“人-货-场”关系，提升运营效率。

基于上述新零售应用架构，阿里云为零售商实现了门店数字化、数据赋能及运营赋能，基于数据实现了零售业的客流闭环，解决了传统门店缺客流、客流无转化、会员难互动等痛点。

6.6 城市大脑与智慧城市

6.6.1 应用背景

“第一次发现机器人执勤挺新鲜的”，最近，在不少城市都能看到“智慧身影”，客流监测、“刷脸”验票、“AR智能导游”……科技不仅给城市带来了活力，也让城市治理站上了“云端”。

作为城市治理和社会发展的新模式、新形态，智慧城市秉承以人为本的原则，运用新一代信息技术实现智慧化的城市管理，让城市以及作为城市主体的人更加智慧。智慧城市的建设应当以云计算为技术基础，以大数据为支撑，以安全为保障，以互联网思维超越传统行业发展模式，促进城市的和谐、可持续成长。

云计算开启政务服务新思维。在智慧城市建设中，通过整合交通、医疗、税务、水利等各种政务资源，建立起公共云计算数据中心，通过对大数据的采集、处理、整合、分析和应用，能够清晰展示城市运行情况，预判发展态势，为城市管理提供智能决策。同时，还可以打破城市各功能系统原有的条块分割，杜绝资源的重复建设，提高资源利用率，达成信息共享。以云计算为支撑，政务信息系统正向着更加集中、集约、高效、开放的方向发展，开启了城市治理的新思维。

6.6.2 智慧城市的“云脑”规划

智慧城市不是数字城管、信息化建设的简单替代，而是撬动社会治理社会化、专业化、智能化和法治化的支点。智慧城市对当前经济转型发展、城市职能管理优化起着重要的推动作用，同时在面向大众提供智慧服务方面前景广阔，促使人与城市更加协调。例如，卫生部门可以从医院的就诊数据中，分析传染病发病前期模式，提醒市民预防；交管部门可通过分析处理历年来的车流量等交通数据，预测拥堵发生的时间地点，提前预警和疏散交通压力；安全部门甚至能通过对历史案件的社会化和预测性分析，发现犯罪趋势和犯罪模式，找出共同点及相关性，降低犯罪发生率。通过部署云计算、云存储平台，可以将遍布城市角落的摄像头所采集的海量信息实时动态传递到云端，通过云平台强大的计算能力和存储能力，实现对各类视频信息的比对以及对不同类型信息之间的关联度进行深入分析，发现可能出现的情况，将监控模式由事后的追查监控转变为事前预防监控，更加充分发挥城市安防系统的效用。

智慧城市是基于物联网与城市数字化的现实世界与数字世界的融合，大数据的运用在智慧城市建设中起着引导性与决定性的作用。目前，城市大脑已经应用到城市运营管理的城市事件感知与智能处理、社会治理与公共安全、交通拥堵与信号控制及公共出行与运营车辆调度等各方面，在国内外实现广泛应用，包括杭州、苏州、雄安、澳门、吉隆坡等数十个国内外城市和地区，在城市治理中产生巨大的社会和经济效益。

以杭州基于城市大脑的管理成果为例，城市大脑利用图像识别技术实时分析杭州3000多路视频，视频利用率从11%提高到100%，实现车辆图搜以及视频实时自动巡检，低分辨率车辆检测准确率高达91%。视频巡检日报警量多达500次，识别准确率92%以上。在试点的综合高架和莫干山路上平均延误时间分别缩短15.3%和8.4%，整个高架上的车辆延误的平均时间减少了4.6分钟，信号灯自动配时路段的平均道路通行速度提升15%，平均通行时间缩短3分钟；应急车辆到达时间节省50%，救援时间缩短7分钟。

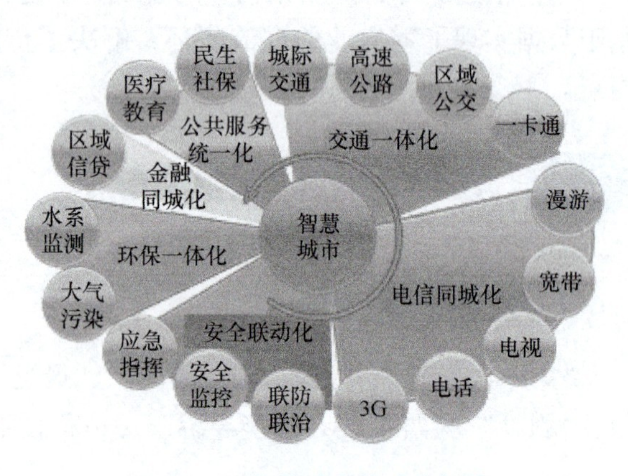

图6-32 智慧城市的功能板块

6.6.3 典型案例

作为入选科技部《新一代人工智能发展规划》首批国家新一代人工智能开放创新平台，阿里云ET大脑将云计算大数据能力、AI技术与垂直领域行业知识相结合，基于类脑神经元网络物理架构及模糊认知反演理论，实现从单点智能到多体智能的技术跨越，打造具备多维感知、全局洞察、实时决策、持续进化等类脑认知能力的超级智能体，为支撑城市可持续发展提供了智慧城市发展的基础设施和人工智能超级平台。

ET城市大脑依托阿里云大数据一体化计算平台，通过阿里云的数据资源平台，完成包括企业数据、公安数据、政府数据、运营商等多方部门和企业数据的汇集，借助机器学习和人工智能算法，面向城市治理问题打造数据智能解决方案。通过 ET 城市大脑，可以从全局、实时的角度发现城市问题并给出相应的优化处理方案，即时修正城市运行缺陷，同时联动城市内各项资源调度，整体提升城市运行效率，实现城市治理模式、城市服务模式和城市产业发展的三重突破。

阿里云 ET 城市大脑具备四大特征：即时、全景、全网、全视频。

1）即时。数据从产生开始到汇聚、加工、融合、挖掘最终反馈到业务系统里都要求是即时的，只有即时才能产生真正的数据价值。

2）全景。从时间的角度，把多年来信息化沉淀下来的数据全部加载到平台上来。从空间的角度，针对特定的领域垂直化地、纵向地汇聚全景的数据。

3）全网。需要将各个网络打通起来。例如将政务内网、政务外网、视频专网、互联网等网络的数据统一地汇聚到一张网上。

4）全视频。视频数据是一个城市里多年沉淀下来的最宝贵的数据资源，当前视频数据的利用率是非常低的。因此，要充分地利用视频数据，做到全视频。

为了确保 ET 城市大脑的四大特征，城市大脑将产品架构分为四层，最下层为阿里云飞天一体化计算平台，第二层为城市全网数据资源平台，第三层为 AI 服务平台，最上层为城市大脑 IT 服务平台，如图 6-33 所示。城市数据资源平台、AI 服务平台、IT 服务平台均为开放平台，可以承载其他厂商开发及生产产品，共建城市治理生态，共同实现城市的最优治理。

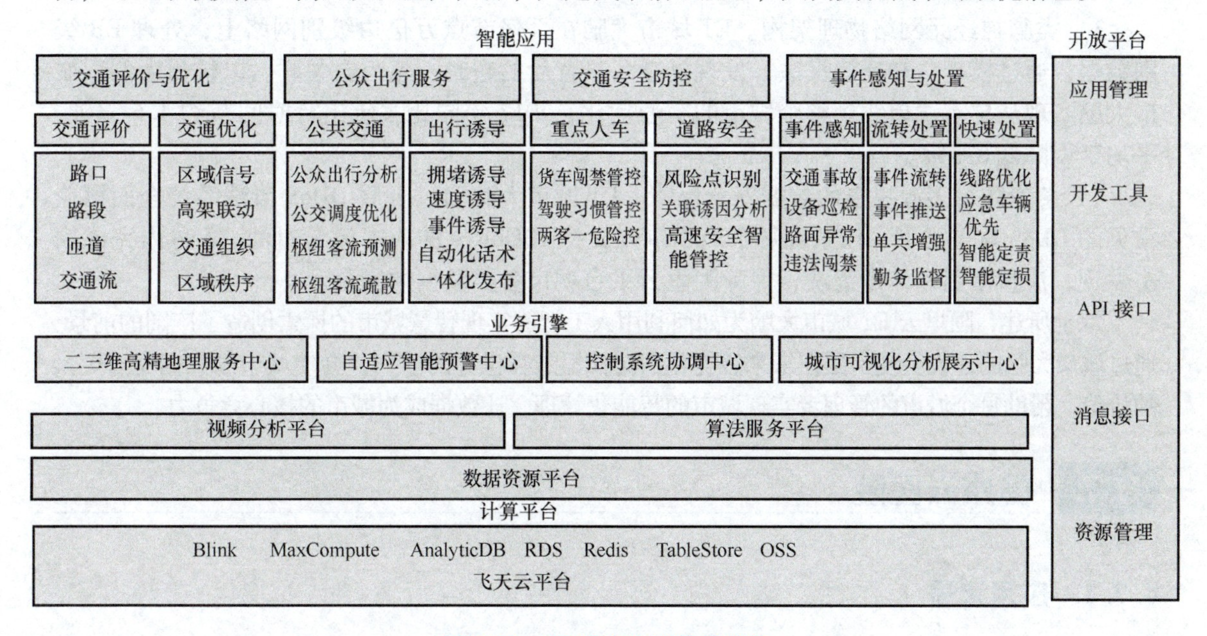

图 6-33　ET 城市大脑体系架构

一体化计算平台为城市大脑提供足够的计算能力，具备极致弹性，支持全量城市数据的实时计算、EB 级存储能力、日 PB 级处理能力、百万级别视频实时分析能力。数据资源平台实时汇聚全网数据，让数据真正成为资源。保障数据安全，提升数据质量，通过数据调度实现数据价值。

AI 服务平台，通过深度学习技术挖掘数据资源中的近况，让城市具备“思考”的能力。AI 服务平台主要包括算法服务平台和视频分析平台两个开放平台，为各类的算法开发与使用提供有效的支撑。

IT 服务平台也是开放的平台，可繁荣产业生态。通过数据资源的消耗换来自然资源的节约。

基于 ET 城市大脑的四层产品架构，阿里云将城市大脑打造成了世界领先的新一代人工智能开放创新平台和智慧城市管理平台，其具备诸多优势和领先特性。

1）计算性能与成本上双领先的大数据计算能力。ET 城市大脑采用阿里云自主研发的大数据处理平台 MaxCompute 进行海量数据计算。目前大数据处理平台 MaxCompute 的计算能力已达到 1 万台以上单集群规模、EB 级数据处理能力、0.1 秒内百亿量级多维查询能力、每秒千万级流数据实时查询能力的水平。2015 世界 Sort Benchmark 排序比赛中，MaxCompute 用 377 秒完成 100TB 的数据排序，打破 Apache Spark 创造的 1406 秒纪录，创造 4 项世界纪录。2016 年 MaxCompute 用 1.44 美元完成 1TB 的数据排列，打破 Cloud Sort 比赛世界纪录，比 AWS 节省 2/3 的成本。同时，数据接入能力能够确保上百 TB 级别数据实时采集能力、ZB 级别海量数据存储能力及万亿级数据接入延迟低于百毫秒。

2）海量多源数据规模化处理与实时分析架构。目前，ET 城市大脑的视频实时处理达万级规模，支持单机 GPU60 路（CPU12 路），视频压缩比高达 1/15，低分辨率车牌识别准确率高达 91%。

3）类脑神经元网络物理架构。ET 城市大脑在百亿节点万亿边级别网络上，处理 EB 级别数据，通过模糊认知反演算法，发现复杂场景背后的超时、超距弱关联。以杭州为例，城市大脑实现从单点、单线到整个城市的交通优化，2017 年同比去年出行时间节约 4.6 分钟，平均延误降低 8.5%。

4）急速防御多源攻击的数据安全保障。ET 城市大脑通过云盾 DDoS 清洗系统全面覆盖常见的 DDoS 攻击类型，该系统每个最小单元支持 10Gbit/s 的攻击流量过滤，5 秒内完成攻击发现、流量牵引和流量清洗，保障阿里云平台城市各类数据的安全。

综上所述，阿里云 ET 城市大脑为如何利用人工智能实现智慧城市的探索创造了广阔的前景，通过城市大脑的建设会使中国在未来智能化的时代里走在世界的前列，会使城市的数据发挥更大的价值，帮助每个城市的管理者实现城市的智能化管理，让数据成为城市的核心竞争力。

6.7 健康云医院

6.7.1 应用背景

“没有全民健康，就没有全面小康”，健康中国建设已经上升为国家战略。十九大报告在此基础上进一步提出了实施“健康中国”战略，要完善国民健康政策，为人民群众提供全方位全周期健康服务。2015 年十二届全国人大三次会议上，李克强总理在政府工作报告中首次提出“互联网 +”行动计划。2018 年，国务院办公厅发布“关于促进互联网 + 医疗健康发展的意见”，指出要发展“互联网 +”医疗服务。鼓励医疗机构应用互联网等信息技术拓展医疗服务空间和内容，构建覆盖诊前、诊中、诊后的线上线下一体化医疗服务模式。

在实体医院基础上，运用互联网技术提供安全适宜的医疗服务，加快实现医疗资源上下贯通、信息互通共享、业务高效协同，便捷开展预约诊疗、双向转诊、远程医疗等服务，推进“基层检查、上级诊断”，推动构建有序的分级诊疗格局。鼓励医联体内上级医疗机构借助人工智能等技术手段，面向基层提供远程会诊、远程心电诊断、远程影像诊断等服务，促进医疗联合体内医疗机构间检查检验结果实时查阅、互认共享。推进远程医疗服务覆盖全国所有医疗联合体和县级医院，并逐步向社区卫生服务机构、乡镇卫生院和村卫生室延伸，提升基层医疗服务能力和效率。

健康云医院是通过大数据、云计算、物联网技术，以及医疗设备和医疗管理应用系统构成的健康管理及医疗服务共享服务平台，为政府、医院、医生构造高效、安全、可靠、可监管的协同医疗体系。健康云医院平台整合、汇集动态、连续、完整的居民健康档案大数据，通过支持大医院与基层医疗机构、医生与医生、医生与病人之间的协同，安全、可靠、规范化的流程管理以及健康医疗知识库、方法学的建立和普及，放大优质医疗服务资源，使得好医院、好医生变得更多，基层医疗机构和医生变得更好（见图 6-34）。

健康云医院平台可以促进优质医疗资源效率最大化，推动多层次医疗机构之间的分级诊疗体系发展，缓解看病难、看病贵，重构医疗健康服务体系。健康云医院通过构建覆盖全生命周期的医疗健康服务体系，实现医疗服务模式的转变，提升居民的健康水平。居民可以超越地区获取医疗服务与医疗设施资源；基层医院拥有与三甲医院一样的医疗管理流程与规范；基层医生可以与远程优秀的专科医生之间协同完成医疗；基层医生可以拥有或享用综合型大医院的医疗设备；通过强大的 IT 系统来保证医疗过程的规范化和可靠性；完成帮助居民“不得病”“正确治病”“科学康复”的使命。

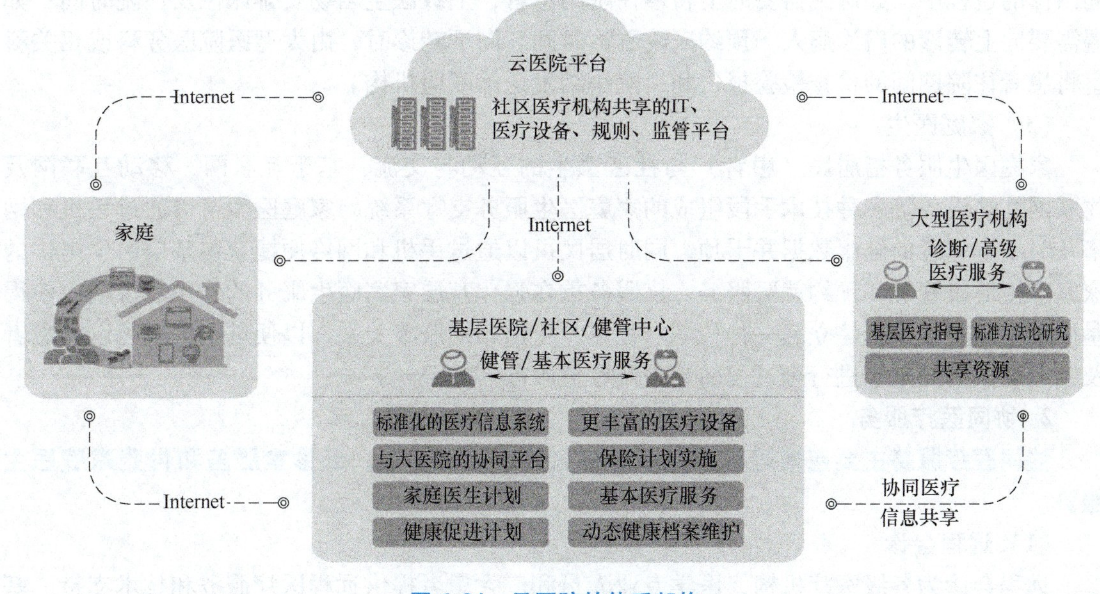

图 6-34　云医院的体系架构

6.7.2　健康云医院

健康云医院依托各类云服务平台，能够提供的服务主要包括：分级诊疗服务，包括协同门诊、双向转诊以及家庭医生服务；协同医疗服务，包括远程会诊、远程心电、医生云诊室和付费家庭医生；其他服务，如云药房、云检验和云影像、云讲堂等。

1. 分级诊疗服务

分级诊疗服务以区域一体化为目标，通过下沉优质医疗资源、规范双向转诊、加强信息化等多种手段，逐步实现分级诊疗。主要内容包括：

（1）协同门诊

通过健康云医院平台开通实时协同门诊服务的排班，并接受来自联盟机构发起的实时协同门诊申请。基层医生遇到无法解决的专科疾病问题时便向上级医生申请协同门诊。协同门诊帮助患者便利就医、节约医疗费用的同时，减少患者盲目前往大医院就诊，助力分级诊疗制度的切实落地；基层医生通过实时远程门诊提高自身能力，提高了患者对基层诊疗水平的信任，形成良性的发展；同时也促进了联盟机构向大型医院的转诊率。协同门诊通过实时医疗协同业务的开展，信息交流将更加通畅，不仅及时解决成员医院门诊过程中遇到的问题，同时也能为转诊及会诊等业务的开展做好前期信息沟通等铺垫工作。

（2）双向转诊

健康云医院平台的双向转诊系统实现了医院与社区间的“资源共享、优势互补、互利共赢”。双向转诊中，社区卫生服务机构与区域大中型综合医院、专科医院形成合作机制，让患者一般常见、多发的小病在社区卫生服务机构治疗，大病则转向二级及以上大医院；在大医院确诊后的慢性病治疗和手术后的康复则可转至社区卫生服务机构。

双向转诊需明确转诊机制、转诊流程、操作规范、上级机构床位预留及优先级申请、宣传与推广等方面细则。参考已有的运营经验，向上转诊可从协同门诊服务中延伸发展，即协同门诊的过程中，如遇到需要向上转诊住院的患者，上级医生当场安排床位及住院时间；如遇需要向上转诊的门诊病人，预约来院看诊时间。向下转诊时，由大型医院医务科或相关科室将患者住院期间的检查检验报告和出院小结发送给联盟机构。

（3）家庭医生

家庭医生服务指居民（患者）与社区医生的互动与交流，基于互联网、移动互联网及物联网终端设备等多种技术手段组成的家庭医生服务支撑系统，家庭医生可以通过手机和网络及时了解患者的健康数据并干预，同时居民可以通过手机和网络便捷获得基层医生提供的家庭医生健康管理和预约就医服务。该服务重在强化基层家庭医生服务的作用及价值，使得基层医生与居民家庭建立起一种长期、稳定、可信赖的服务关系，以便基层医生可以对患者及其家庭成员的健康进行全过程的管理及增值服务。

2. 协同医疗服务

协同医疗服务主要包括远程医疗即远程会诊、远程心电，云诊室服务和付费家庭医生服务。

（1）远程会诊

远程会诊为各级医疗机构、医学专业人员和广大患者提供远程医疗服务和技术支持。基层医生在临床工作中，发现病例不能确诊或确诊后不能确定治疗方案等情况，可通过健康云医院平台向北京和上海等地的知名医院专家发起会诊申请（例如，东软的远程医疗平台已经发展专家1000多名，遍布全国23个省份，覆盖40多个检查和临床科室）。

远程会诊提供多种形式服务，包括由临床医学专家基于患者详细病历资料进行远程会诊并出具书面会诊结论的远程临床会诊和由医学影像专家基于患者 CT、MR、DR 等疑难影像资料进行远程诊断并出具会诊咨询报告的远程影像会诊，以及远程培训服务。

（2）远程心电

远程心电服务主要由医联体内三甲医院与北上广知名医院专家提供远程心电诊断服务。让患者在家中或居家附近的检测点利用便携式手持心电采集仪记录自己的心电图信号并实时发送到健康云医院，由指定的专科医师进行判读并下发分析诊断报告，必要时与三甲医院同步进行协同监控和二级判读，使佩戴者能及时得到监控网络的反馈信息，适时应对紧急情况、指导用药或提醒进行身体状况调整，实现心脏病的远程监护。

（3）云诊室

云诊室是医院业务在网上的一个镜像，主要使用微信或 APP 实现基于看诊后的在线问诊及以云平台协同医疗为基础的协同随诊。云诊室有两种模式：

其一为在线问诊，是传统医疗服务的一种延伸，涵盖全科常见疾病，能够有效解决患者看病无序的现象。这一模式主要利用医生的空闲时间，解答患者的咨询。在线问答同时可附加图片或检查报告文档等，医生通过对这些材料信息的了解为病人提供基础性的诊断意见和健康建议。该模式的价值所在是分流筛选病人和提供健康咨询建议。

其二为协同随诊，利用协同医疗，使用互联网及手机 APP 协助上下级医生开展协同随诊。病人经过门诊初步诊断用药或住院治疗好转出院后，仍需随时对病情密切观察，定期或感觉病情有变化时即到医院复诊，主动寻求医生予以生活、用药或康复指导。随诊的意义在于能及时发现病情变化，及时调整治疗方案，对慢性病患者的病情控制尤其具有重要的意义。随诊包括心脏术后管理、肿瘤术后、慢性病管理，可管理的疾病种类随市场需求不断增加。

3. 其他服务

（1）云检验

云检验的主要用户为部分基层医院和大部分服务站及私人诊所，以检验中心的临检服务为主要形式。平台提供基层医疗机构可选择的检验机构，基层根据需求，对检验方进行选择，平台将基层医院检验处方流转至检验公司或对口上级医院，并存储传递检验报告，基层获得了方便快捷的检验服务，上级也提升了自身的服务范围和服务效率。

云检验服务除了必要的宣传推广及业务指导外，可能还涉及检验标本物流、检验处方流转、数据对接、污染物处理等相关工作。

（2）云药房

云药房是在分级诊疗的大背景下，处方流转和药品配送相结合的服务。云药房意在整合药品供应商，接收来自云平台合作医疗机构的电子处方，并与合作的药品供应商进行匹配，机构一键下单，患者能够以多种支付方式便捷的购买到所需药品，由药品供应商完成药品配送。

（3）云影像

云影像服务主要针对基层医疗机构开展。大型医院的影像中心接入云平台，基层医疗机构根据自身需求，选择适合的影像中心为其进行影像的诊断，平台将基层医院影像检验处方流转至影像中心，并存储传递影像报告，基层获得了方便快捷的影像服务，大型医院也提升了自身的服务范围和服务效率。

（4）云讲堂

健康云医院除线上服务外，还能够提供给基层医生培训教育的机会。培训分为线上培训与线下培训。线上培训分为两种，一是基层医生通过远程会诊系统参加的远程培训，此类培训分为实时远程培训和课件点播。实时远程培训，根据运营管理中心公布的培训课程表，会员医院根据自己的需要选择性参与、接受远程实时集体培训。课件点播是指会员医院根据自己的需要，从已经组织完成的培训课程中选择培训课题进行学习。二是不定期举办的远程培训课程，如上海华山医院多科室远程授课培训，基层医疗机构可根据自身需求，选择参与。

6.7.3 典型案例

1. 东软熙康云医院

熙康云医院是东软公司核心产品，采用多渠道实时采集用户健康数据，整合专业医疗资源，为消费者与医生搭建健康医疗服务的第三方平台。云医院依托个性化健康数据，由家庭医生及专科医生提供线上线下相结合的全程健康管理与医疗一站式服务。主要特点包括：

1）专属的私人医生：熙康云医院与全国各大医院合作，使得每位用户都拥有一位适合自己的专属私人医生。

2）个人健康档案：为每一位用户打造专属的个人网络健康档案。

3）健康知识指导：熙康云医院会不定期地邀请相关专家撰写稿件、录制视频，构建健康管理知识系统，并实现个性化推送服务。

4）复诊提醒及随访服务：专属的私人医生根据用户的自身情况指导个性化的复诊时间及检查、检查项目。

5）咨询服务：网页咨询、语音咨询以及400电话咨询服务。

2. 卫宁云医院

卫宁云医院由卫宁健康科技集团股份有限公司推出，是互联网＋医疗健康服务新形态，通过线上线下一体化的业务模式，实现各级医院间的业务协同，支持医院业务流程优化，为患者就诊提供更便捷的服务，更好支撑院际业务协同，主要包括：分级诊疗、医生多点执业、检验检查协同，支撑多方联动的药品服务、保险服务、主动化健康管理和养老服务等。卫宁云医院业务模式如图6-35所示。

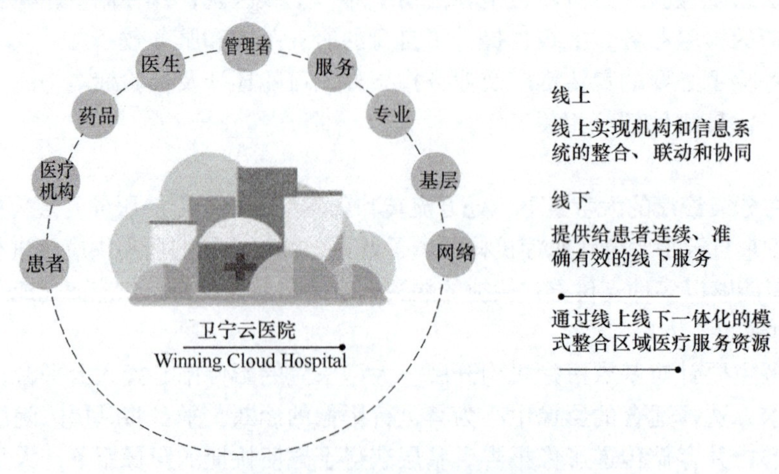

图 6-35 卫宁云医院业务模式

3. 阿里健康云医院

阿里健康云医院是基于阿里云平台的云上医院，汇集了大量医疗机构或挂靠在医疗机构的医生，将全国优秀的医生集中起来；当患者有需求时可以在线上向这些医生预约并挂号；医生问诊后，可以向平台上的第三方检验中心发送需求，检验中心上门采集数据，之后将检验报告上传至云医院平台。

习题

1. 云制造中的制造资源和制造能力包括哪些。
2. 未来云制造模式大规模应用后，会对企业的组织和资源利用带来巨大的变化，结合你的专业谈谈如何应对这些挑战。
3. 农业云与工业云的区别主要有哪些。
4. 如何利用云计算技术实现线上与线下商务活动的融合。
5. 除了书中的例子，你还能够列举出哪些云计算在智慧城市建设中的应用。

综合实践：

发挥创新能力，从某个应用领域或行业或企业面临的实际问题出发，自主设计一个基于云计算技术的应用系统或者和云理念相关的应用项目。内容包括但不局限于以下内容：项目概述（市场痛点、产品介绍）、项目介绍（产品介绍、技术创新、商业模式、运营计划等）、竞争优势（竞品状况、核心竞争力，如技术、资源、渠道等）。作品以 PPT、视频或原型系统进行展示。

参考文献

[1] 李伯虎，张霖，王时龙，等. 云制造—面向服务的网络化制造新模式［J］. 计算机集成制造系统，2010，(16) 1：1-7.

[2] 国家制造强国建设战略咨询委员会. 智能制造［M］. 北京：电子工业出版社，2016.

[3] 李伯虎，等. 云制造［M］. 北京：清华大学出版社，2015.

[4] ZANELLA A，BUI N，CASTELLANI A，et al. Internet of Things for Smart Cities［J］. IEEE Internet of Things Journal，2014，1（1）：22-32.

[5] 魏毅寅，柴旭东. 工业互联网技术与实践［M］. 北京：电子工业出版社，2017.

[6] 张曙. 工业 4.0 与智能制造［J］. 机械设计与制造工程，2014，43（8）：1-5.

[7] GE 官网. GEAnnounces Predix Cloud-The world's first Cloud Service Built for Industrial data and analytics［EB/OL］. 2015-08-05.

[8] 西门子公司. 西门子推出 MindSphere 开放工业云［EB/OL］，2016-04-12.

[9] 科技行者. 西门子基于云的物联网操作系统 MindSphere 引入 Watson Analytics［EB/OL］，2017-01-03.

[10] 第一财经网站，起居室：GE“工业互联网”平台 Predex 推广成难题［EB/OL］，2015-08-04.

[11] 科技行者. 西门子基于云的物联网操作系统 MindSphere 引入 Watson Analytics［EB/OL］，2017-01-03.

发展篇

第7章 云计算未来展望

☞ 导　读

首先介绍云计算技术的发展方向。阐明云计算是新技术革命的发动机，是大数据与人工智能技术发展的计算技术支撑。讲解目前的“云计算＋大数据＋人工智能”三位一体发展战略。其次，介绍云计算产业的发展。在产业生态中，最底层是行业人工智能模型，中间是大数据开放平台，这个平台能够整合外部大量优秀产品，输出不同行业的应用方案，最顶层以企业云服务SaaS的产品方式，大数据应用的产品方式，以及智能商业服务的产品形态，为企业提供服务，并在企业间形成良性循环的产业互联网生态。最后，介绍云计算应用的发展。企业云服务与大数据应用服务的能力，最终实现平台共享服务和大数据驱动，在跨行业企业间形成强大的网络效应。

☞ 本章知识点

- “云计算＋大数据＋人工智能”三位一体发展战略
- 云计算在跨界服务中与新技术的融合
- 云计算产业生态及其地位
- 大数据驱动的企业云服务
- 云计算平台共享服务
- 云计算的开放性

7.1 “云计算＋大数据＋人工智能”三位一体发展战略

7.1.1 新型云计算引擎

2008年，随着谷歌、IBM、微软、亚马逊等巨头厂商的不断介入，中国移动大云的启动和基于云计算大数据挖掘平台的出现，云计算作为一种新的信息通信技术（Information and Communication Technology，ICT）应用模式已被我国市场认识，云计算概念炒作迅速升温。我国的云计算产业一开始发展就是面向大数据挖掘的，之后云计算与大数据的结合日渐深入，云计算产业出现了井喷式的需求。

2009年以来，我国云计算市场增长明显加快。“公共云”和“私有云”的典型案例日趋增多。大型云计算中心在各地如火如荼地开始建设起来，面向不同行业的云计算以SaaS、虚拟化等模式存在的应用服务大量涌现，并在小范围内得到实现。在政府大力支持及运营商、厂商、服务提供商的共同推动下，我国云计算应用全面落地，市场规模超过数百亿元产业链中的标杆企业已经率先开始加速云计算落地的步伐。

随着云计算、大数据、物联网和人工智能的不断发展和融合，云计算服务领域也不断扩大，云计算逐渐覆盖了硬件即服务Haas（Hardware as a service）、基础架构即服务Iaas（Infrastructure as a service）、平台即服务Paas（Platform as a service）、软件即服务Saas（Software as a service）、数据即服务Daas（Data as a service）、物联网即服务Maas（Machine as a service）以及一切事物即服务Eaas（Everything as a service）。

可以看出，云计算在大数据、物联网与人工智能中扮演着计算引擎的角色，离开了云计算，大数据、物联网与人工智能不可能取得现有的进步和未来的长足发展，同时大数据、人工智能也呼唤云计算等新型计算模式的出现，与集中式的云计算相对应的适合物联网终端的边缘计算应运而生，并逐渐在物联网中发挥越来越大的作用。

云计算是新技术革命的发动机，它为大数据与人工智能技术发展提供计算技术支撑，同时，也在改变着传统的数据中心。更简单、更安全、更灵活的运营管理目标，促使数据中心不断向“软件定义数据中心”演进，使得IT服务随时随地可用，这也符合用户“简易运维、分布部署、充分利旧、可靠保障”的需求，逐渐发挥出EB时代大数据的价值。基于云计算的新平台和新服务将不断涌现并繁荣发展，成为数字经济的新动能，创造新的价值。随着云生态系统的发展，将对新型数字工作者产生大量的需求，如科技咨询服务必须通过传统资源积累转变成数字化的云环境才能创造新的价值。不久的将来，基于云的虚拟桌面——云脑，将取代家庭和商用PC，一方面云脑终端的形态将呈现多样化趋势，更切合应用场景的差异化需求；另一方面，计算和存储主要在云端，人们将只为满足自己需要的计算和存储能力付费。云计算与大数据在军事领域中的应用也取得了一定的发展。例如，美国的“作战云”将结合有人和无人系统，利用隐形飞机、精确武器和先进指挥与控制系统的优势，确保受到单点的攻击不会影响美国的作战行动。这种努力也意味着有机会创造出模块化、规模化的作战能力，而不是迫使某种飞机或其他设备承担越来越多的任务。

总之，**云计算是新技术革命的发动机，是大数据与人工智能技术发展的计算支撑。作为国民经济和国家安全的计算引擎，云计算正释放出越来越大的潜能。**

7.1.2 多模态大数据燃料

来源多样，形式多样，既包括传统文本，又包含图片、视频、声音的多模态大数据，正在成为云计算的主要处理对象。在大数据时代，传统认为易解的问题可能成为“难解”问题。因为通常说大数据是指算不了的数据，如采用最快硬盘读取速度6Gbit/s，仅线性扫描，1PB数据扫描下来需1.9天；1EB数据则需5.28年，但是，百度一天处理网页数据超过10PB，把这些数据扫描下来则需要19天，所以大数据是传统计算能力处理不了的数据，只有采用云计算技术才能处理。麦肯锡全球研究所给出如下大数据定义：**大数据是一种规模大到在获取、存储、管理、分析方面大大超出了传统数据库软件工具能力范围的数据集合，具**

有海量的数据规模、快速的数据流转、多样的数据类型和价值密度低四大特征。随着互联网的进一步应用，云计算模式是互联网目前常用的处理大数据的计算模式。大数据催生了云计算，而云计算又使得技术革命进入了大数据时代。图 7-1 给出了云计算与大数据之间的关系。云计算是一种基于互联网的计算方式，通过这种方式，共享的软硬件资源和信息可以按需提供给计算机和其他设备。云计算是硬件资源的虚拟化，而大数据是海量数据的高效处理。从结果来分析，云计算注重计算资源分配，大数据注重的是业务数据流处理。一定程度上讲，大数据需要云计算支撑，云计算为大数据处理提供平台。

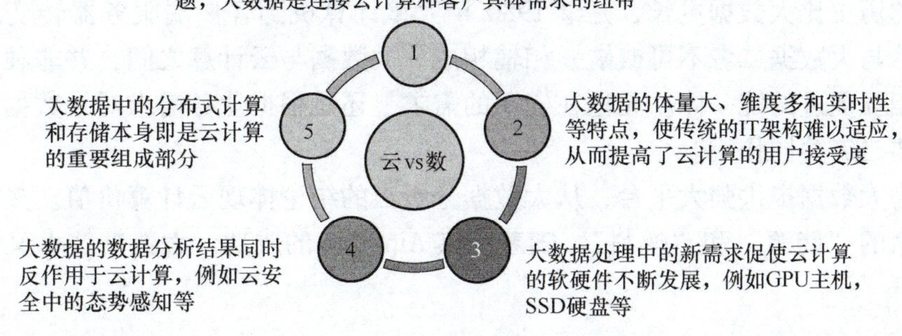

图 7-1　云计算与大数据的关系

数据的价值在于为人们生活提供便利，为企业创造价值提供数据支撑。但是数据产生价值的多少，取决于企业收集数据的宽度和深度，以及对数据挖掘的深度和广度。企业越多地收集行业相关数据，对行业的动向掌握也就越准确，更利于企业在未来创造更多价值。未来，数据将成为企业的核心竞争资产，而大数据目前常用的主流计算模式是云计算。

由于大数据的产生，谷歌公司采用云计算方式通过比较 5000 万条美国人最频繁检索的词条和美国疾控中心在 2003～2008 年间季节性流感传播时期的数据，并训练 4.5 亿个数学模型，提前几周预测出 H1N1 流感在美国地区的爆发和传播，其准确的地域覆盖人群和基本特征都非常明确，这也使得医学专家，特别是医疗疾控领域专家对此刮目相看。另外如阿里巴巴、百度也有很多利用云计算平台对大数据分析的有效结果。大数据还可以做很多有趣的事情，利用云计算技术通过分析 20 万新浪用户的 7000 万条微博数据，发现愤怒是相关性最强的情绪，其次是高兴、低落和厌恶，这也验证了中国的一句俗语："好事不出门，坏事传千里"。这一发现结果也被 90 多个国家的数百家媒体报道。因此，随着互联网不断发展，它已经从一个通信平台进入到云计算平台，而这种云计算平台改变了人们现在经济社会的生活[1]。

产业经营过程中一直离不开数据信息的支持，尤其是在进行管理决策的过程中，更是需要大量市场信息作为参考，因此数据信息搜集和分析工作成为企业进行管理决策的关键，而企业数据信息搜集和分析都离不开云计算环境。大数据的出现已经影响到了企业的决策方式。在对大数据应用的过程中，一方面要在信息搜集方面下功夫，加强信息搜集的全面性，另一方面要对海量数据信息进行处理和筛选、分析和探究，以便把握事物的规律，判定事件的发展方向。因此，数据实际上可以左右企业管理决策的进行。实践中，大多数企业已经开始对数据分析给予关注，将数据信息与企业管理决策联系到一起，通过先找出问题，再结合问题进行相关数据信息搜集和分析的方法，使得每一个问题都能有丰富的数据信息作为佐证，保证企业管理决策方式的合理性。这既推动了我国企业迅速迈进大数据时代，又促使我国企业管理决策方式进入了创新和转型的阶段。

大数据需要新处理模式才能支撑企业决策者更强的决策力、洞察发现力和流程优化能力，才能适应海量、高增长率和多样化的信息资产。大数据系统通常拥有三层架构体系，包括数据存储、处理和分析。简而言之，数据需要通过存储层先存储下来，之后根据要求建立数据模型体系，进行分析如何产生相应价值。这里不能缺少云计算所提供的强大的并行计算能力。

云计算的历史比大数据更长，是继 1980 年大型计算机到客户端服务器转变之后的一种巨变。云计算与大数据二者不可或缺，相辅相成。大数据与云计算之间，并非独立概念，而是相互关联相互促进的统一体。无论在资源的需求上还是根据业务需求对大数据资源的再处理上，都需要二者共同作用。

云计算为大数据提供强大平台，从大数据分析出的结论体现云计算价值。多模态大数据是新技术革命的“能源”和“燃料”，随着围棋 AlphaGo 的成功，大数据技术又进入人工智能的阶段。

7.1.3 魔幻人工智能火箭

2016 年，在学术杂志《Nature》上发表的文章报道了 AlphaGo 的第一版。这一版与人类选手比赛最后获胜，对手是樊麾。AlphaGo Fan 是它的第一个版本，紧接着是与李世石对阵以 4 比 1 获胜的 AlphaGo Lee 版本，之后又在 2017 年初在网上有一个快棋赛的版本，这个版本以 60 盘棋完胜中、日、韩所有顶尖高手，这就是 AlphaGo Master，或者叫 AlphaGo 大师。在 2017 年的 5 月，AlphaGo Master 版本微调以后，在乌镇与柯洁对阵中，以 3 比 0 战胜了柯洁，之后 AlphaGo 又有一次突破性的进展，那就是 AlphaGo Zero。AlphaGo Zero 根本不学习人类的棋谱，只根据围棋的规则，自己生成棋局，通过左右互博最后形成自己的棋力，之后完胜它的前一辈 AlphaGo Master。自从 AlphaGo 战胜人类，获得了世界冠军，魔幻般的人工智能就走在了时代浪潮的前面，如火箭般向前推进。AlphaGo 的关键技术是人工智能，算法上有深度学习、强化学习、蒙特卡洛算法，计算上有云计算做支撑。

人工智能的新兴关键技术是深度学习，而深度学习可以说是在云计算和大数据日趋成熟的背景下取得了实质性进展，云计算为深度学习提供了平台，而大数据为深度学习提供了基石。云计算与大数据技术的快速迭代，加快了人工智能应用的落地，人工智能效果的可视化展现反向驱动了大数据应用的智能化。智能技术的运用，一方面拓展大数据的应用场景，另一方面解决人机交互的传统难题。

谷歌的高级研究员，谷歌大脑团队负责人杰夫-迪恩在 AlphaGo 与李世石开赛前的发布会上表示谷歌机器智能已经带来了巨大的变化和越来越多的机遇，而人工智能也已经成为更高层次的云计算服务。通过谷歌 Cloud Vision API，开发者可以将谷歌的图片识别技术应用到自己的产品当中，而开源人工智能工具 TensorFlow 也已经成为 GitHub 上机器学习类算法库的第一选择。TensorFlow 是谷歌开源的第二代用于数字计算的软件库，它是基于数据流图的处理框架。TensorFlow 是一个非常灵活的框架，它能够运行在个人计算机或者服务器的单个或多个 CPU 和 GPU 上，甚至是移动设备上。迪恩表示，谷歌提供的人工智能已经存在于谷歌的云计算平台中，通过神经网络进行深度学习的人工智能，自身基础就是云计算，开放的人工智能接口和人工智能工具，实质上会成为更高层次的云计算服务，这些会在数据分析的基础上提供更高级的功能。

人工智能是一个强有力的加速器，它使人类的脑力变得强大。人类的智能主要体现在感知与认知两个方面。人类发展"从猿人到智人"，其中认知是人类前进的唯一武器。互联网真正的革命在于极大缩短大家统一认知的时间。现在是人工智能如火箭般推进的阶段，带来这种变化的基础是万物互联之后云计算处理速度的飞跃提升与人工智能的自我进化。随着数据网络的普及以及人类分解信息能力的提高、数据处理速度的飞升，信息互联将会更为普遍化、复杂化，在大数据时代人工智能将是人类智能未来进化的方向。

2017 年 7 月，《新一代人工智能发展规划》发布，人工智能正式上升为国家战略，抢占人工智能全球制高点的战斗正式打响。人工智能新时代正以前所未有的速度和影响走来。在越来越多的领域，人工智能正在快速超越人类。

腾讯云将在计算机视觉、自然语言处理、语音识别等领域的三大核心人工智能能力方面，通过腾讯云以智能即服务的方式开放给各行各业。人工智能将提高金融领域的智能化水平。投行分析师、对冲基金和保险公司将借助人工智能实现协同发展和反欺诈。银行业已经开始使用 Palantir 等数据公司的科技来保护内部 IP，IBM 超级计算机系统 Watson 借此降低贷款拖欠，创业公司则通过大量的数据模型防止欺诈。据 IDG 发布的科技领袖对 2016 年的预测显示，人工智能将大规模地取代商业分析。李彦宏乘坐无人驾驶汽车在北京五环路兜风。阿里城市大脑在杭州萧山启动，将车辆通行速度提高 11%。科大讯飞的语言互译神器做到瞬间同传。无人超市、无人物流、无人工厂、无人餐厅从传说变成身边的事实，而这些夺人眼球的事件背后都有幕后操纵的云计算和云服务。如果说选择一个最难被 AI 替代的行业，那么文学创作领域应该名列其中。不过 Botnik 研究室的工作人员让一个计算机算法工具学习了《哈利波特》的所有原版小说后，这个人工智能工具重新撰写了一个章节。

近期，牛津大学人类未来研究所发布了一篇《人工智能何时超越人类》的研究报告，调查了全球 1634 名机器学习与人工智能领域的相关专家后，对于人工智能将在哪些领域具备哪些技能，甚至何时超越人类，得到以下预测数据：2024 年翻译语言；2026 年撰写高中论文；2027 年驾驶卡车；2031 年在零售业工作；2049 年写一本畅销书；2053 年成为一名外科医生。专家们相信，**在未来 35 年内，人工智能在各领域中有 50% 的机会超越人类。魔幻的人工智能技术在各领域正如火箭般快速推进，人工智能的火箭以云计算为引擎以大数据为燃料已经腾飞。**

7.1.4　三位一体交互发展

吴恩达曾经说过，**"深度学习这台火箭，燃料为大数据，而云计算则是引擎"，**"云计算 + 大数据 + 人工智能"三位一体就是除了云计算能力之外，还有大规模的数据处理能力，人工智能技术，将这些能力聚合起来，不仅能为企业提供云计算服务，同时还能满足企业在大数据和人工智能方面的需求。这将是云计算行业未来的发展趋势。"云计算 + 大数据 + 人工智能"三位一体发展战略则是基于三者之间的相辅相成、相互促进的关系而进行的一次战略整合[2]，如图 7-2 所示。

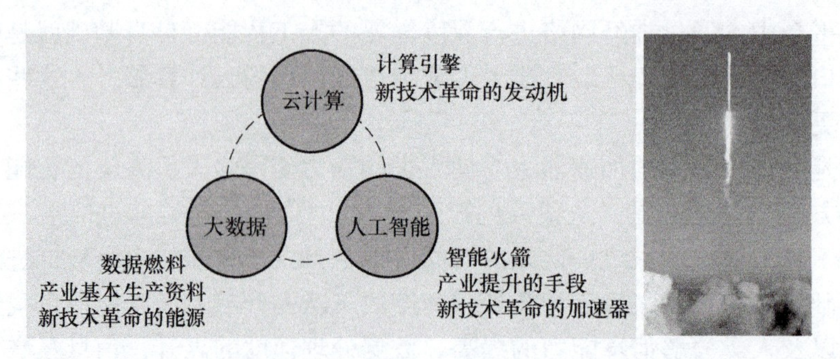

图 7-2 “云计算 + 大数据 + 人工智能”三位一体发展

云计算已经不是简单的云存储，或是对计算能力的需求，而是与大数据和人工智能的高度融合。一方面，大数据的发展与应用，离不开云计算强有力的支持，云计算的发展和大数据的积累，是人工智能快速发展的基础和实现实质性突破的关键；另一方面，大数据和人工智能的进步也将拓展云计算应用的深度和广度。对于大数据的运用预示着新一波生产率的提高和消费盈余浪潮的到来。随着用户需求的多样性，新技术的更新迭代，大数据进入一个全新的阶段，即人工智能阶段。在这个阶段，三者的发展离不开数字经济新产业生态的发展。互联网、大数据、人工智能和实体经济深度融合是数字经济的最新特征。推动互联网、大数据、人工智能和实体经济深度融合，培育新增长点、形成新动能；加快科技创新，建设网络强国、数字中国、智慧社会是我国新时代经济发展的主要趋势。

美国公布长达 35 页的《2016-2045 年新兴科技趋势报告》把智能手机与云端计算列为第 3 项，这反映了云计算与人工智能的深度结合的技术趋势。**智能手机与云端计算正在改变人类与数据相处的方式。**比如目前的美国，大约有 30% 的网页浏览和 40% 的社交媒体是通过手机的。其中的原因之一就是智能手机具有各种可以测量天气、位置、光度、声音，以及生物特征的探测器。随着手机的功能越来越强大，移动网络的扩张也将加速。在 2030 年，全球 75% 的人口将会拥有移动网络连接，60% 的人口将会拥有高速有线网络连接。移动终端的发展以及移动网络的扩散，也会进一步推进云端计算的发展。云端计算可以在零投入的情况下给用户带来大量的计算能力。在未来的 30 年里，基于云的移动计算端将会改变从医疗到教育的各行各业。比如人们可以通过手机来进行体检并与云端的诊断软件直接沟通，人们也可以在手机上使用教育软件来学习新的技能，农民们甚至可以通过手机连接到实时气象数据，通过云端软件计算最优化的收割时间。但是，这一切都需要极高的网络安全性、可靠性，以及大流量。商业用户以及个人用户也需要习惯把数据上传到云端中。

图 7-3 指出了新型互联网与云计算和大数据的关系。从图中可以看出云计算是新型互联网的大脑，承担来自传统的互联网在内的，物联网、车联网、移动互联网、卫星网、天地一体化网、未来互联网等新兴万物互联网络的信息感知获取和处理任务，提供 IaaS、PaaS、SaaS 以及 DaaS 服务。

随着社会对于大数据、云计算需求的不断增多，未来云计算将会应用到政务、交通、民生、健康、教育等更广泛的领域，正如当年的互联网技术一样，云计算、大数据和人工智能正引发新一轮的技术浪潮，各种开放云将通过“云智数”三位一体战略，与合作伙伴一起开启人工智能时代的新引擎。

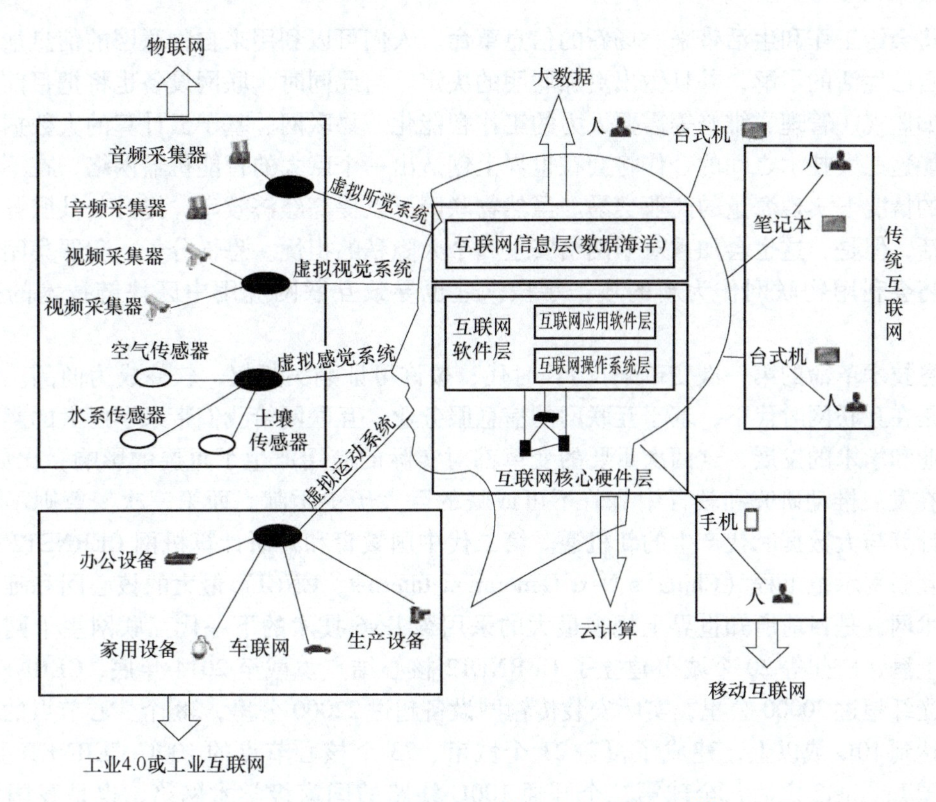

图7-3 新型互联网与云计算、大数据的关系[3]

7.2 云计算与新技术的融合

7.2.1 新互联网技术

除传统的互联网以外的新网络技术包含物联网、车联网、移动互联网、卫星网、天地一体化网、未来互联网等。云计算已经与传统网络联系在一起，正在与物联网、车联网、移动互联网、卫星网、天地一体化网进行深度的结合，将来在未来互联网也会发挥出越来越大的作用。

互联网的转型，根据吉尔德定律，主干网带宽每六个月增加一倍，而每比特的费用将趋于零。20年来，IT技术不断发展，计算速度和存储能量也产生了巨大变化，CPU性能提高了3500倍，但内存和硬盘的价格却分别下降了45000倍和360万倍，在此背景下，提供了一个完全与众不同并且不断加速的空间，即宽带的速度远超过摩尔速度时，所有终端计算都进入网络计算，离线进入了在线时代。互联网为人们提供更多更好的服务，随着互联网不断发展，特别是在**进入移动互联网时代后，云计算模式和技术都有了新的变化，云服务变得与位置无关，实时性更强，这为提供多元化与个性化的云服务提供了通信基础设施。**

美国《2016-2045年新兴科技趋势报告》中把物联网列为第1项。在2045年，最保守的预测也认为将会有超过1千亿的设备连接在互联网上。这些设备包括了移动设备、可穿戴设备、家用电器、医疗设备、工业探测器、监控摄像头、汽车和服装等。它们所创造并分享的数据将会给工作和生活带来一场新的信息革命。人们可以利用来自物联网的信息加深对世界以及自己生活的了解，并且做出更加聪明的决定。与此同时，联网设备也将把目前许多工作，比如监视、管理、维修等需要人力的工作智能化。物联网、基于云计算的大数据分析和人工智能这三大技术之间的合作将会在世界上创造出一个巨大的智能机器网络，在不需要人力介入的情况下实现海量的商业交易。虽然物联网可以提高经济效率，提升公共服务，促进智慧生活，但是，这也会加重对于网络安全和个人隐私的担忧。恐怖分子、犯罪集团以及敌对势力将会利用物联网作为新的攻击手段。这也导致互联网应用中区块链技术的产生和进步。

信息技术革命的第一次变革来自 PC 时代，按许可证购买版权，软件成为商品。第二次变革就是在互联网时代下，基于互联网的信息服务业。互联网给我们带来了巨大的影响，促进了产业和学术的发展，这两次重要的变革都对实际的应用产生了重要的影响，比如 CERNET 就在发展推动研究和教育中有着不可或缺的巨大历史贡献。而第三次变革则不得不思考，云计算与大数据时代产生的新机遇。第二代中国教育和科研计算机网 CERNET2 是中国下一代互联网示范工程（China's Next Generation Internet，CNGI）最大的核心网和唯一的全国性学术网，是目前所知世界上规模最大的采用纯 IPv6 技术的下一代互联网主干网。并在北京、上海、广州等 20 个城市建立了 CERNET2 核心结点。截至 2014 年底，CERNET 拥有主干线光纤超过 30000 公里，实际安装传输网设备超过 22000 公里，38 个核心节点的互联带宽普遍达到 10G 或以上，建成了覆盖 21 个城市、23 个核心节点的 100G CERNET 主干网，是继美国 Internet2 之后，全球第二个开通 100G 线路的国家级学术网络，也是我国第一个 100G 互联网主干网。每个核心节点交换能力达到 2 联网主干网。主干网总带宽达到 3.15Tbit/s 以上。形成了为 2000 多所高校提供千兆以上的高速接入能力，对其中 500 所高校提供万兆以上的接入能力。国际国内互联总带宽超过 90Gbit/s，国际互联带宽超过65Gbit/s。在清华大学建成中国下一代互联网国内/国际交换中心 CNGI-IX，为国内下一代互联网提供 1～10Gbit/s 的互联；与北美、欧洲、亚太等国际下一代互联网实现 45～155Mbit/s 的互联。利用 IPv6 组播协议开展高清视频的传送，使每一个 CNGI（中国下一代互联网）用户可以享受到高清视频服务，更充分地享受下一代互联网带来的乐趣。通过 C/S（客户端/服务器）或 B/S（浏览器/服务器）模式的视频直播系统，可以实现用户自主进行视频直播，不需专业人员的维护，只需要用户通过浏览器或客户端登录专用的公共视频直播服务器，通过门户系统进行身份确认和授权，用户可以很方便地利用该系统，将自己现场活动和各种文档在网上进行直播，便于客户在线学习。我国互联网的这些成就无疑为高等教育和科技创新，为发展云计算与云服务提供了基础设施。

7.2.2 新信息通信技术

与云计算相关的新信息通信技术包括大数据、区块链技术、智能芯片、虚拟现实、量子通信、5G 等技术。云计算与大数据的关系前面已详细论述，这里不再赘述。

区块链是去中心化的分布式记账系统，区块链技术的核心是所有当前参与的节点共同维护交易及数据库，它使交易基于密码学原理而不基于信任，使得任何达成一致的双方，能够直接进行支付交易，不需第三方的参与。区块链技术的应用可以包括：数字货币、金融服务、资源共享、投资管理、物联网与供应链、大数据交易、跨境支付、股票交易、汽车租赁与销售等，显然这种技术为云服务交易提供了可靠的安全支付保障。

智能芯片技术的代表是寒武纪深度学习处理器芯片，它是给计算机创造出模仿人类大脑多层大规模人工神经网络的芯片。在深度学习处理器的运行当中，计算系统的运算能力提升是决定深度学习处理效率的关键，这一技术发展将使得中国人工智能相关产品安上“中国芯”。

虚拟现实（Virtual Reality，VR）技术是由美国VPL公司创始人拉尼尔在20世纪80年代初提出的。虚拟现实技术是一种可以创建和体验虚拟世界的计算机仿真系统，它利用计算机生成一种模拟环境，是一种多源信息融合的交互式的三维动态视景和实体及其行为的系统仿真，使用户沉浸到该环境（即Virtual Environment，VE）中。目前这种技术已经基于云计算平台做到大规模的仿真实现。

量子通信是指利用量子纠缠效应进行信息传递的一种新型的通信方式。量子通信是近二十年发展起来的新型交叉学科，是量子论和信息论相结合的新的研究领域。量子通信主要涉及量子密码通信、量子远程传态和量子密集编码等，目前这门学科已逐步从理论走向实验，并向实用化发展。高效安全的信息传输日益受到人们的关注，并因此成为国际上量子物理和信息科学的研究热点。这将为云计算提供更高效更安全的通信保障。

第五代移动电话行动通信标准，也称第五代移动通信技术（5G），也是4G之后的延伸，正在研究中。5G技术是2016年11月在乌镇的第三届世界互联网大会上提出的，美国高通公司带来的可以实现“万物互联”的5G技术原型入选15项“黑科技”——世界互联网领先成果。高通5G向千兆移动网络和人工智能迈进。中国（华为）、韩国（三星电子）、日本、欧盟都在投入相当的资源研发5G网络。2017年12月21日，在国际电信标准组织3GPP RAN第78次全体会议上，5G NR首发版本正式冻结并发布。2018年2月23日，沃达丰和华为完成首次5G通话测试，这也将为云计算提供更高效的通信保障。

云计算将在新信息通信技术发展中起到计算支撑作用，反过来这些新信息技术会改进云计算模式，甚至产生颠覆性创新的云计算模式，如量子计算等将给云计算带来革命性的变化。

7.2.3 新人工智能技术

在传统人工智能技术基础上发展出的新人工智能技术包括：大数据智能、类脑智能、人机混合智能、群体智能、跨媒体推理、自主智能等。发展人工智能已经提升到国家战略高度。推动人工智能发展对经济繁荣、国家安全、人口健康、生态环境和生活质量，比以往任何时候都重要。近两年，美国、欧盟、英国、日本、俄罗斯等国家和地区纷纷制定了人工智能国家发展计划。在我国，2013年开始在全国陆续建立上百个智慧城市的试点；2015年国务院发布了《关于积极推进“互联网+”行动的指导意见》，明确将“‘互联网+’人工智能”列为重点行动；2016年，国家发改委、科技部、工信部、中央网信办印发的《“互联网+”人工智能三年行动实施方案》，明确要求完善高校人工智能相关专业、课程设置，要求形成千亿级的人工智能市场应用规模；2017年，人工智能成为全国两会主题词；《中国制造2025》战略规划明确把智能制造列为主攻方向，“中国人工智能”成为我国《科技创新2030》重大专项的大局已定，势在必行！为此需要大力发展基于大数据智能、群体智能、人机混合智能、跨媒体推理、自主智能等技术。

大数据智能最大的需求群体在产业界。最初的企业，一般把 IT 定位在建设一个简单的自动化系统，随着业务的发展，企业在市场中的地位逐渐提高，企业逐渐开始需要一些大的系统，如 ERP、MRP 等，有些企业已经建成了一体化信息工作平台，企业各项管理的标准化、信息化、集成化、集约化水平实现跨越式提升，随着信息系统的日趋成熟和深入应用，系统数据呈现出海量增长、动态变化的特征，用户对大数据的深度挖掘和实时反映提出了更高要求，云计算、大数据等新技术为用户需求提供了技术支撑。

人工智能学科诞生以来，实现人类水平的智能系统便是人工智能探索的长期目标。然而经历了近 60 年的发展，目前还没有任何一个通用智能系统能够接近人类水平，并具有协同多种不同的认知能力；对复杂环境具备极强的自适应能力；对新事物、新环境具备自主学习的能力等。随着脑与神经科学、认知科学的发展，在不同尺度观测各种认知任务下脑神经网络的部分活动并获取相关数据已成为可能。因此，受脑工作机制启发，发展类脑智能成为近年来人工智能与计算科学领域研究的热点。类脑智能是以计算建模为手段，受脑神经机制和认知行为机制启发并通过软硬件协同实现的机器智能。类脑智能系统在信息处理机制上"类脑"，认知行为和智能水平上"类人"，目标是使机器实现各种人类具有的多种认知能力及其协同机制，最终达到或超越人类智能水平[4]。

人机混合智能[5]：混合智能是不同类型的智能的整合。什么样的智能需要整合呢？人工智能、人类智能以及自然界的智能。如果仅仅是利用各种人工智能计算模型或算法的简单组合，不可能得到一个通用的人工智能，因此人机协同的混合增强智能是新一代人工智能的典型特征。人工智能之所以未能如人所愿，主要是科学家对人脑的认知模型还没有一个统一的认识，仅仅是对大脑非常局部的理解。但是大脑是多层次化、整体性，并且有各种各样耦合关系的有机体，目前暂时没有办法得到一个统一、通用的架构。混合智能可能是人工智能发展过程中的一个阶段，而人机交互是要在云平台上进行的。

群体智能（Swarm/Collection Intelligence）这个概念来自对自然界中昆虫群体的观察，群居性生物通过协作表现出的宏观智能行为特征被称为群体智能。群体智能的关键是分布式协同计算，这是云计算平台所擅长的。

推理是指从一个命题合理演绎到另一个命题，跨媒体推理就是从一种类型的多媒体数据，经过问题求解，转向另一种类型的多媒体数据。例如，光学字符识别（Optical Character Recognition，OCR）技术是从图像到文本的推理，基于内容的图像检索是从图像到图像的推理，视频动画技术是从视频数据到动画序列的演绎等。跨媒体推理囊括了对这些不同类型的多媒体数据之间的转换的研究，跨媒体计算平台目前主流的是云计算平台。

自主智能是一种自主的智能思维，人工智能的发展及软硬件的进步使计算机逻辑分析能力不断大幅提高，直至计算机的综合逻辑分析提高为逻辑思维，这种逻辑思维可以根据环境条件自主产生新的逻辑，经过不断发展，这种逻辑思维将最终摆脱人类的框架式控制，成为一种自主的智能思维，将其定义为机器自主智能。

上述技术都属于新人工智能技术。在人工智能的驱动下，未来的云计算正在驶入全新的智能领域，其主要表现出三大趋势：一是大数据激增，运算能力成为云计算新的焦点；二是用户交互方式开始多元，企业难以应对，云计算可以派上大用场；三是物联网崛起，云计算向人工智能全面进化。

继德国工业 4.0 之后，我国也在 2014 年提出了"中国制造 2025"计划，智能工程也被正式提上议题，在 2025 年重点制造业将全面实现智能化，实现统一的智能管理。

物联网的云计算与其他云计算不同，其重点不在于存储和托管，而是需要一个标准化的管理规则，让设备能够统一地接入，统一地调度，统一地检测等。这一切又都依托于人工智能技术，也就是说在物联网的云计算方面，传统的云计算已经无法继续胜任，其不仅需要与人工智能结合，还需要终端计算或者称为边缘计算，更需要将自身进化成人工智能。

未来是大数据的时代、用户多种请求的时代、物联网设备的时代，传统的托管云计算将无法胜任，而云计算也将全面支撑人工智能，未来没有云计算将无法支持新型人工智能，而这种趋势已经开始。

7.2.4　跨界服务中云计算与新技术的融合

传统的互联网以外的新网络技术，包括物联网、车联网、移动互联网、卫星网、天地一体化网、未来互联网等技术，以及与云计算相关的新信息通信技术，包括大数据、区块链技术、智能芯片、虚拟现实、量子通信、5G 等，还有在传统人工智能技术基础上发展出的新人工智能技术，包括大数据智能、类脑智能、人机混合智能、群体智能、跨媒体推理、自主智能等在最近十几年得到飞速发展，这些技术将引发国民经济、国计民生和国家安全等领域商业和业务模式、技术手段和社会生态系统的重大变革[6]。图 7-4 说明了云计算、大数据、物联网和人工智能的不断发展和融合。

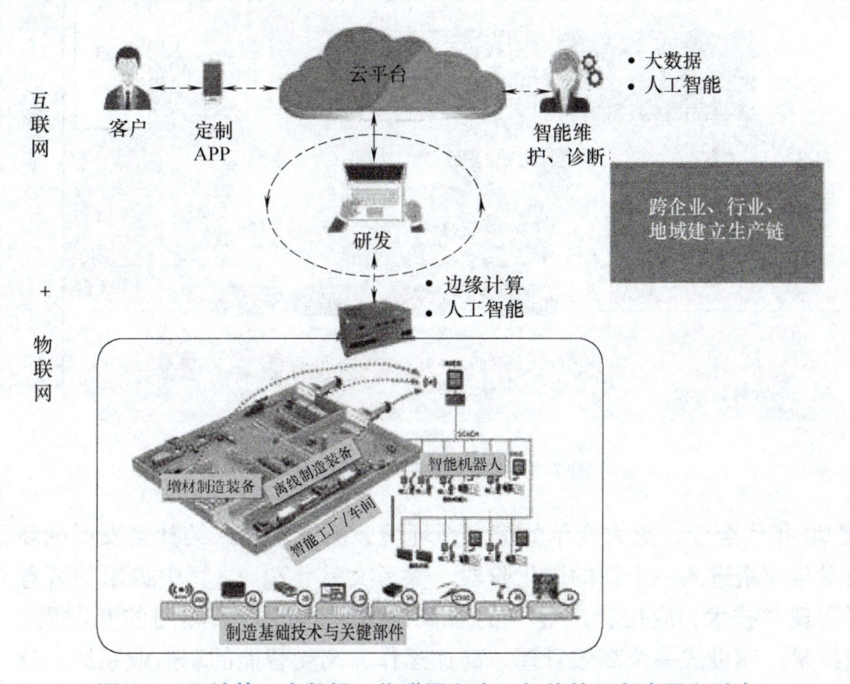

图 7-4　云计算、大数据、物联网和人工智能的不断发展和融合

在民生领域，智慧城市是云计算、大数据、物联网和人工智能技术不断发展和融合的必然产物。智慧城市就是运用信息和通信技术手段感测、分析、整合城市运行核心系统的各项关键信息，从而对包括民生、环保、公共安全、城市服务、工商业活动在内的各种需求做出智能响应（见图 7-5），其实质是利用先进的信息技术，实现城市智慧式管理和运行，进而

为城市中的人创造更美好的生活，促进城市的和谐、可持续发展。智慧城市通过物联网基础设施、云计算基础设施、地理空间基础设施等新一代信息技术以及维基、社交网络、Fab Lab、Living Lab、综合集成法、网络全媒体融合通信终端等工具和方法的应用，实现全面透彻的感知、宽带泛在的互联、智能融合的应用以及以用户创新、开放创新、大众创新、协同创新为特征的可持续创新。强调通过价值创造，以人为本实现经济、社会、环境的全面可持续发展。

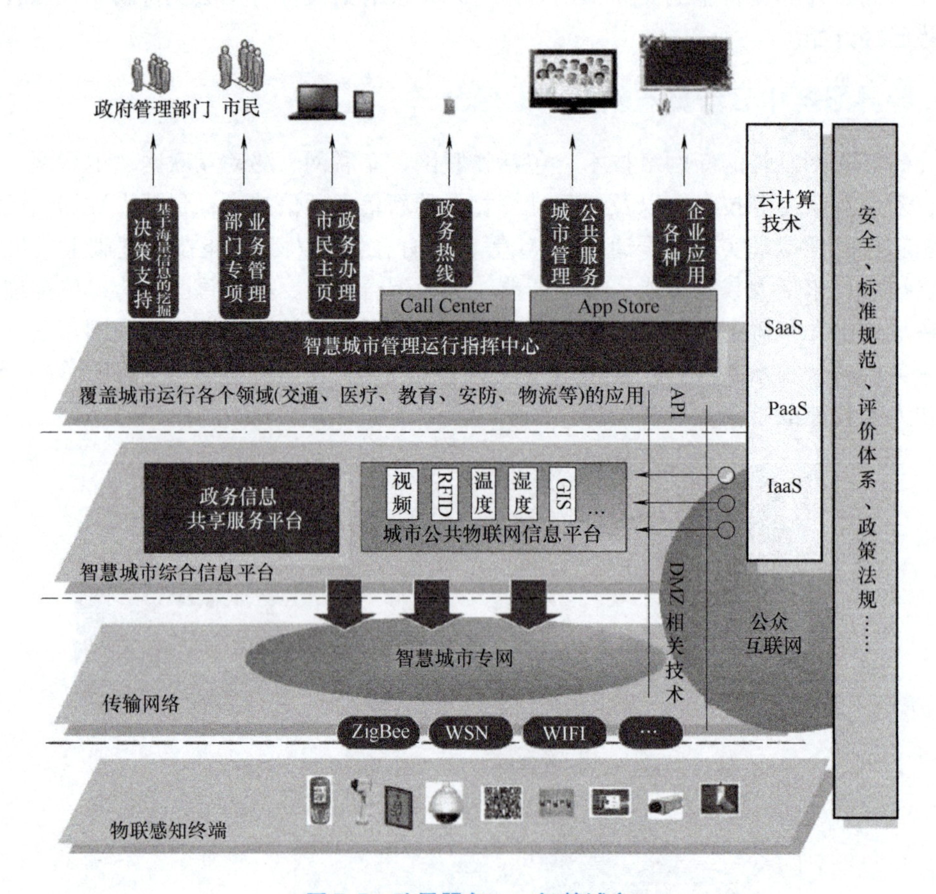

图 7-5　跨界服务——智慧城市

20 世纪 90 年代至今，重大变革的信息新环境、新技术和人类社会发展的新目标正催生人工智能技术与应用进入一个新的进化阶段。参考文献［7］［8］中提出的智慧制造云的发展建议，要实现“技术、应用、产业”的协调发展，通过时下热门的互联网、人工智能、大数据三大技术，建设成一个高效管理、高速运作、高度智能的制造业系统。这一套系统同时也为制造业拥抱人工智能奠定了理论根基。在智能制造领域，“我国新一代智能技术引领下的智能制造技术、产业、应用协调发展”战略目标三步走的第一步是到 2020 年，新一代人工智能技术引领下的智能制造系统的技术与世界先进水平同步，智能制造系统产业成为新的经济增长点，智能制造系统技术应用成为改善民生的新途径，有力支撑进入创新型国家行列和实现全面建成小康社会的奋斗目标。第二步，到 2025 年，在新一代人工智能技术引领下的智能制造系统的技术实现重大突破，部分技术与应用达到世界领先水平，在重点领域试点示范取得显著成果，并开始在部分企业推广应用。智能制造系统成为带动我国产业升级和经济转型的新动力，智能制造业建设取得积极进展。第三步，到 2035 年，新一代人工智能技术引领下的智能制造系统的技术总体达到世界领先水平，成为新一代人工智能技术引领下的智能制造系统的世界主要智能创新中心，智能制造业取得明显成效，实现大规模推广、应用，为跻身创新型国家前列和经济强国奠定重要基础（见图 7-6）。

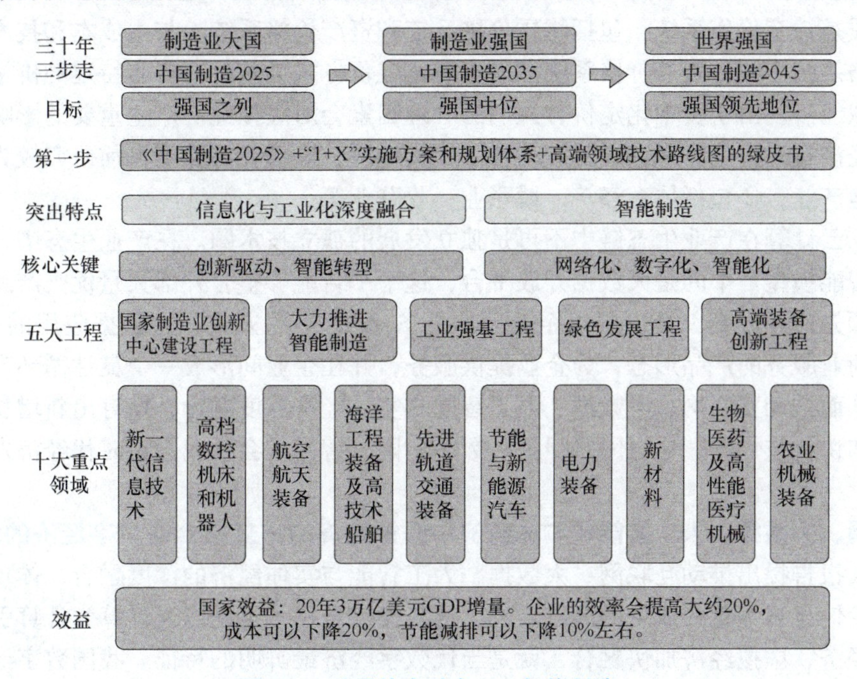

图 7-6　跨界技术融合——智能制造

7.3　云计算产业生态及其地位

7.3.1　数字经济新产业生态

十九大报告中，习近平总书记提出：我国经济已由高速增长阶段转向高质量发展阶段，正处在转变发展方式、优化经济结构、转换增长动力的攻关期，建设现代化经济体系是跨越关口的迫切要求和我国发展的战略目标。

以“创新、协调、绿色、开放、共享”的五大发展理念引领，坚持质量第一、效益优先，以供给侧结构性改革为主线，大力推动实体经济和数字经济融合发展是实现中国特色现代化经济体系的新手段、新模式和新业态。

数字经济是指以使用数字化的知识和信息作为关键生产要素，以现代信息网络作为重要载体，以信息通信技术的有效使用作为效率提升和经济结构优化的重要推动力的一系列经济活动[9]。2017 年《中国数字经济发展白皮书》中指出，数字经济是以数字化的知识和信息为关键生产要素，以数字技术创新为核心驱动力，以现代信息网络为重要载体，通过数字技术与实体经济的深度融合，不断提高传统产业数字化、智能化水平，加速重构经济发展与政府治理模式的新型经济形态。实体经济是指人通过思想、使用工具在地球上创造的经济，包括物质的、精神的产品和服务的生产、流通等经济活动。包括农业、工业、交通通信业、商业服务业、建筑业、文化产业等物质生产和服务部门，也包括教育、文化、知识、信息、艺术、体育等精神产品的生产和服务部门。实体经济始终是人类社会赖以生存和发展的基础。虚拟经济是相对实体经济而言的，是经济虚拟化（西方称之为“金融深化”）的必然产物。经济的本质是一套价值系统，包括物质价格系统和资产价格系统。与由成本和技术支撑定价的物质价格系统不同，资产价格系统是以资本化定价方式为基础的一套特定的价格体系，这也就是虚拟经济。由于资本化定价，人们的心理因素会对虚拟经济产生重要的影响；也就是说，虚拟经济在运行上具有内在的波动性。广义地讲，虚拟经济除了目前研究较为集中的金融业、房地产业，还包括体育经济、博彩业、收藏业等。

目前，云计算在产业生态链中不再是独立发展的孤立技术圈。在产业生态中，最底层是行业人工智能模型。中间是大数据开放平台，这个平台能够整合外部大量优秀产品，输出不同行业的领先应用方案。最顶层以企业云服务 SaaS 的产品方式，大数据应用的产品方式，以及智能商业服务的产品形态，为企业提供服务，并在企业间形成一个良性循环产业互联网的生态，从而推动互联网、大数据、人工智能和实体经济深度融合，培育出新增长点，形成新动能；加快科技创新，建设网络强国、数字中国、智能社会是我国新时代经济发展的主要趋势。

互联网、大数据、人工智能和实体经济和虚拟经济的深度融合是数字经济的最新特征。党的十九大报告提出推动互联网、大数据、人工智能与实体经济的深度融合，体现了党中央对最近几轮信息技术革命成果的高度重视，这三类信息技术都是以云计算为计算引擎的。它们与实体经济、虚拟经济加快融合，就是当代数字经济最鲜明的特征。我国数字经济与实体经济、虚拟经济融合，本质上就是要建立具有中国特色的数字化、网络化、云化、智能化的实体经济和虚拟经济系统。该系统具有新的技术手段、特征、实施内容、模式、业态和目标，以数字化、网络化、云化、智能化的实体经济和虚拟经济系统为内涵。

数字经济与实体经济、虚拟经济融合的技术手段是基于泛在网络，借助新兴的实体经济领域科学技术、信息通信科学技术、智能科学技术及实体经济领域专业技术等四类技术深度融合的数字化、网络化、云化、智能化技术工具，构成以用户为中心的智慧资源、产品与能力的服务云（网），使用户通过智慧终端及智慧云服务平台便能随时随地按需获取智慧资源、智慧产品与智慧能力的服务。

数字科技、数字创意和数据策略都在产品创造中发挥着不可或缺的作用，拉近了设计师和用户的关系，并且实现个性化定制。数据驱动创意将从根本上改变零售体验和产品设计，促使大数据技术迅猛发展。当数字经济牵手传统制造，工业研发设计、生产过程控制、节能减排、安全生产等领域将增添“智慧”之翼，快速推动传统工业向数字化、网络化、智能化升级，以工业云、数字工厂、机器人技术等为代表的“智能制造”将促进我国工业装备水平大幅提升，自主创新能力显著增强。数字经济与制造业的交融互动将使制造业过程更加灵活、敏捷、智慧。从数字经济进入新时代开始，中国经济正从“高速增长阶段”阔步走向“高质量发展”的新阶段。

从产业生态来看，大数据是产业的基本生产资料。云计算是以大数据为“能源”和“燃料”的。这种“能源”和“燃料”与物质的能源和燃料不同的是，大数据中的价值可以重新被发现，同一个大数据可以重复用于不同业务的云计算。

这次跨界融合的特征是对实体经济和虚拟经济领域全系统、全生命周期活动（产业链）中的人、机、物、环境、信息进行自主智慧地感知、互联、协同、学习、分析、认知、决策、控制与执行。

根据腾讯研究院的数据，2016年我国数字经济总体量达到22.77万亿元，占比达到30.61%，相比于1996年提升了25.61%，是仅次于美国的世界第二大数字经济体。在众多细分领域，我国数字经济更是一枝独秀，计算机出货量、手机出货量、网民数量和网络零售额连续多年保持世界第一位，移动互联网领先世界，“双创”发展如火如荼。我国数字经济在国民经济中的占比相较于美国、英国和日本等发达国家仍明显偏低，未来发展空间仍然很大。

目前我国是世界第一的互联网大国，光纤网络用户2.6亿、4G用户8.9亿、移动互联网用户11.7亿，同时在智能手机出货量前5大公司中拥有其3，我国互联网企业在全球市值最高的15家互联网公司中有6席，在全球十大独角兽企业中占据一半，移动支付规模150万亿元，是美国的50倍，加上创新模式上也开始独具特色，如共享单车用户达到上亿。这些都为数字经济的全领域创新构筑了强大的产业基础，准备了创新人才团队。受益于人口红利和网络、终端等方面优势，网络技术应用将会得到高速发展。

数字经济与实体经济、虚拟经济融合基本内容是促使实体经济领域全系统及全生命周期活动的人/组织、技术/设备、管理、数据、材料、资金等6要素及人流、技术流、管理流、数据流、物流、资金流集成优化。最终形成一种基于泛在网络，用户为中心，人/机/物/环境/信息融合，互联化（协同化）、服务化、个性化（定制化）、柔性化、社会化、智能化的实体经济和虚拟经济发展新模式。构建泛在互联、数据驱动、共享服务、跨界融合、自主智慧、万众创新的新业态。实现高效、优质、节省、绿色、柔性地制造产品和服务用户，提高企业（或集团）的市场竞争能力的目标。

战略目标实现要靠技术、产业、应用一体化发展。以智能制造业为例，要重视新实体经济领域科学技术、新信息通信科学技术、新一代人工智能技术及新实体经济领域技术等四类新技术的深度融合：建立新一代人工智能技术引领下的实体经济系统的技术体系；产品、网络、平台、安全等技术中融合大数据技术、高性能嵌入仿真/边缘计算技术、5G技术、NB-IoT、新一代人工智能技术、区块链技术及虚拟现实/混合现实技术等的研究；重视加强实体经济系统的新模式、新流程、新手段、新业态的研究；要重视符合“分享经济”的商业模式技术研究；要重视安全技术（系统安全及商业安全技术）及相关标准和评估指标体系技术研究；加快智能化感知、接入、互联层的基础研究与建设，做到适时（实时），做到万物互联（异构集成）、安全、服务化、泛在网络（物联网、车联网、移动互联网、卫星网、天地一体化网、未来互联网等）、支持边缘端与云端的协同；加快数据库、算法库、模型库（包括一次模型、二次模型等）、大数据平台、计算能力等基础能力研究与建设。

在产业方面做到四个加强：加强数字化、网络化、云化、智能化的实体经济系统的工具集和平台的产业；加强智能产品的产业；加强智能的实体经济系统的构建与运行产业；加强智能的实体经济系统的平台运营服务产业。

在应用方面要突出行业、企业特点，突出以问题为导向的模式、手段和业态的变革，突出系统的六要素，及六流的综合集成化、优化和智慧化，突出系统工程“创新驱动，总体规划，突出重点，分步实施”的实施原则和指导思想，制定好发展规划与阶段性实施方案等。

7.3.2 云计算是推动产业经济的新动力

基于云计算的新平台和服务将繁荣发展，创造新的价值。BAT 等科技巨头以及数字软件服务方面的创业企业，基于云计算带来的新机遇，将产生新的平台和服务并繁荣发展。同时，随着云生态系统的发展，将对新型数字工作者产生大量的需求，以跟上创新的步伐。传统科技咨询服务是缓解云资源局限的关键，传统资源积累必须转变成数字化的云环境才能创造新的价值——以更好地吸引用户、增强用户粘性和互动性。不久的将来，基于云的虚拟桌面将取代家庭和商用 PC。

云计算行业在中国尚处于市场导入阶段，但其发展的速度及影响力惊人。2010 年，中国云计算市场规模达 167.3 亿元，较上年增长 81.4%。2013 年，中国云计算市场规模达 606.8 亿元。2014 年，中国云计算市场规模达 1174.1 亿元。到 2019 年，我国云计算产业规模预计将达到 4300 亿元。

云计算市场潜力巨大。首先，2017 年底我国网民数量就已突破 7.7 亿，这些网民所产生的庞大数据量和对信息实时交互、存储的需求，将推动公共云计算获得更大的发展，包括互联网公司、电信运营商在内的越来越多的企业都开始进军公共云计算的运营领域。其次，大型企业为了提高 IT 基础架构效率，更好地支持业务发展，对于私有云计算平台的建设表现出浓厚的兴趣。其数据中心更多地采用虚拟化技术和自动化管理软件。第三，我国中小企业的数量居世界第一位。这些企业处于成长阶段，信息化程度很低，云计算的租用模式恰好为它们实现低成本信息化管理提供了合适的解决方案，这也是云计算市场的一个强有力的增长点[11]。

云计算产业布局趋于合理。云计算靠单纯的“圈地烧钱”模式不可能长久发展，未来的云计算产业布局，必将遵循“以市场需求为导向”的原则。各地政府通过对本地重点产业的发展需求进行梳理，找到本地社会管理和经济发展的共性需求，从产业、区域市场及市场参与者类型出发，制定产业政策和发展措施，选择产业链中有影响力的产业环节作为发展重点，构建示范性应用。在进行云计算项目建设时，对于资源过剩的地区进行资源整合，对于 IT 资源不足的地区进行新建扩建，盲目投资和重复建设的风险会逐步降低，产业布局将日趋合理。

云计算相关标准不断完善。一方面，跨国公司已经主导成立了相关云计算机构，发起并参与到云计算国际标准的制定中。作为后起之秀，国内企业和机构已经积极开展云计算标准的交流和研讨，今后必将有更多的企业和机构加入国际云计算组织，直接参与国际标准的制定。另一方面，由于对自主知识产权的大力倡导，不断有行业领军企业参与国家标准的制定，逐步建立云计算国家标准体系，并公开标准的制定程序和过程，以提升我国在云计算领域的话语权。

云计算应用需求成为信息基础设施建设的重要出发点。云计算产业的增长速度显然已经超过了网络基础设施的增长速度，未来在布局网络基础设施建设时，为避免其成为云计算发展的瓶颈，将充分考虑云计算应用需求，重点解决网络速度和可靠性问题。同时，虚拟化、自动化、安全以及绿色节能等技术将被整合在一起，统筹规划大规模数据中心的布局和建设，为云计算市场的增长提供有力保障。

云计算关键技术进一步突破。首先，依托国家实验室、产业基地和公共服务平台，大型企业可以独立或联合高校、科研院所组建研发机构，承担云计算关键技术的研发任务，发挥示范带头作用。其次，大量科技专项和产业基金的设立，也将更好的支撑存储、虚拟化、分布式计算等云计算基础技术和共性技术的研发。第三，越来越多的企业被鼓励走出国门进行国际交流与合作，并广泛利用开源等产业技术条件，对云计算技术和服务理念进行引进和二次创新，强化自身技术优势，弥补自身技术短板，以增强中国本土企业在云计算产业中的核心竞争力。

云计算的下一步发展应立足应用需求，坚持自主创新，突出发展重点，加强产业协同，注重安全保障。立足应用需求就是要把握国民经济和社会发展对云计算服务的重大应用需求，支持云计算的创新和服务能力建设，避免盲目跟从和重复建设。同时，统筹云计算布局，综合考虑能源供给、气候环境、网络设施等要素条件，支持大型云计算基础设施在东北、西北地区优先部署。坚持自主创新则是注重以服务创新带动技术创新，以重大的项目应用推动云计算服务产业化，推动产学研用相结合，重点支持云计算关键技术及关键产品的产业化，实现产业链各环节的协同发展，注重构建云计算的系统建设和运维集成能力。

7.3.3　开放的云计算平台与共享云服务

目前，市场上各大云服务商都利用云服务的通用核心架构，在此基础上构建自己独有的生态系统，同时依托生态推出相应的产品和服务。云计算服务是一种将计算能力通过网络，以服务的方式提供给用户的模式，它不需要用户具备云计算的相关知识和直接操作能力。云计算系统将信息保存在网络边缘的永久服务器中，用户在使用云中信息时在本地进行缓存，用户使用的终端包括移动设备与桌面系统。云计算系统包括硬件服务、软件服务、存储服务，同时还向用户开放可配置开发的平台服务，满足用户软件开发与安装和数据访问的需求。

云计算服务以数据中心硬件与系统软件的开放程度为标准，可划分为公有云和私有云两种类型。在公有云系统中，云供应商提供数据中心的处理能力，用户通过以太网访问数据中心服务器获取相应服务，而私有云系统则是在局域网络内使用云服务，不向公共网段开放。目前，国内外比较知名的云计算服务平台有亚马逊、阿里云、百度云等，它们都向用户提供包括弹性计算、对象存储、内容分发等多种服务。在提供云计算服务的同时，各大厂商也推出了基于自己平台的应用产品，例如百度云的百度网盘、阿里云的钉钉等。

云服务的优势：云服务即将大量计算机集成构成资源池，通过并行计算、虚拟化技术等，使处于上层的应用能方便地获取计算力、软件服务以及存储空间。与传统的自建机房-服务器模式对比，云服务具有以下优势：

1）无须关心底层服务器系统。传统的物理服务器使用流程包括采购、设备到货、验收、上架流程等，耗时过长，且后期的安装与配置也较为烦琐。云服务器指运行在数据中心的服务器系统，是一种可以弹性伸缩分配计算能力的服务，云供应商统一部署底层的操作系统与配置网络环境，并且将资源虚拟化后提供给高层开发用户。

2）部署快速，弹性分配资源。云服务系统是一种动态分配资源的系统，云供应商可以根据用户的规模，通过增加服务器节点扩展云服务的计算能力，云资源分配根据按需分配、按需索取的原则，弹性分配计算资源给用户，实现资源利用最大化，达到用户与供应商的双赢。

3）可靠性与安全性的保障。云计算的发展依赖于数据中心的建设，其文件系统使用了数据副本的容错机制，节点之间通过信息交互等保障服务的可靠性。

由于云服务是一次部署全网服务，再加上服务计算是分布式并行，用户共享高效的云服务，这使得用户免除了安装软件要适应千奇百怪的运行环境之忧，为集中在云计算平台上的运行软件的维护提供了极大方便。

云平台的开放性体现在3个方面：

（1）即插即用的云计算

即插即用就是云计算对多模态数据的开放性，无论什么模态的数据都能采用云计算来计算，都能很好利用云计算的计算能力。

即插即用是从网格计算中产生的概念。实现了网格计算的理念：有了网格，共享信息就和用电、用水、用电话一样方便，打开开关即可。网格主要具有以下特点：①耦合各种分布资源，实现共享；②动态性和多样性；③统一集成的有标准接口的单一资源；④自相似性。

（2）鲁棒易用的云计算

所谓“鲁棒性”，是指系统在一定（结构和大小）的参数摄动下，维持其它某些性能的特性。也就是系统的健壮性，是在异常和危险情况下系统生存的关键。比如说，计算机软件在输入错误、磁盘故障、网络过载或有意攻击情况下，能否不死机、不崩溃，就是该软件的鲁棒性。云计算的鲁棒性是由其技术作保障的。首先，数据在云计算平台上至少保证有三个备份，从而在磁盘故障、网络过载或有意攻击情况下，保证了数据的完整性。计算过程的稳定性和易用性是靠虚拟化技术来实现对计算能力的自主调度，当某个节点故障时，云计算的调度系统会自动把任务分配给其他节点完成。

（3）高效低成本的企业云计算

2008年底，中国移动建设了256台服务器、1000个CPU、256TB存储组成的“大云”试验平台，并在与中国科学院计算技术研究所合作开发的并行数据挖掘系统基础上，结合现网数据挖掘、用户行为分析等需求，在上海、江苏等地进行了应用试点，在提高效率、降低成本、节能减排等方面取得了极为显著的效果。以一个聚类应用为例，当时的商用数据挖掘系统仅能支持100万用户一个月内数据的知识发现，这距离实际的要求还相差甚远。传统方式处理1TB的数据挖掘需要8个小时，而使用16个节点的云计算分布式处理系统则需要40分钟，而成本仅为传统方式的四分之一[12]。中国移动一个中等规模的省公司拥有大约1000万用户，所以每年产生的呼叫细节记录数据库（Call Details Record Database，CDR）的数据量大约在12~16TB。例如一个非常简单的业务目标的数据挖掘，经过数据预处理（Extract Transform Load，ETL）处理后，算法需要处理大约10GB的数据。而一个省公司的网管数据更是海量，可达到一天1TB量级。随着应用需求的愈加复杂及变化多样性，数据挖掘应用向其IT支撑平台提出了更高计算要求及存储能力，且数据挖掘应用也逐步提出实时性要求，及时的商业策略才能快速占领市场。云计算使得大数据的实时处理成为可能，从而带动了经营分析和决策优化，开启了精准营销和基于用户偏好和期望的服务模式。

7.3.4　中小企业共享云服务

云计算适合中小企业乃至小微企业，是因为有以下几种特性：

1）可扩展性。可扩展性是云计算的一个非常大的特点，无论计算能力、存储能力还是用户支持方面，云计算都能够通过不断的扩展满足客户要求，并且这种扩展的能力非常大，而且灵活性更强，只需要购买服务就能够实现快速扩展。

2）性能可靠。大多数的云服务提供商建立了一定标准的可靠性、可用性和性能保证，相反，在传统的许多中小企业的 IT 基础设施中，由于资金，技术等方面的影响，很难满足性能与可靠性方面的要求。云计算则提供了非常强的可靠性并支持简便维护。

3）服务标准化与整合。越来越多的云服务都采用一个共同的标准，无论是应用接口或身份识别和验证，这些企业可以利用不同的云服务来满足企业的业务需求。

4）安全性高维护简便。云计算应用的安全是需要不断监控和维护的，云服务提供商有专业的人员对这些基础设施进行管理和维护，并且维护简便，相比于传统的中小企业用户，专业的云服务维护人员管理的 IT 安全性肯定更好。

7.4　面向新型计算模式的云计算

7.4.1　面向边缘计算的云计算

边缘计算与云计算的结合是云计算开放性的体现，也是从云计算中发展出的一种计算模式。云计算是实现物联网的核心，运用云计算模式使物联网中数以兆计算的各类物品的实时动态管理和智能分析变得可能。物联网通过将射频识别技术、传感技术、纳米技术等新技术充分运用在各行业之中，将各种物体充分连接，并通过无线网络将采集到的各种实时动态信息送达计算机处理中心进行汇总、分析和处理。建设物联网的 3 大基石包括：①传感器等电子元器件；②传输的通道，比如电信网；③高效的、动态的、可以大规模扩展的技术资源处理能力。其中第三个基石正是通过云计算模式实现的。由于传感器端的数据庞大，所以将一部分数据分析计算在物联网设备和传感器上完成，而不是上传到云服务器，由此衍生出边缘计算，这样可以减少网上数据流动，提高网络性能并节省云计算成本，并加快分析过程，使决策者能够更快地洞察情况并采取行动。

云计算促进物联网和互联网的智能融合，从而构建智慧地球。物联网和互联网的融合，需要更高层次的整合，需要“更透彻的感知，更安全的互联互通，更深入的智能化”。这同样也需要依靠高效的、动态的、可以大规模扩展的技术资源处理能力，而这正是云计算模式所擅长的。边缘计算是指在靠近物或数据源头的一侧，采用网络、计算、存储、应用核心能力为一体的开放平台，就近提供最近端服务。其应用程序在边缘侧发起，产生更快的网络服务响应，满足行业在实时业务、应用智能、安全与隐私保护等方面的基本需求。

边缘计算处于物理实体和工业连接之间，或处于物理实体的顶端。而云端计算，仍然可以访问边缘计算的历史数据。不同于传统的独立的云端计算，边缘计算与云计算是一个相互连接在一起的与云计算起互补作用的计算模式，这一模式受到云计算统一宏观调控，不是单一独立的，其计算结果要反馈到云计算中心，云计算中心对边缘计算的结果是有影响的。例如，海洋地理空间信息云服务就是云计算与边缘计算结合的一个典型场景。海洋地理空间信息的管理能够采用云计算的模式，形成集信息采集、整合、共享、协同、挖掘与利用于一体的海洋地理空间信息管理体系，全面提高海洋地理空间信息发布、管理以及利用的效率，为海洋权益维护、海洋战略实施和海洋资源开发利用提供可靠的数据支持和技术保障。同时，云计算的创新型服务交付模式，简化了服务的交付，加强物联网和互联网之间以及其内部的互联互通，可以实现新商业模式的快速创新，促进物联网和互联网的智能融合。物联网、云计算、大数据平台关系如图 7-7 所示。

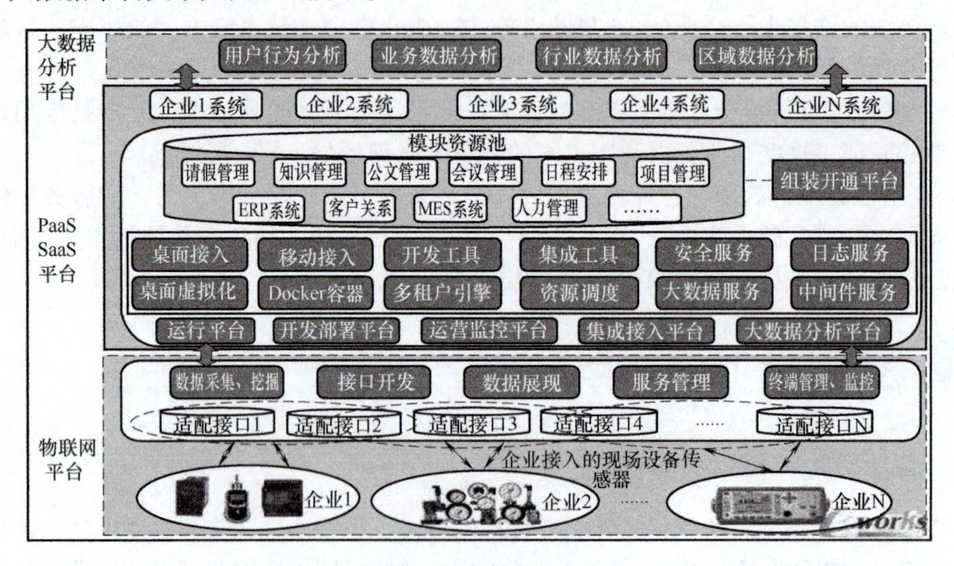

图 7-7　物联网、云计算、大数据平台关系

7.4.2　面向量子计算的云计算

尽管随着技术成熟度的提高，云计算创新速度会放缓，直到出现新的更具竞争力的计算模式。可能的新技术是量子计算，量子计算的发展和成熟导致计算能力呈指数增长，量子计算的天然并行将使得目前的云计算模式未来可能被量子计算彻底取代，能够处理的问题规模急剧扩张，提供的云服务的实时性、个性化、智能化程度将大大提高。

量子计算（Quantum Computation，QC）是一种遵循量子力学规律调控量子信息单元进行计算的新型计算模式。相比于传统的通用计算机，其理论模型是通用图灵机；通用的量子计算机，其理论模型是用量子力学规律重新诠释的通用图灵机。从可计算的问题来看，量子计算机只能解决传统计算机所能解决的问题，但是从计算的效率上，由于量子力学叠加性的存在，目前某些已知的量子算法在处理问题时速度要快于传统的通用计算机。

量子计算的概念最早由阿岗国家实验室的 P. Benioff 于 20 世纪 80 年代初期提出，他提出二能阶的量子系统可以用来仿真数字计算。稍后费曼也对这个问题产生兴趣并着手研究，并在 1981 年于麻省理工学院举行的 First Conference on Physics of Computation 中发表了一场演讲，勾勒出以量子现象实现计算的愿景。1985 年，牛津大学的 D. Deutsch 提出量子图灵机（Quantum Turing Machine）的概念，量子计算才开始具备了数学的基本形式。然而上述的量子计算研究大多局限于探讨计算的物理本质，还停留在相当抽象的层次，尚未进一步跨入发展算法的阶段。

2017年1月，D-Wave公司推出D-Wave 2000Q，它们声称该系统由2000个量子比特构成，可以用于求解最优化、网络安全、机器学习和采样等问题。对于一些基准问题测试，如最优化问题和基于机器学习的采样问题，D-Wave 2000Q胜过当前高度专业化的算法1000~10000倍。

目前国防、金融等敏感领域所用密码，经典计算机可能要算100年才能破解，而量子计算机真正面世后可能1秒钟就能攻破。科学家认为，如果量子计算机能有效操纵50个左右量子比特，其计算能力就能超过传统计算机，建立超越传统计算机的“霸权”。

2017年12月19日，国际权威学术刊物《Nature》杂志对外发布2017年度改变世界的十大科学人物，中国科学院院士、中国科学技术大学教授、“墨子号”量子科学实验卫星首席科学家潘建伟入选。《Nature》杂志为每一名入选者做了一篇新闻特写，其中以“量子之父”为题报道了潘建伟。毫无疑问，潘建伟是世界量子技术领域里最优秀的科学家之一，在其带领下，中国量子通信研究迅速从“跟跑”实现“领跑”，中国量子计算研究也迈入世界一流水平行列。

量子计算将有可能使未来计算机的计算能力大大超过今天的计算机，但仍然存在很多障碍。大规模量子计算所存在的重要问题是：如何长时间地保持足够多的量子比特的量子相干性，同时又能够在这个时间段之内做出足够多的具有超高精度的量子逻辑操作。这一问题影响量子装置的准确性，一旦这一问题被攻克，量子计算有可能直接替代云计算，云计算技术会升级到量子水平，其计算能力将会有指数级增长，届时目前的大数据问题将不是问题，而需要指数级空间搜索能力才能解决的人工智能问题，采用量子计算来解决也将易如反掌。相信通过努力，这一天一定能早点到来。

习题

1. 你认为云计算会在哪些方向发展？
2. 云计算在诸多新技术中处于什么地位？
3. 云计算在跨界服务中与哪些新技术融合？
4. 量子计算为什么会带来云计算技术的颠覆性创新？

参考文献

[1] 怀进鹏．关于新型计算模式的研究与思考［EB/OL］．中国教育和科研计算机网．（2015-03-24）［2018-06-01］．http://www. edu. cn/xxh/focus/li_lun_yj/201503/t20150324_1240284_1. shtml.

[2] 新华科技，百度云发布“云智数”三位一体战略［EB/OL］．（2016-07-14）［2018-06-01］．http://www. xinhuanet. com/tech/2016-07/14/c_129143727. htm.

[3] 刘锋．互联网进化论［M］．北京：清华大学出版社，2012.

[4] 曾毅，刘成林，谭铁牛．类脑智能研究的回顾与展望［J］．计算机学报，2016，(1)：212-222.

[5] 混合智能：人工智能研究的下一站［N］．中国科学报，2017-08-03.

[6] 李伯虎．“互联网+大数据+人工智能+”时代正在到来［N］．企业观察报，2017-2-29.

[7] 李伯虎．智慧制造云中大数据的实践与思考［J］．软件和集成电路，2017(1)：2-2.

[8] 李伯虎. 基于新一代人工智能发展中国智能制造 [EB/OL]. http://www.sohu.com/a/163007239_465915. 2017-08-08

[9] 胡虎. 数字经济发展进入新时代 [N]. 人民邮电报，2017-10-28.

[10] 国家工业与信息化部，云计算发展三年行动计划（2017-2019 年）工信部信软 [2017] 49 号 [EB/OL]. (2017-03-30) [2018-06-01] http://www.miit.gov.cn/n1146295/n1146592/n3917132/n4062056/c5570298/content.html.

[11] 中国报告网. 2017-2022 年中国云服务市场运行态势及未来前景分析报告 [EB/OL]. (2017-03-11) [2018-06-01] http://baogao.chinabaogao.com/hulianwang/274861274861.html.

[12] 李德毅，林润华，李兵. 云计算技术发展报告 [M]. 3 版. 北京：科学出版社，2013.

附录 缩略语列表

缩略语	英文全称	中文全称
3GPP	the 3rd Generation Partnership Project	第三代合作伙伴项目
AaaS	Argumentation as a Service	论证为服务
ABE	Attribute Based Encryption	基于属性加密
ADSL	Asymmetric Digital Subscriber Line	非对称数字用户线
AMP	Advanced Manufacturing Partnership	先进制造伙伴关系计划
AMPS	Advanced Mobile Phone System	高级移动电话系统（美制）
AP	Access Point	无线接入点
API	Application Programming Interface	应用程序编程接口
ATU	Access Termination Unit	接入端接单元
ATU-C	Access Termination Unit-Central Office	端局接入单元
ATU-R	Access Termination Unit-Remote	远端接入单元
AWS	Amazon Web Services	亚马逊网络服务
B2B	Business-to-Business	企业与企业
BLE	Bluetooth Low Energy	低功耗蓝牙技术
BPM	Business Process Management	业务流程管理
CaaS	Container as a Service	容器即服务
CCSA	China Communications Standards Association	中国通信标准化协会
CDMA	Code Division Multiple Access	码分多址
CDR	Call Details Record Database	呼叫细节记录数据库
CI/CD	Continuous Integration/ Continuous Delivery	持续集成和持续交付
CIFS	Common Internet File System	通用网络文件系统
CNGI	China's Next Generation Internet	中国下一代互联网
CORS	Continuous Operational Reference System	连续运行卫星定位服务系统
CPDMS	Cloud Product Data Management System	云产品数据管理系统
CPS	Cyber Physical System	信息物理系统

（续）

缩略语	英文全称	中文全称
CPU	Central Processing Unit	中央处理器
CRM	Customer Relationship Management	客户关系管理
CRPS	Cloud Resource Planning System	云排产系统
CSA	Cloud Security Alliance	云安全联盟
CSF	Cyber Security Framework	网络安全框架
DaaS	DaaS as a Service	数据即服务
DaaS	Design as a Service	设计即服务
DBaaS	Database as a Service	数据库即服务
DBMS	Database Management System	数据库管理系统
DDoS	Distributed Denial of Service	分布式拒绝服务
DFS	Distributed File System	分布式文件系统
DHCP	Dynamic Host Configuration Protocol	动态主机配置协议
DISA	Defense Information Systems Agency	美国国防信息系统局
DM SSD	Dual-Mode SSD	双模 SSD
DNS	Domain Name Server	域名服务器
DoD	Department of Defense	国防部
DPO	Data Protection Officer	数据保护官
DSLAM	DSL Access Multiplexer	数字用户线接入复用器
DW/DM	Data Warehousing/Data Mining	数据仓库和数据挖掘
DWDM	Dense Wavelength Division Multiplexing	密集波分复用技术
EaaS	Experiment as a Service	实验为服务
Eaas	Everything as a service	一切事物即服务
EC2	Elastic Compute Cloud	弹性计算云
EDGE	Enhanced Data rates for GSM Evolution	GSM 改进的数据速率增强技术
ERP	Enterprise Resource Planning	企业资源计划
ESB	Enterprise Service Bus	企业服务总线
ETL	Extract Transform Load	抽取、转换、加载
FaaS	Fabrication as a Service	生产加工为服务
FAI	Fintech Adoption Index	金融科技接受度指数
FC	Fibre Channel	光纤通道
FDD-LTE	Frequency Division Dual-LTE	频分双工长期演进技术
FG Cloud	Focus Group Cloud Computing	云计算专项组
FTP	File Transfer Protocol	文件传输协议
FTTB	Fiber to The Building	光纤到大楼
FTTC	Fiber to The Curb	光纤到路边
FTTH	Fiber to The Home	光纤到住户

（续）

缩略语	英文全称	中文全称
GDPR	General Data Protection Regulation	一般数据保护条例
GE	General Electric Company	美国通用电气公司
GFS	Google File System	谷歌文件系统
GNSS	Global Navigation Satellite System	全球导航卫星系统
GPRS	General Packet Radio Service	通用分组无线业务
GPU	Graphics Processing Unit	图形处理器
GSM	Global System for Mobile Communications	全球移动通信系统
Guest OS	Guest Operating System	客户端操作系统
HDFS	Hadoop Distributed File System	Hadoop 分布式文件系统
Host OS	Host Operating System	宿主机操作系统
HP	High Performance	高性能
HPC	High Performance Computing	高性能计算
HSDPA	High Speed Downlink Packet Access	高速下行链路分组接入
HSUPA	High Speed Uplink Packet Access	高速上行链路分组接入
HT	High Throughput	高通量
IaaS	Infrastructure as a Service	基础设施即服务
IaaS	Integration as a Service	集成作为服务
IAM	Identity and Access Management	身份与访问管理
IBE	Identity Based Encryption	基于身份加密
ICT	Information and Communication Technology	信息通信技术
IDC	Internet Data Center	互联网数据中心
IDE	Integrated Development Environment	集成开发环境
IDS	Intrusion Detection Systems	入侵检测系统
IEC	International Electrotechnical Commission	国际电工委员会
INDICS	Industry Intelligent Cloud System	工业智能云系统
IoT	Internet of Things	物联网
IP	Internet Protocol	网络之间互连的协议
IPS	Intrusion Prevention System	入侵防御系统
ISDN	Integrated Services Digital Network	综合业务数字网
ISO	International Organization for Standardization	国际标准化组织
ISP	Internet Service Provider	网络服务提供商
ISV	Independent Software Vendors	独立软件开发商
IT	Information Technology	信息科技和产业
ITU-R	International Telecommunications Union-Radio Communications Sector	国际电信联盟无线通信委员会
ITU-T	ITU Telecommunication Standardization Sector	国际电信联盟电信标准分局

（续）

缩略语	英文全称	中文全称
KVM	Kernel- based Virtual Machine	基于内核的虚拟机
LTE	Long Term Evolution	长期演进技术
MaaS	Management as a Service	经营管理即服务
Maas	Machine as a service	物联网即服务
MOOC	Massive Open Online Courses	慕课
NAS	Network Attached Storage	网络连接存储
NC	Network Computer	网络计算机
NFC	Near Field Communication	近场通信
NFS	Network File System	网络文件系统
NIST	National Institute of Standards and Technology	美国国家标准与技术研究院
NNMI	National Network for Manufacturing Innovation	国家制造业创新网络
NVMe	Non- Volatile Memory express	非易失性内存主机控制器接口规范
OCR	Optical Character Recognition	光学字符识别
OpaaS	Operation as a Service	运营作为服务
OSI	Open System Interconnection	开放式系统互联
PaaS	Platform as a Service	平台即服务
PC	Personal Computer	个人计算机
PNTRC	Positioning, Navigation, Timing, Remote Sensing, Communication	定位、导航、授时、遥感、通信服务
PS	POTS Splitter	电话分离器
PUE	Power Usage Effectiveness	能源使用效率
QC	Quantum Computation	量子计算
QPS	Query Per Second	每秒访问次数
QTM	Quantum Turing Machine	量子图灵机
RAID	Redundant Arrays of Independent Disks	独立磁盘冗余阵列
RDD	Resilient Distributed Dataset	弹性分布式数据集
ReaaS	Repair as a Service	维修为服务
RPO	Recovery Point Objective	灾难发生后，系统和应用数据恢复至可以支持各部门业务运作
RSS	Really Simple Syndication	网摘
RTO	Recovery Time Objective	灾难发生后，从IT系统宕机导致业务停顿之时开始，到IT系统恢复至可以支持各部门运作、恢复运营之时的时间
S3	Simple Storage Service	简单存储服务
SaaS	Software as a Service	软件即服务
SaaS	Simulation as a Service	仿真作为服务

（续）

缩略语	英文全称	中文全称
SAN	Storage Area Network	存储区域网络
SATA	Serial Advanced Technology Attachment	串行高级技术附件
SCM	Supply Chain Management	供应链管理
SCSI	Small Computer System Interface	小型计算机系统接口
SDN	Software Defined Network	软件定义网络
SLA	Service Level Agreement	服务等级
SNS	Social Networking Services	社交网络服务
SOA	Service-Oriented Architecture	面向服务的架构
SRG	Security Requirements Guide	安全要求指南
SSD	Solid State Drives	固态硬盘
TACS	Total Access Communications System	全接入通信系统（中、欧）
TCP	Transmission Control Protocol	传输控制协议
TCP/IP	Transmission Control Protocol/Internet Protocol	传输控制协议/互连网协议
TD-LTE	Time Division Dual - LTE	时分双工长期演进技术
TD-SCDMA	Time Division-Synchronous Code Division Multiple Access	时分同步码分多址
TSP	Total Solution Provider	整体解决方案供应商
VCPU	Virtual Central Processing Unit	虚拟中央处理器
VE	Virtual Environment	虚拟环境
VME	Virtual Machine Escape	虚拟机逃逸
VMGL	VMM-Independent Graphics Acceleration	独立于虚拟机管理器的图形加速系统
VMI	Virtual Machine Introspection	虚拟机自省
VMM	Virtual Machin Migration	虚拟机迁移
VNC	Virtual Network Computing	虚拟网络计算机
VPC	Virtual Private Cloud	虚拟专有云
VR	Virtual Reality	虚拟现实
VXLAN	Virtual eXtensible LAN	虚拟可扩展局域网
WAF	Web Application Firewall	Web 应用防护系统
WCDMA	Wideband Code Division Multiple Access	宽带码分多址
WEP	Wired Equivalent Protocol	有线等效协议
WF	WorkFlow	工作流
WIFI	Wireless Fidelity	基于 IEEE 802.11 标准的无线局域网
WiMAX	World Interoperability for Microwave Access	全球微波互连接入
WLAN	Wireless Local Area Network	无线局域网络